# Gongcheng Shiyong Ruantu Lixue

# 工程实用软土力学

王盛源　著

人民交通出版社

## 内 容 摘 要

本书以软土力学为指导，是一部集软土理论研究、软土加固技术与典型工程实践总结为一体软土力学著作。主要内容包括软土设计理论、施工和监测、大型试验工程总结、工程事故案例分析等。

本书理论与实践紧密结合，适用于土建工程中设计、施工、工程管理的工程技术人员和相关科研人员参考使用。

**图书在版编目（CIP）数据**

工程实用软土力学/王盛源著. --北京：人民交通出版社，2012.7

ISBN 978-7-114-09931-1

Ⅰ. ①工… Ⅱ. ①王… Ⅲ. ①软土—土力学 Ⅳ. ①TU43

中国版本图书馆 CIP 数据核字（2012）第 159107 号

**书　　名：工程实用软土力学**
**著 作 者：**王盛源
**责任编辑：**刘永芬
**出版发行：**人民交通出版社
**地　　址：**（100011）北京市朝阳区安定门外外馆斜街 3 号
**网　　址：**http://www.ccpress.com.cn
**销售电话：**（010）59757969，59757973
**总 经 销：**人民交通出版社发行部
**经　　销：**各地新华书店
**印　　刷：**北京市密东印刷有限公司
**开　　本：**787 × 1092　1/16
**印　　张：**13
**字　　数：**286 千
**版　　次：**2012 年 8 月 第 1 版
**印　　次：**2012 年 8 月 第 1 次印刷
**书　　号：**ISBN 978-7-114-09931-1
**定　　价：**38.00 元

# 序

XU

改革开放30多年来,我国进行了大规模的工业建设:建成了大量的高速公路、高速铁路、高层建筑、地铁、城铁、大型工业基地、港口枢纽等大型土木工程。其中很大一部分位于我国东南沿海的软土地基区域。我国的地质地貌受西北高东南低的控制,河流的流程长,出海口附近是大面积的河网地区,数千年来淤积了大量的淤泥,典型的有广东省珠江三角洲区域,遍布深达20~30m的高含水率超软弱地基。地基承载力仅为50~60kPa。

本书就是以软土力学为指导,集软土加固技术与典型工程实践总结为一体的著作,也是作者毕生工作实践的总结,是近年来工程界的一部力作,有理论、有技术、有方法、有工程实践经验。鉴于沿海软土地区工程建设速度迅猛,推动了地基加固技术的飞速发展,实践超越了理论,理论工作的滞后会带来工程质量的下降和浪费等问题。可见这本有理论有实践的书,值得土建工程人员深读。

本书内容有设计理论、施工和监测,还有大型试验工程,因此是适用于设计、施工、工程管理和监测的参考书籍。

由于近年来大家忙于工程,读书时间被挤掉了,整天面对工程与计算机,但我认为读点书对自己的工作能力提高是有益的,建议大家抽空读读本书。谨此共勉。

[illegible]

2012年3月

# 前言

QIANYAN

本书以软土地基工程的理论与实践为主体，书中的理论推演、工程实践均为作者亲力所为。第一篇是软土的基本理论。软土的力学问题除了涉及弹性理论外，必须考虑时间因素，因此比一般的力学问题要困难一些，在某些边界条件下求解偏微分方程会受到一定限制。为了将问题简化，以饱和软土为研究对象，课题就比较容易解决。此外，软土地基的工程问题可以归纳为沉降与时间的关系问题，地基的稳定问题也是沉降与时间关系中的一个特殊问题。本书由此出发，将软基问题的解决归结为如何解决好沉降时间过程问题。

地基处理虽说是工程实践问题，但归根到底是一个力学问题，必须以理论为指导。软土作为一种材料，它的应力问题在不计时间的情况下可以借用弹性力学来解决，如果计入时间它就是个流变问题。而软土是多孔介质，在孔隙中充满水体，这就称为饱和多孔介质。本书的基本理论是用饱和多孔介质的黏弹性理论来指导研究饱和软土地基的变形规律。

关于复合地基问题，目前尚无合适的理论能分析其沉降和稳定问题，方法还处在经验阶段。近年我国沿海地区经济大发展，出现了大量的复合地基，这为复合地基处理和计算积累了丰富的实践经验和资料，也为地基工程技术人员创造了良好的研究条件，一些有兴趣的同志可以多研究复合地基的理论问题。

松软地基处理技术以往统计有70~80种方法，可以分为五个大类。对于软土地基处理技术可以分为两个大类：一类是排水固结法，是指砂井、塑料板、砂桩等堆载预压排水固结法，以及真空预压和真空联合堆载预压法；另一类就是复合地基法。排水固结法的目的是将饱和软土中的孔隙水排挤出来，为加快排水速度就设法加载预压和在土体内部设置排水通道。复合地基是将刚度大于软土的材料加入到软土体内使之变成刚度较大的复合材料。由于两种不同刚度的材料组成的复合材料在力学上很难处理，因此本书中很少讨论复合地基的力学性能，留待以后专门讨论。

王盛源

# 目录

MULU

## 第二篇 饱和软黏土地基的加固技术

# 绪　论

软土地基的主要土类有：软黏土、砂土、黄土、冻土、泥炭土等。从土的组成成分来分析，有三相体组成，即固体相的土颗粒、液体相的孔隙水和气体相的土中气，也有固体和液体组成的所谓饱和土体的两相体。本书讨论的对象是饱和土体，主要是研究在地面上承受了建筑物的重力之后地基土体内发生的应力应变状态。此外，还研究当地基土承受不了外力后发生的情况及如何加固处理。由于土体的组成物质和形成过程的复杂性，因此土体的应力应变状态的变化随机性很大且难于测定，再者建筑物边界条件也不规则，施加在地基上的外力分布又不规则，因此主体和客体都是随机性，造成研究土体内的应力应变状态十分困难。其中比较简单和理想的土还是饱和软黏土。有人认为饱和软黏土已接近理想弹性体，因此目前土力学的基本计算，例如各种稳定计算、沉降计算等原理大部分是搬用弹性理论。但近百年来实际使用情况并不理想，工程设计人员的计算结果与实际结果不是偏大就是偏小，有时相差甚大，因此，目前工程界对土力学感到难以捉摸，无法深入。土力学界近 20 ~ 30 年来为解决此问题，采用了各种数值计算方法，可是到目前为止也认为数值计算难于达到预期目标，因此，工程界通常采用估算方法加上工程措施，这种方法实际上是经验大于理论。例如当前工程界在处理地基的设计计算方面采用两种常用手段：(1)将建筑物的重力全部由桩基承担，通过桩体直接传递给深层的岩体或坚硬的土体，中间所经过的土体已较少考虑它的受力条件；(2)考虑了土体的受力条件后借用经验或半经验的方法进行沉降或稳定性估算，然后加上合理的工程措施进行设计计算。上述方法虽然能够解决目前的工程问题，但是其中或者已包含着巨大的浪费，或者不够安全而发生事故，因此结合工程实践研究松软地基的应力应变状态和加固处理方法，有着积极的意义和广阔的前景。

本书讨论问题的方式是首先研究比较简单的问题，其次是结合工程实践进行探讨。作为三相体的土是很复杂的，如果研究两相体就简单很多，两相土体尤以饱和黏土研究最有价值，一方面它是两相体，无论用仪器测试土体的应力应变，或建立计算模式，或测定饱和黏土的内部微结构状态，都比其他三相土体或其他土类要简单很多；其次是结合工程实际问题进行研究，它既能直接解决某些工程问题，又能用工程概念来指导研究工作，把握住研究方向，使研究的课题具有活力；第三是饱和软黏土大都处在江、海、湖泊的周边一带及河网三角洲地域，而这个区域人类活动频繁、工程建设广泛，这就为研究工作创造了有利条件，为此本书讨论的范围是工程实用的软土力学问题。

我国地域辽阔，地势西部高东部低，河流由西向东流动，整个地形地貌受到黄河、长江、辽河、新安江、闽江、珠江等几条大河流所控制，这些河流的中下游地区又形成太湖、洞庭湖、巢湖、鄱阳湖、洪湖、洪泽湖等几大湖泊的调节和关联，通过河汊互相制约和互相协调，出现了大大小小的河网三角洲地区。由于这些地区的自然条件适合人类的生存和发展，因此在这些地区人类活动频繁、繁衍快速，工业、农业、交通发达。因地势的高差，当河流出山区抵达中下游时，地势突然平坦，流速放慢。从山区夹带的泥沙到达这个区域就慢慢沉积，随着水流放慢，水中的粗颗粒和细颗粒也慢慢沉积下来，到了各大河口进入海洋时，因受到咸水的盐分影响，一些悬浮的极细颗粒漂移下沉，产生了流体力学中的异重流现象。在河口、海岸、湖泊、河网等地区，大都是极细的土颗粒夹杂着人类和动物活动的有机物、纤维物等渐渐沉淀、堆积而造成海岸带逐年向海洋推移，河口向大海延伸，陆地向海洋扩展，几千年、几百年前还是海域的地区，如今已是陆地，建立了城镇，例如广州市中心的西门口近年开挖出驳岸码头，又如广州南沙区有个地点称十八涌，它从一涌到第十八涌都是近百年淤积形成，每隔几十年淤积一块土地，农民就筑一个堤，堤内称第几涌，堤外过几年又"长出"一块，这样一直到如今面对伶仃洋的十八涌，很快又要十九涌了。再如上海的浦东、崇明岛一直在向海洋延展。我国的海岸带几乎全是淤泥质海岸，在黄河近海带、长江三角洲、新安江和闽江口岸带、珠江三角洲等这些地区出现了大片的上部 10 ~ 30m，甚至 40 ~ 60m 厚几乎全部是特别软弱的淤泥或淤泥质地区。此外，几个大的湖泊与几条大河的连接地区形成了河网地区，这些地区表层同样是这种深厚软弱的淤泥和淤泥质土层。所以我国的淤泥地区占据大片区域，而这些地域又是人口密集、工农业发达地区。现将这些区域的部分典型软土性质列入表 0-1 中。

20 世纪的后 50 年，尤其从 20 世纪 80 年代开始，在我国沿海、湖周边一带开展了大量的工业建设：建造了大型钢铁工业基地、化工工业区、大型电厂、特大桥梁、码头港口、高速公路、高层建筑、地铁工程等等，这些建设工程带动了软土地基加固技术的迅猛发展。比起西方国家，我国在软基加固技术方面的发展，无论在理论研究、设计计算、施工实践、监测技术、事故处理等方面的技术和经验水平远远超过他们，这是我们的财富，值得总结和交流、推广和发展。

新中国成立初期开展治理淮河流域水患，建设了许多大型水利工程，由此带动了土质学和土力学的起步研究和发展。五六十年代在软土地基加固技术方面研究和应用了砂井排水固结法、降水预压法、真空预压法、堆载预压法、石灰桩等，70 年代出现了振冲法、强夯法、深层搅拌法、旋喷法，80 年代出现加筋土、CFG 桩、树根桩等。随着沿海工业大发展，至 20 世纪末期，在珠江三角洲、深圳、上海、北京、天津等地将原由潘千里归纳总结的地基处理 5 大类 70 种方法又发展了近 20 种，这 20 种左右的加固方法主要因单一方法满足不了工程的要求，遂将两种或三种方法叠加或联合起来使用，从而解决了工程难题。例如真空联合堆载预压法，将真空和堆载预压联合起来使用，充填夯法是将强夯法与碎石桩叠加使用。而对于饱和软黏土来说，排水固结的方法是主要的，无论从理论研究还是工程实践都已比较成熟，而对于振冲法、搅拌法一类属软土和刚度较大的水泥、石料组成的复合地基，它的设计计算比较困难，再加上施工工艺复杂，质量问题也难于控制。目前软土加固中的复合地基质量控制已成为一大难题，给工程带来许多麻烦。如何能解决好这个问题，笔者认为应遵循如下规律：首先应研究和掌握饱和黏土的工程性质，作为设计者掌握这部分知识是基础；其次是应该掌握所使用加固方法的机理、施工工艺和施工机械的要点；最后在设计时不能单纯地照搬规范，应结合工程要求合理使用规范，这样才能正确完成一个工程设计。本书共分五个部分介绍饱和软黏土的工程特性和加固方法的机理。(1)饱和软黏土的工程特性；(2)饱和软黏土地基的加固处理方法和设计计算；(3)饱和软黏土地基的工程加固实录；(4)饱和软黏土地基的原位测试、工程监测技术；(5)饱和软黏土地基加固技术的发展和展望。

**全国各地软土物理力学性质统计表**

表 0-1

| 地区＼指标 | 土层深度 (m) | 含水率 $w$ (%) | 密度 $\gamma$ ($g/cm^3$) | 孔隙比 $e$ | 饱和度 $S_r$ (%) | 液限 $w_L$ (%) | 塑限 $w_P$ (%) | 塑性指数 $I_P$ | 渗透系数 $k_V$ (cm/s) | 压缩系数 $a_{1-2}$ ($cm^2$) | 无侧限抗压强度 $q_u$ (0.1MPa) | 备注 |
|---|---|---|---|---|---|---|---|---|---|---|---|---|
| 天津 | 7~14 | 34 | 1.82 | 0.97 | 95 | 36 | 19 | 17 | $1\times10^{-7}$ | 0.051 | 0.3~0.4 | |
| 塘沽 | 8~17 | 47 | 1.77 | 1.31 | 99 | 42 | 20 | 22 | $2\times10^{-7}$ | 0.097 | | |
| | 0~8,17~24 | 39 | 1.81 | 1.07 | 96 | 34 | 19 | 15 | | 0.065 | | |
| 上海 | 6~17 | 50 | 1.72 | 1.37 | 98 | 43 | 23 | 20 | $6\times10^{-7}$ | 0.124 | 0.2~0.4 | |
| | 1.5~6, >20 | 37 | 1.79 | 1.05 | 97 | 34 | 21 | 13 | $2\times10^{-6}$ | 0.072 | | |
| 杭州 | 3~9 | 47 | 1.73 | 1.34 | 97 | 41 | 22 | 19 | | 0.117 | | |
| | 9~19 | 35 | 1.84 | 1.02 | 99 | 33 | 18 | 15 | | | | |
| 宁波 | 2~12 | 50 | 1.7 | 1.42 | 97 | 39 | 22 | 17 | $3\times10^{-8}$ | 0.095 | 0.6~0.48 | |
| | 12~28 | 38 | 1.86 | 1.08 | 94 | 36 | 21 | 15 | $7\times10^{-8}$ | 0.072 | | |
| 舟山 | 2~14 | 45 | 1.75 | 1.32 | 99 | 37 | 19 | 18 | $7\times10^{-6}$ | 0.11 | | |
| | 17~32 | 36 | 1.8 | 1.03 | 97 | 34 | 20 | 14 | $3\times10^{-7}$ | 0.063 | | |
| 温州 | 1~35 | 63 | 1.62 | 1.79 | 99 | 53 | 23 | 30 | | 0.193 | | |
| 福州 | 3~19 | 68 | 1.5 | 1.87 | 98 | 54 | 25 | 29 | $8\times10^{-8}$ | 0.203 | 0.05~0.18 | |
| | 1~3,19~35 | 42 | 1.71 | 1.17 | 95 | 41 | 20 | 21 | $5\times10^{-7}$ | 0.07 | | |
| 龙溪 | 0~6 | 89 | 1.45 | 2.45 | 97 | 65 | 34 | 31 | | 0.233 | | |
| 广州 | 0.5~10 | 73 | 1.6 | 1.82 | 99 | 46 | 27 | 19 | $3\times10^{-6}$ | 0.118 | | |
| 珠江三角洲 | 1~42 | 78.6 | 1.55 | 2.004 | 100 | 45 | 26 | 19 | $4.13\times10^{-6}$ | 0.304 | 0.29 | 京珠高速公路 |

续上表

| 指标<br>地区 | 土层深度<br>(m) | 含水率<br>$w$<br>(%) | 密度<br>$\gamma$<br>($g/cm^3$) | 孔隙比<br>$e$ | 饱和度<br>$S_r$<br>(%) | 液限<br>$w_L$<br>(%) | 塑限<br>$w_P$<br>(%) | 塑性指数<br>$I_P$ | 渗透系数<br>$k_V$<br>(cm/s) | 压缩系数<br>$a_{1-2}$<br>($cm^2$) | 无侧限抗压强度 $q_u$<br>(0.1MPa) | 备　注 |
|---|---|---|---|---|---|---|---|---|---|---|---|---|
| 深圳 | 1~6 | 95.3 | 1.49 | 2.55 | 100 | | | 28 | $8.26\times10^{-7}$ | 0.241 | 0.339 | 深圳宝安新城区 |
| 海丰 | 1~18 | 88.1 | 1.47 | 2.42 | 100 | | | 29.7 | $6.56\times10^{-7}$ | | 0.42 | 深汕高速公路 |
| 台山 | 1~20 | 107.7 | 1.43 | 2.83 | 100 | | | 38 | $3.2\times10^{-7}$ | | 0.418 | 广东西部沿海高速公路 |
| 昆明 | 淤泥 | 41~270 | 1.2~1.8 | 1.1~5.8 | | | | 77 | e. $\times10^{-7}$ | 0.12~0.42 | 0.02~0.35 | |
| | 积炭 | 68~299 | 1.1~1.5 | 1.9~7.0 | | | | 27~62 | e. $\times10^{-8}$ | | | |
| 贵州 | <20 | 54~127 | 1.3~1.7 | 1.7~2.8 | | | | 15~34 | e. $\times10^{-4}$ | 0.12~0.42 | 0.01~0.18 | |
| | | 140~264 | 1.2~1.5 | 1.6~5.9 | | | | 26~73 | e. $\times10^{-8}$ | 0.17~0.73 | | |

# 第一篇

# 饱和软黏土的工程特性

土是由岩石经长期风化发生了化学和物理变化而来。当岩石经日晒夜露，冷热胀缩，冰雪雨水浸泡冲蚀后，发生崩解，由大块岩石渐渐破碎为小块碎石，在各种自然的、动植物的和人类的动力作用下促使小块石进一步风化破碎为砾石、卵石和砂粒，这样就出现了小粒的松散状的砾石、卵石和砂土。在地表上这些砂石都位于相对海平面来讲是处在高处，人类活动较少的山区，尤其是山区谷地河流带。卵石和砂粒因成分单一，单位表面能量小，因此颗粒间无黏结力，属无机性质的无黏性土。卵石、粗砂、中砂、细砂和粉砂所组成的地基土层在工程上一般认为它们是不发生沉降的，这里是指当荷载作用上去后立即完成压缩的意思。当卵石和砂经河流的水力搬运出山区后，一般卵石就留在近山区，水力已较难搬动，砂料由水力推动继续向湖区、三角洲河网地区、海边低洼处等地域推进，并由粗砂向细砂、粉砂发展，到了海边已大都成细砂和粉砂。砂粒在滚动、推移过程中棱角磨损、颗粒变小，最终出现扁平细小的黏粒。近期地质年代，人类活动都位于沿海和湖泊水源周围及三角洲河网地区，由于人类活动产生了大量的有机物质，这些有机物质掺入到这些扁平的细颗粒中，混合后再经化学和物理变化的作用，便形成黏粒和团粒，出现了黏性土。黏性土和砂性土无论在物理性、化学性和力学性方面有着质的区别。

黏土颗粒并非圆粒或近似圆粒，而是扁平多边状颗粒，三个方向的尺度相差甚远。第四章图4-4中给出的是珠江三角洲京珠高速公路广珠东段灵山试验路段地面下12m处的原状土样，经冷冻升华处理后保持原状结构，再用电镜扫描放大一万倍拍摄的原状黏土微结构图片，在图片上清晰显示出单个颗粒的扁平形状，三个方向的尺度差异大，以及颗粒间形成团粒和土中较大的孔隙。其次黏土颗粒细小，它的比表面积较大，比表面能也大，它的吸附能量也大，尤其与极分子水之间相互作用紧密而复杂。因为黏土颗粒细，造成黏土的孔隙体积庞大，往往土中孔隙体积比固体的体积大，甚至占整个土体积的60%～70%。沿海一带淤泥的孔隙比常大于2，这就是说单位体积中孔隙体积占2/3以上，而固体只占1/3以下。此外，黏土中掺有大量的各种有机物质,这种有机物质与黏土颗粒掺杂在一起,使黏性土的工程性质更复杂化,第四章图 4-4 给出的是一个有机物混杂在黏土颗粒中的图像,有机物是多孔性的。黏性土具备颗粒细小、孔隙巨大、有机物质多三个方面的特点,使得黏性土地基给工程带来了许多问题:首先是黏性土地基的强度指标不但小而且难于测定,强度在地区分布上差别很大,即使在相近的建筑物,它的地基强度有时也相差较大。由于黏性土结构的脆弱性,即使同一个土样,用不同的仪器、不同的方法测定的强度也不同。同一建筑的黏性土地基不同时期的强度变化规律至今尚未完全掌握,因此给设计者和施工者带来许多困难。其次是黏性土地基的沉降问题,由于土性复杂,至今没有研究出一个通用合理的沉降计算方法或与实际测量相符的理论,甚至可以说计算与观测结果两者相近的工程实例不多,为此正确的说法应该将沉降计算称之为沉降分析或沉降估算。可见目前的软土地基带给工程建造者许多难题,造成许多浪费或事故,要求设计者、施工人员或工程管理人员具备有一定的软土力学的知识。本篇讨论是从工程实践出发,结合工程需要,从基础知识方面来叙述软土力学的基本特性,并指出这些特性在工程中起什么作用。设计者、施工者和管理者通过本篇讨论,了解到饱和黏性土的一些力学性基本规律,为设计指标的正确选用,掌握加固方法的原理和正确应用打下基础,并增长软土力学的基础知识和提高技术水平。

# 第一章 软土地基中饱和黏性土的物理性指标及工程意义

土的物理性质应包括两大部分:即土的组成和土的物理量。鉴于各种土力学书籍中均讨论这两大部分,且内容大体相同,已形成统一论述,本章不再重复,需要了解的可阅读其他土力学土质学的书籍。

本章是从工程角度来讨论饱和黏土的物理性质,主要讨论的内容有饱和黏土的含水率、重度、孔隙比、孔隙率、界限含水率(即液限和塑限)、塑性指数和液性指数、饱和度和渗透性等物理量,以及这些物理量的定义、相互关系和测定方法,并且重点讨论它们在地基工程中的作用和地位及如何改善的措施。

## 第一节 饱和黏性土物理指标的定义和测定方法

通常土是三相物质组成,它们的体积和质量之间的比例关系表达了它们的物理性。饱和黏土仅两相物质,即固体土颗粒和液体水,这就简单一些。两相体或三相体的比例指标反映了土体的干燥与潮湿、疏松与紧密的状态,是评判其工程性质的最基本的物理性指标,也是工程地质勘察报告中的主要内容。

通常教科书把分散状态的土的三相物质分别集中起来表达,便于理解和计算。图1-1是饱和黏性土的两相图。因为饱和土只有水和土粒,土样的体积为$V$,土粒的体积为$V_s$,水的体积为$V_w$,土样的质量为$m$,土粒的质量为$m_s$,水的质量为$m_w$。

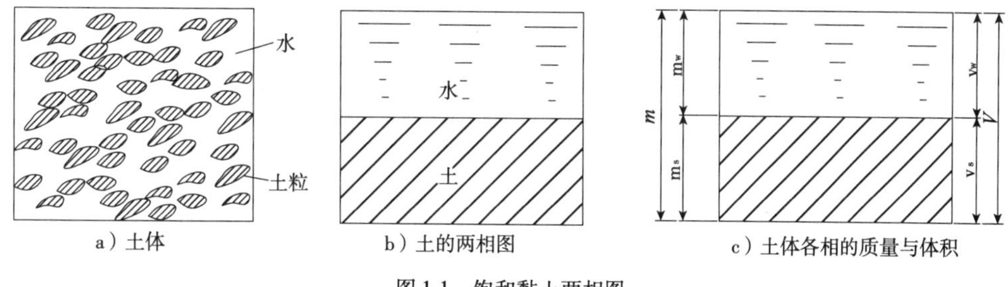

a)土体 b)土的两相图 c)土体各相的质量与体积

图1-1 饱和黏土两相图

土的物理性指标有两类:一类必须通过试验手段取得,称试验指标;另一类是通过试验指标换算而得,称换算指标。现将两类指标都统计在表1-1中。

饱和黏性土地基中软土的含水率这个物理指标是反映工程性质的首位指标,它不但反映出土的软弱,而且可以判断出地基土的强度、沉降及沉降延续时间的状态、工后沉降的性质。因此工程设计者对于软土含水率大小应有充分透彻的认识。一般而言,一个有经验的工程师,当饱和黏土地基的土的含水率大于40%时,在工程设计中应对土性有深入的了解和注意,例如应了解软土层厚度、所处在地基中的深度位置以及工程对地基的要求等;当含水率大于50%时应深入研究土的工程性质,例如钻孔位置和深度,勘察内容中应包含十字板强度和静力触探的指标，对于标准贯入击数的资料，仅作参考，不能应用，对工程要求需详情掌握，例如对相邻建筑，相邻地形，水文地质条件均需清楚，尤其对附近类似工程的施工期稳定控制和工后状态进行调查和了解，以供借鉴；此外，对所采用的地基处理方法的原理和施工条件、工程措施要全面掌握，并留有足够的安全度储备；当土的含水率大于60%时，除贯彻上述要求外，尚需在勘察方面加强工作，例如软基上的大型工程必须进行补充勘察，高速公路工程钻孔的间距沿纵轴线每100m补充一个断面，每断面布设3个孔，主要是静力触探和十字板试验，适量取原状土样，做室内外补充和特殊试验，对于大型厂房和场地的钻孔位置按50m×50m或80m×80m方格布孔，所有钻孔必须穿透软土层。

饱和黏性土物理指标统计表

表1-1

| 名称 | 符号 | 单位 | 定义 | 测定方法 | 工程性质 | 说明 |
|---|---|---|---|---|---|---|
| 含水率 | $w$ | % | 单位土体中水体所占有的质量百分数 | 烘干法 | 它表明土中所含水分的多少，含量愈大，土质愈软，排水固结时间愈长，地基加固愈困难。它大于液限，表示土体处于流动状态，小于塑限，处在固态半固态状态，介于液塑限之间，处在塑性状态 | |
| 孔隙比 | $e$ | 无量纲 | 单位土体中孔隙体积与土颗粒体积之比 | 换算指标<br>$e=\frac{\gamma_s(1+w)}{\gamma}-1$<br>$e=\frac{w\gamma_s}{S_\gamma\gamma_w}$<br>$e=\frac{\gamma_s}{\gamma_d}-1$<br>$e=\frac{n}{1-n}$ | 它表示土体的紧密程度，当孔隙比达到2时，土体中孔隙体积已占2/3，此时土体已是空架结构形式，会产生大沉降量 | |
| 孔隙率 | $n$ | % | 单位土体中孔隙体积所占有的百分比 | 换算指标<br>$n=1-\frac{\gamma}{\gamma_s(l+w)}$<br>$n=\frac{e}{l+e}$ | 它与孔隙比有完全相同的工程性质，两者互换使用。反映出土的紧密度，用于估算沉降 | |
| 重度 | $\gamma$ | N/cm$^3$ | 单位土体的重力。它分为几种状态，饱和土为饱和重度$\gamma_{sat}$，湿土为湿重度$\gamma$，地下水位以下为浮重度$\gamma'$，烘干后为干重度$\gamma_d$，有效重度是饱和重度扣除水的重度 | 用环刀法测定<br>$\gamma_d=\frac{\gamma}{1+w}$<br>$\gamma_d=\frac{\gamma_s}{1+e}$<br>$\gamma'=\gamma_{sat}-\gamma_w$ | 它表明土体的密实状态，含水率愈小，土体愈密实，重度愈大 | 土质学上用土的密度来表示，即单位体积的质量(g/cm$^3$)．土的密度一般为1.6～2.20g/cm$^3$。国际单位以重力计，土的质量产生的单位体积的重力为重力密度，又称重度$\gamma_0$，单位kN/m$^3$，在工程上一般用密度加大10倍 |

续上表

| 名称 | 符号 | 单位 | 定　义 | 测 定 方 法 | 工 程 性 质 | 说　明 |
|---|---|---|---|---|---|---|
| 土粒密度 | $\rho_s$ | g/cm$^3$ | 单位体积土粒的质量,即干土粒的质量 $m_s$ 与体积 $v_s$ 之比 | 用土的悬液沉降法测定 | 一般黏性土的土粒密度为2.4～2.6(g/cm$^3$) | 土粒的相对密度指的是土的质量与4°C时同体积水的质量比 |
| 干密度 | $\rho_d$ | g/cm$^3$ | 土的固体质量与土的总体积之比 | 换算指标 | 土的干密度越大,土越密实,强度越高,可压缩性越小 | |
| 饱和度 | $S_r$ | % | 土中孔隙充满水的体积与孔隙体积之比 | 换算指标 | 工程上一般认为地下水位以下的黏性土为饱和土 | 土中有封密气体,故土的饱和度接近100%,工程上忽略这些气体 |
| 饱和密度 | $\rho_{sat}$ | g/cm$^3$ | 土体中孔隙全部充满水时的密度 | 换算指标 | 即饱和黏土的密度 | |
| 渗透系数 | $k$ | cm/s | 水在土中每秒渗流经过的距离 | 用渗透仪测定 | 渗透性的大小决定了饱和黏土的固结时间长短 | 土的水平向节理较多,水平向渗透性大于竖直向很多,目前用两个方向来切土样,没有考虑水平向重力影响,因此水平向渗透系数就失真 |

## 第二节　饱和黏性土的界限含水率及工程意义

黏性土在不同的含水率下能表现出不同的物理状态,含水率从高至低可以出现四种状态:流动状态、塑性状态、半固体状态和固体状态。流动状态是指土体不能成型,放置平板上为坍塌流动;塑性状态是指在外力将土体造型后,当除去外力后仍能保持原有的形态,也就是指土体此时是可以塑造成各种形态的,即有可塑性;当随着土中含水率的减小,土体失去可塑性而进入固体状态,但此时土中仍含有一定量的重力水分,称它为半固体状态;当土体在105℃的高温烘箱内烘干6h以上,此时土体中的重力水已被排除,土体已处于干燥状态,称之为固体状态。土体的四种状态可以用三种界限含水率来分割。流动状态与塑性状态之间用液限 $w_L$ 含水率来区分,塑性状态与半固体状态间可用塑限含水率 $w_p$ 来界分,半固体与固体状态之间用缩限含水率 $w_s$ 分界,以上就是界限含水率的物理含义。

### 一、界限含水率测定方法及工程应用

(1)碟式液限仪测定法。该测定方法目前为西方国家常用。采用铜制标准圆碟(图1-2),将调制的土膏分层填在碟内,表面刮平后由专用开槽器刻一底宽2mm的槽,以2次/s的转速摇动摆柄,使碟子在落距10mm下自由跌落,当槽两边的土合拢长度为13mm时记下跌落次数并测定试样含水率,将测定的不同含水率和不同跌落次数绘在对数纸上,取25次跌落次数的含水率定义为液限含水率。

(2)锥式平衡液限仪测定法。铜制标准锥体质量76g,锥角36°(图1-3),用两只平衡锤

由金属弧形杆连接，土样放置于铜制杯中。试验时锥体在自重力作用下沉入试样中，当达到规定的沉入深度时土的含水率即为液限含水率 $w_L$。目前对沉入深度各系统采用的标准不统一，《建筑地基基础设计规范》和《岩土工程勘察规范》采用沉入深度 10mm，《土的工程分类标准》为 17mm，而公路系统用液限塑限联合仪测定，该仪器锥体质量为 100g，锥角 30°，当沉入深度 20mm 时为液限含水率 $w_L$，5mm 时为塑限含水率 $\omega_p$。以上三种沉入方法结果不统一，造成对这一问题深入研究和工程应用发生困难。

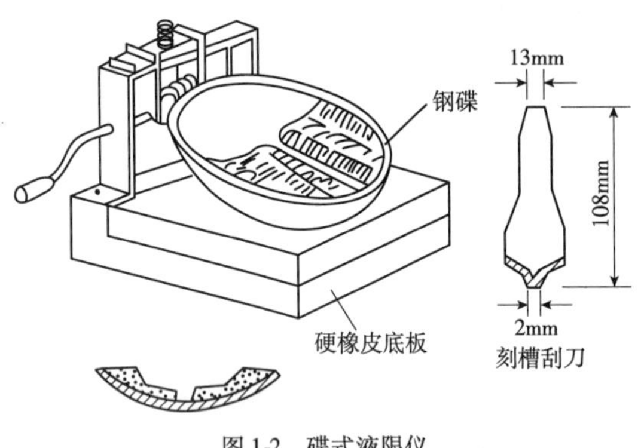


图 1-2　碟式液限仪

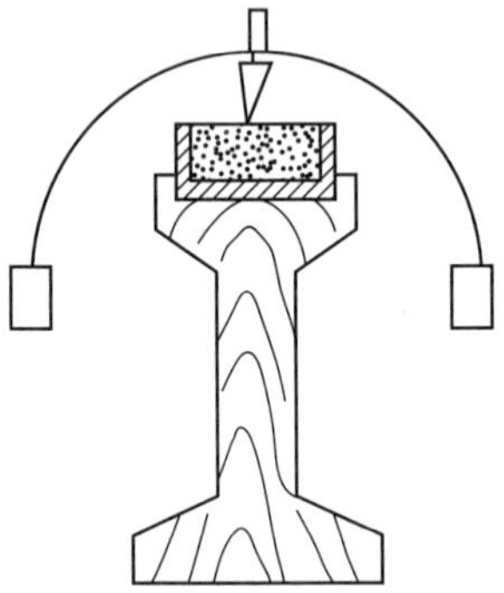

图 1-3　锥式平衡液限仪

## 二、塑性指数和液性指数

由三种含水率可以得到两个指数，即塑性指数和液性指数。三种含水率指土的天然含水率 $w$、液限含水率 $w_L$ 和塑限含水率 $w_p$。

塑性指数用 $I_P$ 表示，用式(1-1)计算。

$$I_P = w_L - w_P \tag{1-1}$$

$I_P$ 是反映土的颗粒粗细程度的物理量，土的黏粒含量越多，也就是 $I_P$ 越大，土的可塑性越大；土的黏粒含量越多，土的颗粒越细。

液性指数 $I_L$ 由下式定义：

$$I_L = \frac{w - w_p}{w_L - w_P} \tag{1-2}$$

$I_L$是指土的天然含水率与界限含水率的关系，当 $I_L$ 在 0 ~ 1 之间变化时，土处于可塑状态；当 $I_L$ 大于 1 时处于流动状态；$I_L$ 小于 0 时处于半固体或固体状态。

## 三、界限含水率的工程意义

从工程的角度来分析上述界限含水率和两个指数需要注意以下几点：

(1)从工程地质勘察报告中查阅这些指标后，可以基本确定土处于什么状态。但必须指出，当测定这些指标时是将试验土样彻底扰动后的均质土进行测定的，所以得到的指标与地基原状土的性态有稍许差别。例如土的 $w$ 大于 $w_L$时，原状土因为有一定的天然结构，当没有破坏这些结构力时，土还不会处在流动状态，一旦有外力破坏了这个结构力，土就进入流动状态。所以当 $w > w_L$，$I_L > 1$ 时，在工程施工时应尽量减少对地基土的扰动，反之，工程设计人员想用石料置换部分淤泥，则设法破坏淤泥的结构力使之易于置换。例如深圳黄田机场在做机场跑道时采用开挖淤泥 6m 深换填块石，此时需要在跑道两侧设置拦淤堤阻止跑道开挖时两侧淤泥滑入基坑，这个拦淤堤用块石做堤身，需要沉入地面下 6m 深以上，工程采用大能量夯击沉入法，这种夯击就能将高含水率淤泥的结构力破坏，易于使块石沉入地下，取得工程成功。

(2)当 $w < w_L$时土处于塑性状态。在工程上注意，这种土不能采用目前工程上使用较多的深层搅拌法来进行加固。例如海南岛的海口到洋浦在2000年建造一条高等级公路，工程是在原有道路上拓宽一倍，由于原有公路已建成多年，地基已完全固结，对新拓宽的半幅路堤设计者采用水泥搅拌法进行地基加固，设计者没有注意到地基土的液限含水率为62%，而天然土的含水率在55%～58%，结果几十台搅拌机在工地无法施工或钻杆经常折断，造成工程难于进展。停工后查阅勘察资料，笔者给工程单位指出，这是高液限土，土体处于塑性状态，无法彻底搅动，所以水泥搅拌法是无法加固这类土的。为此，设计改为加筋土，将上层3m土挖除后做成加筋土地基，使新老路堤变形协调，才使得工程顺利完成。

# 第二章　饱和黏性土的化学性质与工程措施

黏性土的化学性质完全取决于黏性土矿物的化学性质。黏性土矿物主要有三种:蒙脱石、伊利石和高岭石。由于黏性土矿物颗粒极细,其等效粒径小于0.002mm,因此单位体积的表面积就很大,表面积大造成表面能也大,就出现了一系列由表面能造成的化学特性。黏土矿物的结晶构架比较特殊,它由组成矿物成分的原子和分子排列组成。原子与原子、分子与分子之间通过不同的静电吸力或斥力造成的联结称之为键力。三种主要键力就是指化学键、分子键和氢键。这种通过原子、分子的联结,以键力形式表现出黏土矿物的特性与工程特性息息相关,学习和了解这部分知识,可以指导工程技术人员正确掌握黏性土的工程性质,合理运用黏性土地基的处理方法和工程措施。

## 第一节　键力的基本知识

1. 化学键

原子与原子之间的联结称为化学键,又称主键或高能键。由联结的形式可分为离子键、共价键和金属键。所谓离子键是指一种元素的原子失去其最外层电子中的一个或多个而呈现阳离子,而另一种元素的原子又获得一个或多个电子而呈现阴离子。这两种分别带有阳离子和阴离子之间存在的以静电引力形成的吸力即键力,又称离子键。例如钠原子 Na 失去一个外层电子后呈带正电荷的钠离子 $Na^+$,而氯离子 Cl 外层获得一个电子呈带负电的氯离子 $Cl^-$,通过离子键将 $Na^+$ 和 $Cl^-$ 联结生成新的化学物质氯化钠分子晶格,这其中就出现了无方向性的离子键。

共价键是由同一种元素的两个原子以共有的外层电子联结而成的同种元素的分子。例如两个氢原子或两个氯原子,通过共价键构成一个氢分子或氯分子。

$$\left.\begin{aligned} &H. + .H = H{:}H \\ &:\ddot{\underset{..}{Cl}}. + .\ddot{\underset{..}{Cl}}: = :\ddot{\underset{..}{Cl}}:\ddot{\underset{..}{Cl}}: \end{aligned}\right\} \tag{2-1}$$

共价键是有方向性的,它的方向角称为键角。

金属键是指金属元素中的自由电子将金属原子或离子联结而成的金属晶格,这种联结力称为金属键。

概括上述内容:不同元素的原子通过化学反应构成一种新的物质分子,对于异性原子之间的联结力称为离子键,同性原子之间的联结力称为共价键,由自由电子将原子或离子联结的力称为金属键。

离子键、共价键、金属键都属主键,这些主键的影响范围很小,一般0.1~0.2μm,但其联结能量很大,相当于8.4~84 J/kmol。

2. 分子键

分子键又称范德华(Vander waals)键、次键或低能键,是指分子与分子间联结的力。对于中性分子,正负电荷是相等的,但在分子中由于正负电荷分布不对称,在一个分子的两端出现不同电荷,就能在两端吸引不同性的带电物质,这种分子称为极分子。例如水分子就是典型的极分子,如图 2-1 所示。

一个非极性分子有可能受邻近极分子的激发后电场发生位移,从而诱导出偶极,就产生了诱导范德华力。分子的电子层在转动过程的瞬间也会失去平衡而出现瞬间偶极,由此产生的吸力称为分散作用的范德华键力。

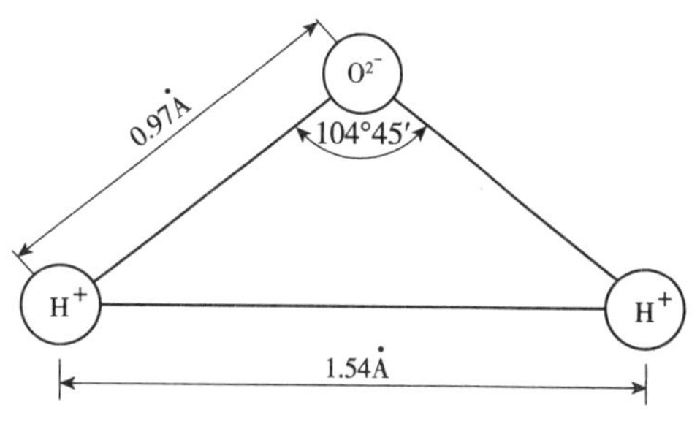

图 2-1 水分子中的键角

3. 氢键

氢键是介于主键和次键之间的键力。由氢原子失去一个电子成为带正电的原子核,当与其他带负电的原子相吸引时即构成氢键。由于氢离子尺寸小,只可能向两个相邻原子靠拢,故氢键只能联结两个原子,例如水分子 $H_2O$。氢键是一个主要键力的组成部分,氢键影响范围小,仅为 0.2 ~ 0.3μm,但键能却很大,可达21 ~24 J/kmol。

关于键力的知识是无机化学的基础知识,因涉及黏性土的基本性质,这里只作概要介绍。黏土颗粒的大多数由硅酸盐矿物组成,颗粒本身的强度由主键形成,而颗粒之间、颗粒与水分子之间的吸力则由次键和氢键形成。颗粒间的联结力远比颗粒本身强度为小,而土体的强度和压缩主要是由颗粒之间的联结所决定。

## 第二节 黏土矿物的晶体结构与工程性质

黏土矿物是属于硅酸盐类,它是一组含水的铝、铁、镁和硅酸盐矿物,此外尚含有镁、硅、镁的氧化物和氢氧化物。常见的黏土矿物列于表 2-1 中。

黏土矿物是一切黏土类的主要物质组成,它是决定黏土工程性质的主要物质基础。它的特点是晶体小,且具特殊化学性质,形状为片状。它的一切性状受控于结晶结构,而基本的结晶结构有两种:即硅氧四面体和铝氧八面体。硅氧四面体由一个硅原子位于中心位置和 4 个顶点的 4 个氧原子组成一个三角形等四面棱体,见图 2-2a),氧原子之间的距离为 $2.61 \times 10^{-10}$m,硅氧之间距离为 $1.61 \times 10^{-10}$m。单个四面体彼此之间互相联结在一起,构成一个连续平面的四面体晶格网,其中所有基底面上的氧排列在同一平面上,顶端的氧原子则排在另一平面上,四面体晶格中相邻四面体的底面相互联结,见图 2-2a)。氢氧化铝八面体结晶单元由一个铝原子(或镁、铁)位于中心位置,四周由 6 个氧或氢氧原子等距离排列成三角形等八面体,6 个顶点由氧或氢氧原子占据,见图 2-2b,八面体中氧之间距离为 $2.60 \times 10^{-10}$m,氢氧之间距离为 $2.94 \times 10^{-10}$m。单个八面体相互联结成网络状结构,见图 2-2b)。

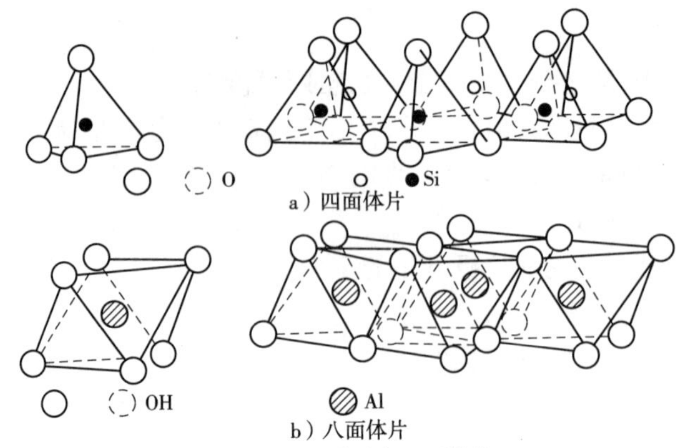


图 2-2　四面体片与八面体片

**黏土矿物汇总表**　　　　表 2-1

| 组 | 矿物代表 | | 化学成分 | $SiO_2/R_2O_2$ |
|---|---|---|---|---|
| 铝的氧化物和氢氧化物 | 单水铝石(水铝石) | | $HAlO_2$ | 0 |
| | 勃母石 | | $AlOOH$ | 0 |
| | 三水铝石 | | $Al(OH)_3$ | 0 |
| 铁的氧化物和氢氧化物 | 赤铁矿 | | $d-Fe_2O_3$ | 0 |
| | 针铁矿 | | $HFeO_2$ | 0 |
| | 褐铁矿 | | $HFe_2O_3 \cdot 2q$ | 0 |
| 黏土矿物 | 高岭石 | 水铝石英 | $mAl_2O_3 \cdot nSiO_2 \cdot PH_2O$ | 1 |
| | | 高岭石 | $Al_4[Si_{10}O_{10}][OH]_8$ | 2 |
| | | 珍珠陶石 | $Al_4[Si_{10}O_{10}][OH]_8$ | 2 |
| | | 迪凯石 | $Al_4[Si_{10}O_{10}][OH]_8$ | 2 |
| | | 多水高岩石 | $Al_4[Si_{10}O_{10}][OH]_8 \cdot 4H_2O$ | 2 |
| | 伊利石 | 水白云母 | $K_{<1}Al_2[(Si,Al)_4O_{10}][OH]_2 \cdot nH_2O$ | 2 |
| | | 伊利石 | $K_{<1}Al_2[(Si,Al)_4O_{10}][OH]_2 \cdot nH_2O$ | 2 |
| | | 绢云母 | $K_{<1}Al_2[(Si,Al)_4O_{10}][OH]_2 \cdot nH_2O$ | 2 |
| | | 水墨云母 | $K_{<1}(Mg \cdot Fe)_3[(Si,Al)_4O_{10}][OH]_2$ | 2 |
| | | 海绿石 | $K_{<1}(Fe^{3+},Mg,Fe^{2+})_2[Si_4O_{10}][OH]_2 \cdot nH_2O$ | 2 |
| | 蒙脱石 | 拜来石 | $Al_2[Si_4O_{10}][OH]_2 \cdot nH_2O$ | 3 |
| | | 蒙脱石 | $m\{Mg_3[Si_4O_{10}(OH)_2]\} \cdot P$<br>$\{Al \cdot Fe_2 \times [Si_4O_{10}(OH)_2]\} \cdot nH_2O$ | 4 |
| | | 绿高岭石 | 同上 | |
| | 绿泥石 | 绿泥石 | $(SiAl)_4(MgFe)_3O_{10}(HO)_3$　$(Mg,Al)_3(OH)_6$水镁石 | |
| | 混层型 | 规则相间的或不规则相间的 | 多种分子 | |
| | 层链型 | 石棉 | $(OH_2)_2Si_4Mg_{2.5}O_{10}(OH) \cdot 2H_2$ | |
| | | 海泡石 | $(OH)_{0.1}Si_2(MgH_2)_{1.5}O_{5.5} \cdot 0.5H_2O$ | |
| 硅的氧化物和氢氧化物 | | 蛋白石 | $SiO_2 \cdot aq$ | ∞ |
| | | 玉髓 | $SiO_2$ | ∞ |
| | | 石英 | $SiO_2$ | ∞ |

黏土矿物的结构可由两层或多层的四面体、八面体所组成，现介绍高岭石、蒙脱石和伊利石三种主要黏土矿物的结晶构造。

高岭石的晶格是由一个四面体（以╲＿╱表示）片与一个八面体（以▭表示）片重复堆叠而成的，如图2-3所示，称1∶1型结构单位层，又称两层型。

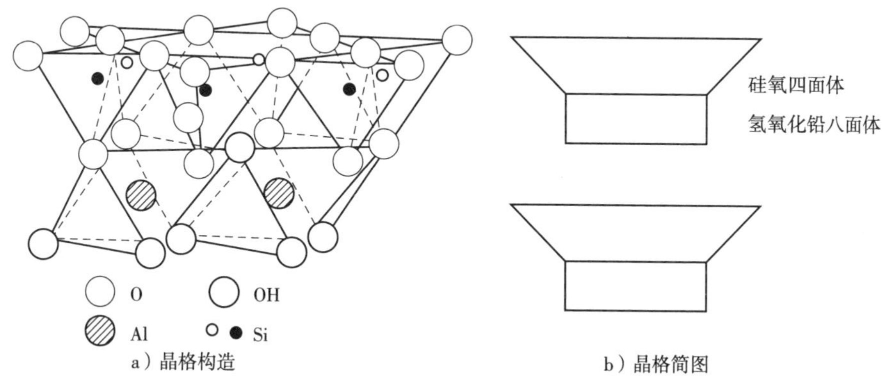


a）晶格构造 b）晶格简图

图2-3 高岭石结晶结构

蒙脱石的晶格是在两个四面体晶片中间夹一个八面体晶片堆叠而成的，如图2-4所示，称2∶1型结构单位层，又称三层结构型。

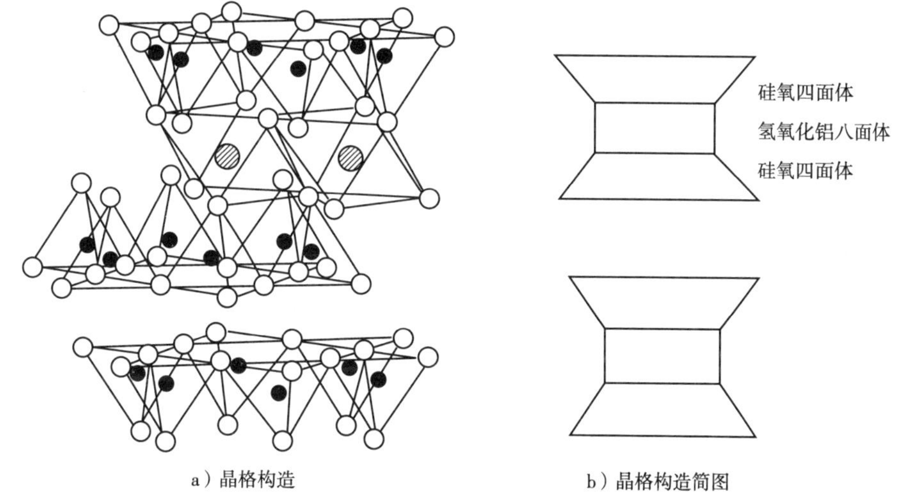


a）晶格构造 b）晶格构造简图

图2-4 蒙脱石结晶结构

伊利石的晶格构造与蒙脱石相似，同属2∶1型结构单位层，但伊利石类在四面体片之间的六角形网格眼中央嵌入一个钾原子，如图2-5所示。

由上面的晶格结构介绍中可以看出，四面体片和八面体片之间都是共用一个原子，所以四面体片与八面体片间的键力为主键联结，而单位层与单位层间的联结就比较薄弱，这就显示出它们的不同的工程性质。

高岭石类黏土矿物，结构单位层之间为氧—氢氧或氢氧与氢氧的相联结，故单位层与单位层之间除范德华键之外，还有氢键，因此提供了较强的联结力。可见高岭石在水中，它的层间是不会分散的，晶格的活动性小，浸水后结晶单位层间的距离变化很小，所以高岭石的

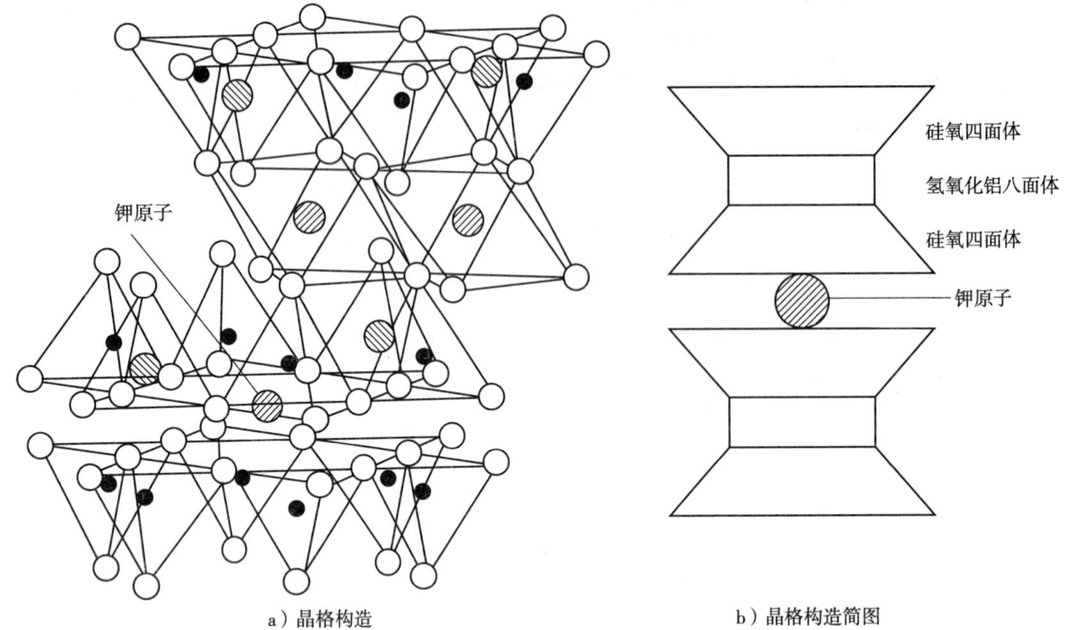

a）晶格构造　　b）晶格构造简图

图 2-5　伊利石结晶结构

膨胀性和压缩性较小，强度大。

蒙脱石型的黏土矿物类，结构单位层间为氧—氧联结，其键力很弱，易为具有氢键的强极化水分子所契入而被分开。此外，在八面体中的铝离子 $Al^{4+}$ 常为低价的其他离子（如镁 $Mg^{2+}$）所转置换，在八面体层面上就会出现多余的负电荷可以吸附水中的阳离子如 $Na^{+}$、$Ca^{2+}$ 来补偿，这种阳离子吸引极化水分子成为水化阳离子，水化阳离子进入结构单位层之间使至层间距离拉大，因此蒙脱石的晶格活动性极大，表现出来的工程性质是膨胀性和压缩性都比高岭石大很多，强度也低，造成在工程中这种土出现吸水膨胀失水干缩的不良特性。

伊利石矿物晶格结构虽与蒙脱石相似，但它在单位层面之间嵌有一个带正电荷的钾离子，造成层间联结介于高岭石与蒙脱石之间，故表现出工程性质也介于高岭石与蒙脱石之间，例如表 2-2 所示。从上述各种黏土矿物的晶格、键力等特性可以看出，有些黏性土吸水膨胀、脱水干缩的原因是与蒙脱石的关系密切，这就是我们在有些工程中遇到的一些黏性土干燥时像把刀，遇水就崩塌成一摊稀泥，这类土就是蒙脱石在起作用。

**部分黏土矿物的概略性质**（R. N. yong. 1975）　　表 2-2

| 黏土矿物类型 | 符　号 | 液限 $W_L$ (%) | 塑性指数 $I_P$ (%) | 活动性 *de* | 压缩指数 | 排水后的摩擦角 (°) |
|---|---|---|---|---|---|---|
| 高岭石 | 强 H 键 | 50 | 20 | 0. 2av | 0. 2 | 20 ~ 30 |
| 伊利石 | 强 K 键 | 100 ~ 120 | 50 ~ 65 | 0. 6av | 0. 6 ~ 1 | 20 ~ 25 |
| 绿泥石 | | 可能如伊利石 | | | | |
| 蛭石 | | 可能介于伊利石与蒙脱石之间 | | | | |
| 似蒙脱石 | 弱键 | 150 ~ 700 | 100 ~ 650 | 1 ~ 6 | 1 ~ 3 | 12 ~ 20 |

以蒙脱石黏土矿物为主的土水体系中含有 $Na^+$ 离子，它的特性是吸水性强，吸附水膜较厚，土体含水率高，强度低，压缩性大。但是它的键力也小，极容易被置换。而含 Ca、Fe、Al、Mg 等离子的土体为强离子联结，吸水性很差，含有这类离子的土为低塑性的低含水率高强度土，利用这个高含水率蒙脱石软土键力小的特点，在土中用 Fe 或 Al 离子去置换土中的 Na 离子，从而将软土的含水率降低，土的强度提高，压缩性降低，达到加固地基的目标。这就是电渗法加固软土的理论基础。例如在珠江电厂一个地下泵房的建造时，四周用加长脚的连续墙围住，开挖之前用电渗法加固，将原来的天然地基土含水率为 76%、孔隙比为 1.98、十字板强度为 19kPa 的软土，经电渗法加固 400h 后，土的含水率已小于液限，进入塑限，穿了布鞋可以行走，可见加固效果明显。这是原广东省电力设计院谢适安专家用电渗法加固高含水率软土的成功实例。

# 第三章　饱和黏性土的渗透性与工程性质

饱和黏性土是连续多孔性介质,由黏土固体颗粒和连续孔隙中充满水体所组成。这样的饱和黏性土地基受力后土中的水体产生渗流运动,水在黏土中的渗透过程引起黏土内部应力状态的变化,从而改变工程地基的稳定条件而产生变形。黏土的渗透性质与黏土的固结状态、强度变化息息相关,从而直接影响工程质量。此外,饱和黏性土地基的渗透性也直接与各种地基加固方法有关联。例如广东深(圳)汕(头)高速公路位于海丰县海滩涂上的K120 +80 ~ K129 +960 约 10km 的软土地基上,软土的厚度从 8m 向东逐渐增加到 22m,土的含水率高达 88%,十字板原位强度仅 4.9kPa,将 K128 + 200 ~ K128 + 475 处及 K120 + 920 ~ K121 + 010 处两地分别选为试验路段,前一段 275m 为第一试验段,软土厚度约 14.5m,后一段 90m 为第二试验段,软土厚 9m。第一试验段采用袋装砂井和塑料排水板来加快地基排水渗透速度,第二试验段不采取任何排水措施,直接填土。在第一试验段软土的中间位置出现 50cm 厚的细砂和贝壳组成的透水薄层,从而加快了地基的固结速度,使得第一试验段填土后仅 120 天便测得地基平均固结度超过 80%,第二试验段的软土中没有透水土层,填土后经 155 天,地基平均固结度仅为 11.74%。可见地基土的渗透特性直接与工程建设息息相关。

## 第一节　饱和黏性土的渗透性质

黏土中的孔隙形状和大小极不规则,而且很细小,孔隙体积一般占总体积的 50% 以上,有的大于 2/3,因此水体在黏性土体孔隙中渗透运动的规律极其复杂。由于水在土体中流动时的阻滞力很大,各位置分布不均匀,且极其缓慢,目前采用一只截面积为 $30\text{cm}^2$、高 2cm 的土样在所谓常水头下测出的黏土渗透系数一般为 $10^{-6} \sim 10^{-7}$cm/s,这是很不正确的。近来通过黏性土的微结构测定,计算出黏性土体内部的渗透系数为 $10^{-4}$cm/s,两者相差 100 倍,可见黏性土的渗透性研究尚处在起步阶段,还有许多问题值得进一步研究。

1856 年达西(H. Darcy)利用一个简单装置,对纯砂性土进行研究,测定其渗透性,得到著名的达西定律,即

$$v = ki \tag{3-1}$$

式中:$v$——渗透速度(cm/s);

$i$——水力坡降,它是沿渗流方向单位距离的水头损失,无因次量;

$k$——土的渗透系数,它的物理意义是当 $i = 1$ 时的渗透速度(cm/s)。

可以看出公式(3-1)为直线方程。对于黏性土就不是这种关系。图 3-1$a$ 线(砂土)与 $b$ 线(黏土)有两点不同:(1)黏性土是条曲线,砂性土是条直线,工程中目前用直线(图中虚线 $c$)来简化替代曲线,所以是有一定误差的;(2)黏土的曲线起始点不在原点,

而只有当渗透力使土中结合水克服电分子力等一系列阻滞力以后，土中水才能起动，开始渗透流动，此时的水力坡降为起始水力坡降。由此可见，黏性土的渗透性质并不服从达西定律，它的非线性和起始坡降远比达西定律复杂，即使用直线来代替，它的计算式也应改为

$$v = k(i - i_0) \tag{3-2}$$

式中：$i_0$——黏性土的起始水力坡降，由前苏联 C. A. PO3A所测定。

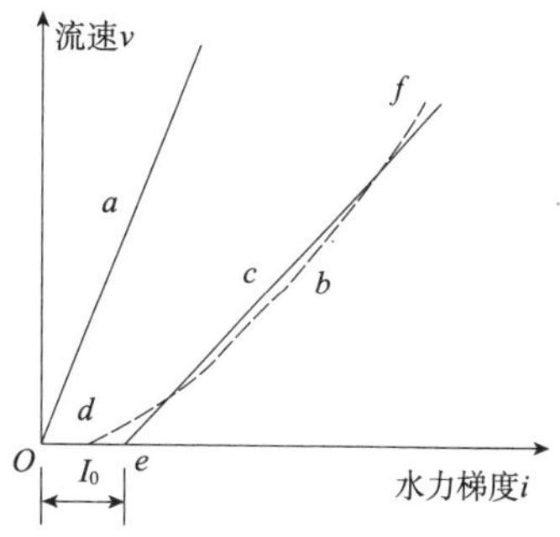


图 3-1　砂土和黏土的渗透速度规律

## 第二节　饱和黏性土地基的渗透系数

渗透系数 $k$ 是当水力坡降 $i=1$ 时的渗透速度，它的大小直接反映土的渗透性强弱，它不能用公式推算出来，只能依靠试验来测定。它的测定方法可分为现场测定和室内试验测定两类。现场抽水试验测定黏性土地基的综合渗透系数是比较繁复和困难的，所以通常都用室内试验测定，共有两种：常水头法和变水头法。

1. 常水头法测定黏土的渗透系数

用图 3-2 所示的常水头试验装置，取用土样下面的稳定水头差 $\Delta H$，测得时间 $t$ 相应的流量 $Q$，则代入公式(3-3)

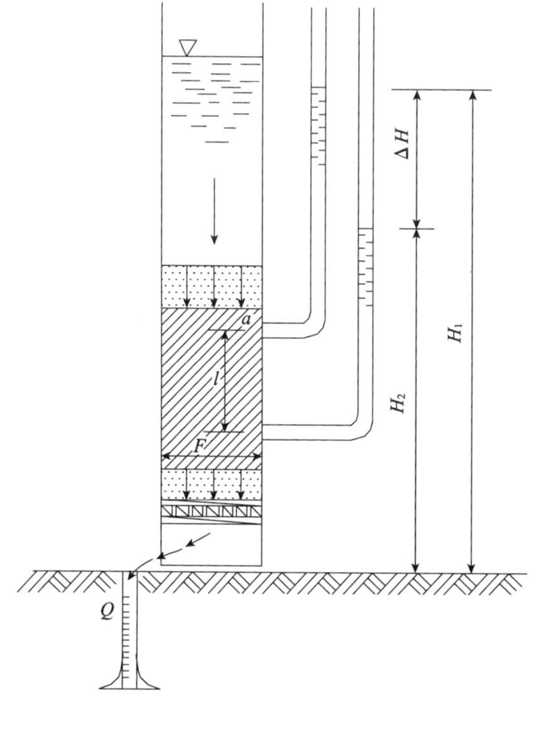


图 3-2　常水头渗透试验装置

$$Q = k\frac{\Delta H}{L}Ft \tag{3-3}$$

式中：$F$——土样截面积。

求得

$$k = \frac{QL}{\Delta HFt} \tag{3-4}$$

2. 变水头测定黏土的渗透系数

用图 3-3 的变水头测定渗透系数的装置，试验开始时顶端蓄水管中水头设定为 $h_1$，经时间 $t$ 后降为 $h_2$，另 $\mathrm{d}t$ 时间内水头相应降低至 $-\mathrm{d}h$，则 $\mathrm{d}t$ 时间内通过土样的流量为

$$\mathrm{d}q = -a\mathrm{d}h \tag{3-5}$$

式中：$a$——蓄水管的截面积。

由达西定律得知

$$\mathrm{d}q = k\frac{h}{L}A\mathrm{d}t \tag{3-6}$$

令式(3-5)与式(3-6)相等，得

$$\mathrm{d}t = \frac{-al}{kA}\frac{\mathrm{d}h}{h} \tag{3-7}$$

将上式积分得

$$k = \frac{al}{A(t_2 - t_1)}\ln\frac{h_1}{h_2} \tag{3-8}$$

或

$$k = 2.3\frac{al}{A(t_2 - t_1)}\lg\frac{h_1}{h_2} \tag{3-9}$$

式中 $a$、$L$、$A$ 为已知，只要测得 $t_1$、$t_2$ 和相应得 $h_1$、$h_2$，就可以求得变水头下的渗透系数。

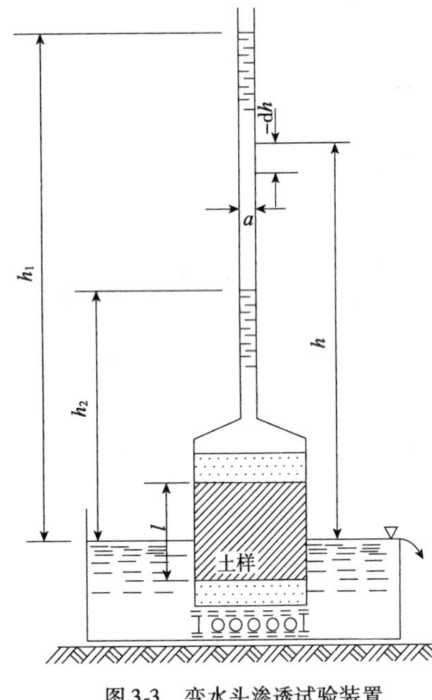


图 3-3　变水头渗透试验装置

3. 垂直向和水平向渗透系数

黏性土地基中的水平向与垂直向的渗透系数是不同的，由于土是在水平向沉积过程中形成的，因此水平向的渗透性往往大于垂直向，有时大到几十至 100 倍。前面介绍的都是将土样取出后以原方向装入试验仪器中，水从顶端渗透至底面，也与水受重力作用相一致，这种状态与实际工程条件相同，所得的是垂直向渗透系数。测定水平向渗透系数，应当模拟工程条件，将土样底面封住，让土样向四周渗水，才能测得类似工程状态的水平向渗透系数。这样的仪器以往有人研究过，但在实际生产中不采用这种方法，而是将土样转向 90°切取，然后装入前述仪器中进行试验。目前所有的勘察报告中均是如此做试验的结果，这只是近似的。至少水在渗透经过土样与重力方向是一致的。实际工程中水平的水流方向与重力是正交的，重力会阻滞水的水平渗流，其结果比室内试验测得的要小。

4. 成层土的渗透系数

实际工程中的地基土是由不同渗透性质的土，即成层土所组成，对于成层土的水平向和垂直向综合渗透系数分别由下述方法求得。

（1）成层土水平方向的综合渗透系数 $k_x$：各土层的水平向渗透系数为 $k_{x1}$、$k_{x2}\cdots k_{xn}$，相应的土层厚度为 $H_1$、$H_2\cdots H_n$，总的土层厚度为 $H$，若通过各土层的渗透流量为 $q_{x1}$、$q_{x2}\cdots q_{xn}$，则通过整个土层的总渗透流量为

$$q_x = q_{x1} + q_{x2} + \cdots + q_{xn} = \sum_{i=1}^{n} q_{xi} \tag{3-10}$$

依照达西定律，总的渗透流量为

$$q_x = k_x iH \tag{3-11}$$

式中：$i$——土层综合的水力坡降。

假定通过各土层相同距离的水头损失均相等，则各土层的水力坡降以及整个土层的平均水力坡降也应该相等。于是任何一层土的渗流量为

$$q_{xi} = k_{xi} iH_i \tag{3-12}$$

将式(3-11)和式(3-12)代入式(3-10)后，则得到

$$k_x iH = \sum_{i=1}^{n} k_i iH_i \tag{3-13}$$

经整理后得到成层土水平方向综合渗透系数为

$$k_x = \frac{1}{H}\sum_{i=1}^{n} k_i iH_i \tag{3-14}$$

(2)成层土垂直方向综合渗透系数 $k_y$:用类似的方法可求得综合垂直向渗透系数。假定各土层渗透系数流量分别为 $q_{y1}$、$q_{y2}\cdots q_{yn}$,依据水流的连续定理,通过整个土层的渗透流量 $q_y$ 必等于通过各土层的渗透流量,即

$$q_y = q_{y1} = q_{y2} = \cdots = q_{yn} \tag{3-15}$$

设水流通过任何一层土的水头损失为 $\triangle h_i$,水力坡降为 $i_i = \triangle h_i/H_i$,则通过整个土层的总水头损失为 $h = \sum \triangle h_i$,总的平均水力坡降为 $i = h/H$。

由达西定律得知,通过整个土层的垂直向总渗流量为

$$q_{yi} = k_y \frac{h}{H}A \tag{3-16}$$

通过任何一层土的渗流量为

$$q_{yi} = k_{yi}\frac{\Delta h_i}{H_i}A = k_{yi}i_iA \tag{3-17}$$

将式(3-16)和式(3-17)代入式(3-15),消除渗流截面积 $A$ 后,得

$$k_y \frac{h}{H}A = k_{yi}i_i \tag{3-18}$$

整个土层总的水头损失可表示为

$$h = i_1H_1 + i_2H_2 + \cdots + i_nH_n = \sum_{i=1}^{n} i_iH_i \tag{3-19}$$

将式(3-19)代入式(3-18)后,经整理可得

$$k_y = \frac{H}{\frac{H_1}{k_{y1}} + \frac{H_2}{k_{y2}} + \cdots + \frac{H_n}{k_{yn}}} = \frac{H}{\sum_{i=1}^{n}\frac{H_i}{k_{yi}}} \tag{3-20}$$

必须指出,因为上述推导各公式时作了若干假定,必定带来相应的误差,在计算时和决定工程措施时务必加以考虑。还必须注意在实际工程中,当成层土中某一层渗透性特别良好,水流阻力就特别小,则水流经过这层土时的水平向流动水量最大,此时的 $k_x$ 将由这一层决定。同样道理,若某层土的垂直向渗透性最小,水流阻力最大,则此时 $k_y$ 也往往由这层土所决定。由此可见,成层土中 $k_x$ 远大于 $k_y$。

# 第四章 饱和黏性土的微结构工程特性

黏性土作为地基在工程中主要围绕着两个主题进行研究,即地基的稳定性和地基沉降。通常借用数学工具以它的应力应变关系来反映这两个问题。地基土的应力应变关系只是借用弹性理论反映了它的现象,其本质是黏性土的结构变化。黏性土的固体颗粒最早由我国学者陈宗基提出:它是扁平颗粒而非圆形颗粒,后来电子显微镜技术出现后证实了陈宗基的预言。长期以来,由于黏性土的微结构技术研究比较复杂和困难,因此处于半停顿状态。但是到了 20 世纪 70 年代初,土的数值分析引起了部分学者的兴趣,由此出现了计算土力学热门技术,这就是土的有限元、边界元等计算土力学方法的大量出现。这些计算土力学方法必须建立在土的本构关系基础上,同时,为了研究土的本构关系又出现了许多应力应变的室内测定仪器和方法,例如真三轴仪、扭转仪等。这些仪器所测定的是模拟地基土在各种应力状态下出现的应力应变关系,然后建立各种本构模式。研究最终可归结为黏性土的变形是弹性的、黏性的和塑性的三种基本状态,当将这些状态进行各种组合后,就出现了各种的计算模式并设法用来描述地基的应力应变状态,甚至预演地基的变化结果。做了这些工作的结果又如何呢? 由于工程的复杂性和黏性土结构的复杂性,其研究成果只能预示部分极简单的问题,还远远满足不了工程实践的要求,因此这些数值计算只能停留在学者间的讨论和研究,而工程实践中很少或基本不采纳这些研究成果。

计算土力学存在的关键问题是它的前提——本构模型,是建立在表观的、简化的、理想化的基础上,缺乏与实际工程状态的联系。而问题的实质是要求了解和掌握黏性土的真实的基本结构,这里称它为黏性土的微结构。看看这些黏性土的微结构在受力后的变化过程,由此来启发和指导并提炼出来,然后进入计算领域,进行具有工程实践意义的计算过程,以求得解决实际工程问题的办法。

目前黏性土的微结构研究正在兴起,研究这个课题的目的是想进一步推动黏性土的应力应变关系的研究,发展黏性土工程实用土力学。鉴于黏性土是由气体、液体、固体组成的三相体,为了把问题简单起见,这里讨论两相体——饱和黏性土的微结构工程特性。饱和黏性土的微结构的工程特性问题由三个部分组成:(1)在取得原状土样后如何将土样脱水而保持原状结构不变化或只有极微小的变化技术,这种微小变化不足以影响研究结果的可靠性,这就是土样冷冻升华脱水技术;(2)将脱了水的土样放入电镜室中用电子枪进行电镜扫描拍摄放大的饱和黏性土原状土的微结构图片,从图片中可以定性地看到放大一万倍和几千倍的饱和黏性土的各种微结构状态;(3)再通过电脑扫描技术进行图像处理,从而获得一系列的反映饱和黏性土体结构本性的特征数据,得到饱和黏性土微结构的定量特征数值,再进一步用这些特征数值来描述其工程特性,供工程决策应用。

目前饱和黏性土的微结构研究尚处在起始阶段,虽然得到了一些宝贵的参数,但仅能作为对工程的定性分析依据,尚不能用作定量计算。例如知道结构内部的渗透系数为 $10^{-4}$ 数量级,由此得知用内部排水的加固方法,如电渗真空吸水等技术可取得比砂井排水更好的效果。

## 第一节　饱和黏性土的塑性破坏和脆性破坏

取饱和软黏土做无侧限压缩试验,试样在 5 ~ 10min 内压坏,在大量试验结果中发现有两种典型的破坏状态,如图 4-1 所示。

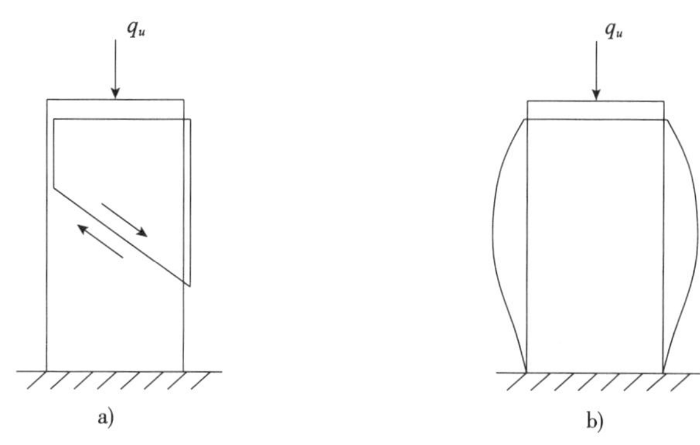


图 4-1　无侧限压缩试验中土样破坏形式

图 4-1a)有一个清晰的剪切破坏面,这种剪切破坏称为脆性破坏;图 4-1b)剪切破坏是没有明显的破坏面,当加压过程中,土样渐渐变矮、膨胀,直至破坏,始终不出现破坏面,这种破坏形式称柔性破坏。这两种破坏形式与土的微结构有关,脆性破坏的土的微结构是脆性的,它的结构强度较大,土颗粒点面胶结,搭建成空架式结构,它能承受较大抗力,一旦结构承受不住抗力,就会突然失去抵抗力而土体被破坏,在破坏之前,土体变形较小,这就是所谓脆性;相反,当土体颗粒为片架重叠式的结构形式,则受力后立即开始发生变形,缓慢的变形需延续较长时间,这种结构没有明显的突然破坏现象出现,我们称这类破坏为柔性破坏。这是两种结构形式的两种破坏方式。实际工程中的软黏土破坏变形特点是:当软土形成后,历史时间较短,它应当属于空架结构形式,在加压过程中,出现两种情况:(1)加压过大、过快,发生脆性破坏,地基失稳;(2)加压缓慢,空架结构受力后慢慢转变成片架结构,如再加压过快,发生柔性破坏,例如控制加压,则进入缓慢变形阶段,即工后沉降阶段或次固结沉降阶段。此外,当软土受历史较长的变迁,土体已经进入超固结状态,这种土的脆性破坏不会出现,它的结果已属片架结构,这类土的承载力较大,总沉降量也很小。

## 第二节　饱和黏性土原状样品冷冻升华脱水技术

冷冻升华脱水技术是指将饱和黏性土中孔隙体内的孔隙水在保持土体结构不变化或

较少变化下全部取出。众所周知:(1)如用常规的烘干法,则在水分蒸发的同时土体结构已经发生收缩变形,最大的收缩率可到47%,可见,虽然脱水了,但土体结构已经改变了;(2)如果用风干法,将土样在常温下自然风干,最终得到的干样品收缩率最大可达50%;(3)还有一种称置换法,它是指用表面张力较小的乙醇、丙酮等液体,去把土体孔隙中的水体置换出来,然后在设法风干而得到脱水的土的样品(由于在液体置换过程中土结构会发生变化,加上置换的液体还有一定的表面张力,这样最终得到的土的样品还是发生了较大的结构变动);(4)此外,还有一种临界点干燥法,这是一种利用液体和气体之间的表面张力为零,形成无表面张力下蒸发液体,从而得到干燥的土样;但是土的临界温度较高,需要达到374℃,临界压强2.25Pa,因此要先用临界点低的液体(如$CO_2$为31℃,临界压强为0.74Pa)来置换,由于黏性土的渗透性很低,置换困难并会造成结构变动,最终结果所得到的样品土体结构也是发生了较大变化。目前国际上土样的脱水技术以冷冻升华技术最先进,该法是将土样瞬间快速冷冻,使土中水瞬间成为不具膨胀性的非结晶冰,然后在低温状态下使土中非结晶的冰升华,再通过真空装置将升华的蒸汽抽走,达到既使土样干燥又使土样几乎不变形的目标。俄罗斯学者B.N.奥西波夫曾用该方法测定了三种黏土矿物,干缩率统计列入表4-1中。

**冷冻干缩率统计表** 表4-1

| 试样名称 | 液限(%) | 冻干时的收缩率 | |
|---|---|---|---|
| | | 线缩(%) | 体缩(%) |
| 高岭石 | 58 | 0.4 | 1.1 |
| 伊利石 | 101 | 0.1 | 2.4 |
| 蒙脱石 | 357 | 2.1 | 4.7 |

我国南京大学教授李生林于1985年在指导博士作论文时已研制出一套冷冻升华干燥仪,并由施斌完成博士论文。我们在李生林教授指点下与中科院地化所陈嘉鸥研究员合作也完成了一套冷冻升华脱水装置。李生林装置示意图如图4-2所示,我们的装置示意图如图4-3。两套装置原理相同,由于抽真空升华脱水每次需8~10h,原来是每次一只样品,耗时太长,后来由叶斌研究员研制了一只大容量样品装置,一次可以干燥72只样品,加快了制样速度,满足了生产的要求。

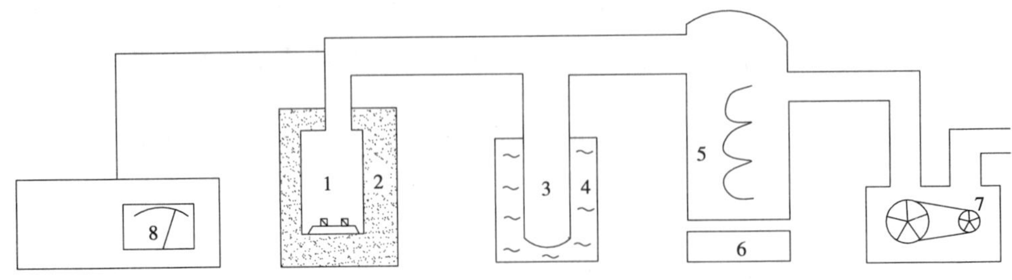


图4-2 南京的冷冻升华装置示意图

1-试样室;2-干冰;3-冷阱;4-液氮;5-扩散泵;6-加热器;7-真空泵;8-真空计

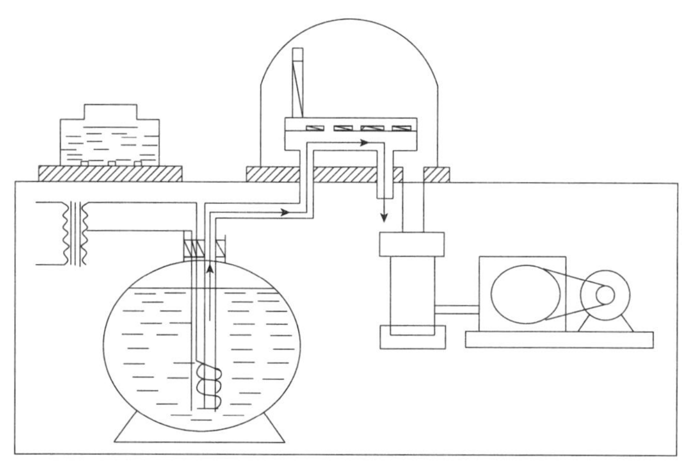

图 4-3 广州的冷冻升华装置示意图

冷冻升华脱水方法是首先将原状土样放置在装有异戊烷的烧杯内，再将此烧杯放入液氮的杯子中，液氮能使样品瞬间达到 -196℃，使土中的水体即刻冻结成非晶体的冰而不发生体积膨胀，因为冻结迅速将造成土样外皮冻结而内部尚未冻结，为此将样品放在异戊烷中使样品内外均匀冻结。然后将冻结的土样置入升华装置中(图 4-3)进行升华脱水处理。所谓升华脱水干燥技术是指将冷冻的固体样品中的非晶体水在真空环境下不断蒸发，使非晶体水不经过液态而直接升华为气体，同时不断地抽取蒸汽，而样品中晶体冰不断在蒸发，使样品中水冰蒸发——抽取——再蒸发——再抽取，直至土样干燥为止。可见这一技术的基本原理就是将孔隙水经速冻成非晶体冰，再由冰升华为气体而脱离土的结构，最终获得干燥的保持原状结构的土样供下一步进入电镜室扫描拍摄原状结构相片供使用。

## 第三节 电镜室扫描拍摄原状土的微结构相片

干燥后的原状土样可以存放在干燥缸内待用。将干燥土样用手分开露出原状结构断面，供拍摄相片。拍摄前在断面上涂上专用胶水，再喷涂黄金，然后送入电镜室由电子枪进行扫描拍摄土的微结构相片。像片有放大 10000 倍、5000 倍、3000 倍、1000 倍和 300 倍等数种，其中 300 倍的相片用作计量分析，其他倍数的相片用来作为结构定性分析，还可以做结构团粒分析、土体在破坏过程中的结构状态分析，它可以清除地表示出土体受力后一系列最直接的结构变化，直接说明土体的应力应变状态。在这个阶段的工作要点是：(1)土样拍摄断面必须是原状的、不能用刀切，要用手分开的自然断面；(2)拍摄的断面照片必须选择有代表性的断面，因此可先从大倍数图像选择，然后再进入小倍数选择；我们初次选择断面时邀请了中山大学土质学专家薄遵照教授亲自示范和指导。现将几个珠江三角洲典型软土地区的工程中的土样，用日产 Hitachi - 3500N 电镜扫描拍摄的微结构像片示于图 4-4 中，从图片中可以清晰地看到珠江三角洲空架结构的高含水率淤泥的原始结构状态。

a)放大300倍天然土样

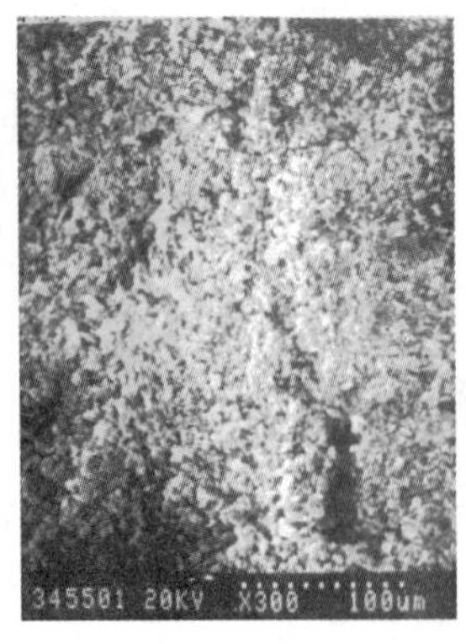


b)放大300倍5m填土固结半年后土样

c)放大10000倍天然土样

d)放大10000倍5m填土固结半年后土样

e)土中含有的有机质

图4-4　京珠高速公路广珠东段灵山试验段埋深12m土的微结构图

## 第四节　原状土样微结构相片计算机处理技术

按照前述方法得到了一系列土的微结构原状图片后，就可以对土的微结构相片进行定性分析。现将京珠高速公路广珠东线灵山试验路段5m高填土荷载预压固结半年与天然状态进行对比分析：(1)图4-4a)和b)是放大300倍的微结构相片，a)是天然状态，b)是固结状态，从图片中可以清楚看出，固结状态的土的微结构显然比天然状态的要致密很多；(2)图4-4c)和d)是同一土样放大一万倍的微结构相片，从相片中可以看到d)片中土的团粒结构比c)片中的要大，d)片是固结土，c)片是天然土，这就说明固结后土的团粒增大；(3)图4-4e)是一张片中有蜂窝状的物质，这就是有机质。这里清楚地表明拍摄土的结构相片可以清晰看到土体结构在加载预压固结过程中的土的结构变化状态。此外，也能清晰看到土的颗粒是扁平状态，三个方向尺度相差较大(有的颗粒三向尺度为$3\times0.1\times0.03\mu m$)。

以上是定性分析，要从相片对结构做出定量分析还必须对相片用电脑作进一步处理，从而提取一系列土的微结构参数。经电脑对相片处理后目前能提取到的数据有(1)土的孔隙个数；(2)土的总的孔隙面积；(3)土的孔隙率；(4)土的孔隙的平均直径；(5)土的孔隙平均直径的变异系数；(6)土的平均孔隙面积；(7)土的孔隙面积的变异系数；(8)土的孔隙平均周边长度;(9)土的孔隙平均周边长度变异系数;(10)特殊面积系数——单位面积的周边长度;(11)土的内部渗透系数;(12)土颗粒排列方向玫瑰图等12个与工程息息相关的土体结构变化特殊参数。这些丰富的数据能提供给工程应用,指导工程建设,同时也为土的基础研究提供了重要依据。例如珠江三角洲饱和黏土的内部渗透系数为$10^{-4}$m/s的数量级,经勘察取土进行室内测定的渗透系数为$10^{-6}$m/s,两者相差两个数量级,这个数据说明土的内部渗透速度较快,这就告诉我们用土体内部排水的固结方法如真空吸水法、电渗排水法、井点降水法等可以获得理想的加固效果,应该是珠江三角洲软基加固的首选方法。又如强夯前后取土样做微结构变化测定可得到强夯法加固深度和加固效果的数据,以及强夯后期加固效果的测定;再如,在堆载排水预压法中可以测其固结前后的微结构参数变化来确定压缩层的厚度、不同深度的压缩量、工程的工后沉降甚至最终沉降量等一系列软基加固中的重要数据和可靠的信息。

## 第五节　饱和黏土微结构特征参数的工程应用

1996年秋借北京国际地质会议之机,邀请南京大学土质学专家李生林教授、莫斯科大学副校长特洛菲莫夫院士来穗讲学,会后将京珠高速公路广珠东线灵山试验路段加固前后的8只原状土样带去莫斯科大学由萨科洛夫教授做了微结构试验,并取得一批资料。此后,在中山大学薄遵照教授指导下,与中科院地化所陈嘉鸥、叶斌研究员及芦承祖同志合作,采用冷冻升华脱水技术制备了珠江三角洲的广珠东线、广肇高速公路、东莞玖龙造纸厂等多项工程的地基加固前后的原状干燥土样,再用电镜扫描拍摄了一系列的微结构图像,对这些图像进行了电脑处理后得到一批资料,用这些资料指导工程采取合理的措施,取到了工程效益,并进一步发展了软基加固技术。

**工程实录**　京珠高速公路广珠东线的灵山试验路段长354m,位于广州番禺的灵山镇,是珠江三角洲地区典型的高含水率空架结构软土地区,其土质资料为:第一层土为1m厚的耕植土;第二层为24m厚的含水率高达64%~77%、孔隙比1.82的空架结构均质淤泥;第三层为静力触探$P_s$值大于4MPa的砂层;再下面为粗砂、砾砂层。淤泥的指标列入表4-2中。

**灵山试验路段的淤泥指标**　　表4-2

| 土层厚度(m) | 土样位置(m) | 含水率(%) | 孔隙比 | 塑性指数 | 压缩系数($MPa^{-1}$) | 渗透系数($10^{-7}$cm/s) | 快剪指标 | | 有机质(%) |
|---|---|---|---|---|---|---|---|---|---|
| | | | | | | | $c$(kPa) | $\phi$(°) | |
| 24 | 10/12 | 74 | 1.82 | 25 | 1.93 | 1.32 | 14.5 | 0 | 2.09 |

1995年9月施工之前在地面下9.90~10.10m处取出一批土样,这是天然状态的土样。1995年9月开始填土筑路,在加载5m高填土后进入预压期,至1996年4月在原位置附近、深度位于地面下12.40~12.60m处又取出一批土样,这批土样是在砂井地基填土5m高预压半年的固结状态的土样。从前后两批土样中各取4只具有代表性的土样送往莫斯科大学做了饱和黏土固结前后的微结构测试。每只土样有放大一万倍、3千倍、1千倍和300倍4种照片,共计32张照片,并得到12项微结构材料参数,其中5张典型照片已示于图4-4中。将其中11项参数汇总在表4-3中。现将这些资料初步分析见表4-3。

表 4-3

**珠江三角洲饱和黏土微结构参数统计表**

| 编号 | 土样状态 | 取样深度 (m) | 取土日期 | 孔隙数量 | 总孔隙面积 ($\mu m^2$) | 孔隙率 (%) | 孔隙平均直径 ($\mu m^2$) | 孔隙直径变异系数 | 孔隙平均面积 ($\mu m^2$) | 孔隙面积变异系数 | 平均孔隙周边长 ($\mu m$) | 孔隙周边长变异系数 | 特征边长系数 ($1/\mu m$) | 渗透系数 (cm/s) |
|---|---|---|---|---|---|---|---|---|---|---|---|---|---|---|
| 1 | 天然 | 10.10 | 1995.9 | 192097 | 27958.6 | 58.89 | 0.1769 | 0.1540 | 0.145544 | 37.902 | 1.38839 | 25.458 | 2.15251 | $0.5\times10^{-4}$ |
| 2 | 天然 | 10.10 | 1995.9 | 137467 | 36078.8 | 52.06 | 0.172012 | 0.3046 | 0.262454 | 425.03 | 1.32111 | 150.93 | 1.46572 | $1.3\times10^{-4}$ |
| 3 | 天然 | 10.10 | 1995.9 | 287488 | 28393.4 | 53.91 | 0.120742 | 0.1112 | 0.098764 | 101.14 | 0.96847 | 37.144 | 2.24709 | $0.6\times10^{-4}$ |
| 4 | 天然 | 10.10 | 1995.9 | 356585 | 46121.8 | 56.53 | 0.135192 | 0.1464 | 0.129343 | 299.84 | 1.07745 | 117.03 | 3.10082 | $1.4\times10^{-4}$ |
| 5 | 平均值 | 10.10 |  | 243409.25 | 3638.15 | 55.35 | 0.15121 | 0.17905 | 0.15903 | 215.978 | 1.18886 | 82.7655 | 2.24154 | $0.95\times10^{-4}$ |
| 6 | 固结 | 12.40 | 1996.4 | 285212 | 24564.9 | 52.13 | 0.138261 | 0.0905 | 0.861285 | 60.525 | 1.01765 | 13.261 | 2.34251 | $0.9\times10^{-4}$ |
| 7 | 固结 | 12.40 | 1996.4 | 191158 | 36593.1 | 53.16 | 0.162597 | 0.2173 | 0.191401 | 124.09 | 1.20448 | 58.015 | 1.83852 | $1.0\times10^{-4}$ |
| 8 | 固结 | 12.4 | 1996.4 | 391588 | 42622.2 | 54.21 | 0.139426 | 0.1191 | 0.108845 | 26.000 | 1.18614 | 15.298 | 3.74865 | $0.8\times10^{-4}$ |
| 9 | 固结 | 12.4 | 1996.4 | 271014 | 27192.8 | 52.38 | 0.138332 | 0.1086 | 0.100337 | 29.903 | 1.05573 | 13.774 | 2.30918 | $0.7\times10^{-4}$ |
| 10 | 平均值 | 12.40 |  | 284743 | 32743.25 | 52.97 | 0.14336 | 0.13388 | 0.12168 | 60.1295 | 1.11600 | 25.087 | 2.56473 | $0.85\times10^{-4}$ |
| 天然与固结状态之差值 |  |  |  | 41333.75 | -1894.9 | 2.38 | 0.00785 | 0.04517 | 0.0335 | 155.848 | 0.07286 | -57.6785 | -0.3232 | $0.1\times10^{-4}$ |
| 差值的百分比 |  |  |  | 16.98% | -5.471% |  | -5.191% | 33.74% | 23.486% | 259.20% | -6.12% | -69.69% | -14.42% | -10.521% |

(1)五张照片中的二张为放大300倍的,目估可以看出预压半年后的土结构显然比天然状态的致密,加固效果已从图片中显示出来。其中放大一万倍的可以看出固结后的土结构团粒增大。还有一张放大3千倍的照片中有有机质存在。

(2)首先将表4-3中11项数据中的天然状态和固结半年的两种状态的参数进行算术平均,所得资料代表各自状态,然后进行逐项比较和分析。

(3)从表4-3的统计资料中可以看出,土体在被压缩过程中,孔隙面积(所有的平面参数也反映了空间参数)减小而孔隙个数增加的物理现象,孔隙个数从压缩前的243409.25个上升到压缩后的284743个,增加41333.75个孔隙,孔隙数上升16.98%,而孔隙面积从34638.15$\mu m^2$下降到32743.25$\mu m^2$,下降了约5.471%。这个物理现象说明土体在被压缩时大孔隙首先被压破,而且是某些大孔隙被压缩后破碎成多个小孔隙,但破碎后的小孔隙的总面积小于原有的大孔隙面积,因此出现孔隙面积减小而孔隙数量增加的现象。相应的平均孔隙周边长也从1.18886$\mu m$减小到压缩后的1.11600$\mu m$,减少量为6.12%,孔隙平均直径减小约5.19%。这三个数据充分证实土体压缩过程由大的孔隙先被压破裂,小的孔隙后破裂或不破裂,这样的压缩和孔隙破裂过程可以作为建立数学计算模型的物理基础,例如大孔隙破裂主要反映出土体的弹性和脆性,而小孔隙破裂主要反映出土的塑性和黏性。

(4)土体被压缩过程中出现大孔隙破裂、大颗粒先被折断的现象,必定在工程中出现软土地基在压缩过程中发生土的强度迅速降低,而且降低的数量比较可观。1996年在深圳宝安新城区的新湖路和甲岸路,路堤填土高度6m,当填到了3m时张迎春等用十字板仪器测得路基软土强度降低25%,同样1965年在浙江舟山定海北马峙海堤,当填土至2.9m时也用十字板仪器测得强度降低27.7%。由此可见,在高含水率地基上建造建筑物时,地基的强度在填筑期会降低,而且降低的数量还比较大,这是由于这种高含水率软土的土骨架组成的孔隙多而大的空架结构,当受力压缩时土骨架由空架结构向片架结构转化和发展,在这种转化过程中,转化的速度不能太快,必须严格控制,如果发展过快、过急,就会发生土体结构被完全破坏而发生滑动。

(5)表4-3中给出土的总孔隙面积天然状态为34638.15$\mu m^2$,经5m填土、半年预压后,总的孔隙面积下降为32743.25$\mu m^2$,其降幅为5.471%,而这两批土样天然状态位于地面以下10m处,固结状态位于地面下12.5m处,整个软土层的厚度为24m,这层软土又比较均匀,如果假定两批土样能代表整个土层的状态,则5.471%的孔隙变化的土体压缩量应该是137.784cm,这个数值也就是路堤的总的下沉量。此时在路堤的中心点测得的沉降量为135.4cm,两者比较接近。虽然这次是有些巧合的可能,还没有足够的工程实例来证实,但至少可以得到启示,如果沿着深度每2m或3m取一只土样,用测定微结构的方法来测定地基各个阶段或最终压缩量,由此就能正确得到地基任何时期的沉降量及最终沉降量,以供工程师做出正确决策。例如在高速公路建设中可以正确决定预压时间、终止预压的标准、决定超载量的大小、超载预压的时间、正确预测工后沉降的大小和过程等一系列工程中的重大问题。

(6)在表4-3中列出一项土体内部渗透系数为$0.95\times10^{-4}$cm/s,压缩后的渗透系数减小为$0.85\times10^{-4}$cm/s,减小量为15.85%。该试验路段用常规方法测得土的渗透系数为$0.21\times10^{-6}$cm/s,两者相差25倍左右,这就表明用目前常规方法测定的土的渗透性能有较大的失真,这是由于取样、切样等一系列过程已使土样发生扰动,正是因为目前用常规方法测得的渗透系数偏小,所以造成固结计算结果往往比实际工程实践的固结速度偏慢。同时,在广东西部沿海高速公路台山试验段取原状土样在室内同时做压缩试验和渗透试验,在同一筒土样中得到了由压缩曲线反算出的渗透系数和渗透试验得到的渗透系数,统计入表4-4中,从表中数据可以看出,压缩曲线所得到的渗透系数明显小于渗透试验所得到的渗透系数,两者至少相差一个数量级。而目前工程勘察报告给出的渗透系数大都由压缩曲线反算得到。在此提醒工程设计人员,当在设计计算地基排水固结时间时应注意到渗透系数是用什么方法取得的,对计算结果要有清醒的估计。此外,我们还用孔压静力触探中的孔压传感器在珠江三角洲地区的高速公路软基中测得原位土的渗透系数为 $10^{-5}$cm/s。由此可见,同样是高含水率空架结构的软土,用不同的方法,可得到四种不同的渗透系数,大致比较如下:勘察报告用压缩曲线反算的为 $10^{-7}$cm/s,室内渗透试验得到的为 $10^{-6}$ cm/s,现场用静力触探得到原位的 $10^{-5}$cm/s,用微结构试验得到土体内部的为 $10^{-4}$cm/s。可见取土试验过程中土样被扰动所带来的渗透系数的变化会影响我们的计算结果,但是用不同的测试方法所得到的渗透系数同样是不同的,而且还有数量级上的差别。不管是什么原因造成渗透系数的失真,目前勘察报告中用压缩曲线反算出的渗透系数是偏小很多。这些现象我们仅在珠江三角洲高含水率空架结构的软土中发现,其他地区的软土情况如何,还需进一步做工作。

**广东西部沿海高速公路台山试验路段渗透系数**(cm/s)　　表4-4

| 组别 | 1 | 2 | 3 | 4 | 5 | 6 |
|---|---|---|---|---|---|---|
| 由渗透试验得到 | $5.79 \times 10^{-7}$ | $3.56 \times 10^{-6}$ | $6.15 \times 10^{-7}$ | $3.73 \times 10^{-7}$ | $1.74 \times 10^{-6}$ | $6.99 \times 10^{-6}$ |
| 压缩曲线反算结果 | $5.10 \times 10^{-8}$ | $4.90 \times 10^{-8}$ | $6.90 \times 10^{-8}$ | $1.2 \times 10^{-8}$ | $5.40 \times 10^{-8}$ | $1.00 \times 10^{-7}$ |

(7)土的孔隙大小分布状态和土体在被压缩过程中土孔隙的变化状态。表4-3中资料所表示的为广珠东线灵山试验路段的压缩过程为:①孔隙面积变异系数为在天然状态的215.978,固结后的60.130,前者比后者大2.59倍,这说明天然状态的土体孔隙大小分布不一,很不均匀,经压密固结后,土的孔隙大小趋向均匀和小型化,这个均化程度可以用数量来表示;②土体孔隙直径的变异系数,天然状态为0.17905,压缩后为0.13388,天然的为压缩的1.3373倍,这也是表明天然状态土的孔隙直径比起固结状态的要不均匀,大小相差很大,固结后孔隙相对趋向均匀了;③孔隙周边长的变异系数,天然状态为82.765,其中最大一个为150.93,最小一个土样的为37.644,经过压缩后得到的平均变异系数为25.087,最大的值为58.015,而最小值仅为13.261,从孔隙周边变异系数这组数据可以看出:天然状态灵山试验路段的地基土的淤泥结构是一种高含水率、孔隙很大的空架结构式土,经压缩后趋向孔隙变小而均匀,土颗粒片状叠排的片架结构式的结构。从以上三个反映土性的变异系数的变化过程可以清楚看出,土体在压缩过程中的土体孔隙大小、孔隙周边和孔隙直径均逐渐趋向一致,趋向均化,土结构从一种空架形式向片架、叠式架构过渡和发展,整个变化过程可以随时取得各种状态的参数,显示出土体内部的应力应变状态。

(8)表4-3中还给出一个系数,就是单位面积的周边长度系数,这里暂时称它为特征边长系数,它的物理含义是反映孔隙形状特性,圆孔隙的这一系数为最小,椭圆形次之,多边形最大。系数愈大孔隙形状愈趋向多边形。表4-3中给出天然状态为2.24154,压缩后增至2.56473,增大14.418%,这就说明珠江三角洲的高含水率空架结构式淤泥在自然沉积过程中受地球自转和重力影响,以及水流冲刷滚动,土的孔隙形状相对于压缩后更接近圆形或椭圆形,在压缩过程中,孔隙周边被折断,扁平的土颗粒部分被重叠,而增加了各种多边形状。此外,这也说明珠江三角洲地区的淤泥沉积期相对较短,水流搬运途径也短,因此原始的圆形和椭圆形孔隙保留也多。

## 第六节 饱和黏土微结构的工程应用实录

### 一、广东省东莞市麻冲玖龙牛皮卡纸厂场地强夯加固工程

1. 工程概况

该厂位于珠江三角洲的河漫滩地,原有场地为一片甘蔗地,上部9m为高含水率淤泥,下部为较好的粉质黏土及砂土。为建厂在地表吹填3.5m厚的中细砂以满足建厂地秤标高程要求。在厂区内一块原料堆场约3万平方米,采用动力固结法加固9m厚的淤泥,设计用1.5m间距正三角形布置袋装砂井,砂井长穿透淤泥进入粉质黏土50cm。强夯能量设计用15t重的夯锤,吊高15m,每锤夯击能量为2250kN·m,夯点间距按3.5m三角形布置,夯坑深度按整个场地夯沉量60cm控制。

2. 场地土质情况

场地表层由中细砂吹填而成,自然松散状态,第二层淤泥厚9m,它的物理力学性质指标列入表4-5。第三层为粉质土,较密实;以下为粗砂层。加固对象主要是9m淤泥层。

**东莞市麻冲玖龙纸厂地基土质指标** 表4-5

| 土层厚度(m) | 含水率(%) | 孔隙比 e | 塑性指数 $I_p$ | 压缩系数($MPa^{-1}$) | 渗透系数($10^{-6}$cm/s) | 快剪指标 | |
|---|---|---|---|---|---|---|---|
| | | | | | | $c$(kPa) | $\phi$(°) |
| 9 | 66.9 | 1.788 | 16.7 | 1.40 | 1.97 | 11.4 | 1.7 |

3. 强夯施工工艺

场地整平后施打直径7cm的袋装砂井。砂井长13m,穿透淤泥进入粉质土50cm,砂井间距1.5m,呈三角形分布。然后再按3.5m间距三角形布点进行强夯,夯锤重15t,吊高15m,每击的夯击能为2250kN·m。先进行试夯,每个夯点4~6击,当夯坑达到1.5m深时,地面平均夯沉量为60cm。由于夯击时夯坑四周有隆起量,因此在测定隆起量后夯坑的平均深度应达到1.8m时才能满足整片场地经夯击后达到下沉量为60cm的要求。此外,强夯的加固深度应该达到12.5m,才能避免夯后不再发生较大的工后沉降。为此需要进行夯前夯后的一系列检验,这里除了用3m×3m大型荷载试验长期压载、钻探检验外,尚采用测定淤泥的微结构的方法进行强夯效果检验。

4. 测试

用测定淤泥微结构的方法来检验工程的强夯法加固效果及加固深度。首先在场地内和场地外选取钻孔取原状土样,前后共做了三孔,其中一孔为场地外同样条件的土质,代表夯前土的结构状态,另外二孔在夯击后的场地内随意抽取,其中一孔为夯后一个半月,另有一孔为夯后半年。天然状态土样位于地面下8.40~8.60m处,约在淤泥土层中间。夯后的土样分别位于5.20~5.40m、8.90~9.10m和11.50~11.70m处。然后按前述介绍的方法将土样冷冻升华脱水干燥后进行电子显微镜扫描拍摄微结构图像,并用放大350倍的图片由电

脑进行处理，将所得到的资料汇总于表4-6中。首先将强夯后的三个土样资料进行平均，取这个平均值代表强夯后的土结构状态，然后与天然状态土结构进行分析比较，其结果如下：

(1)强夯后的孔隙个数比强夯前增加了一倍多(107.9%)，表4-3的堆载预压仅增加17%，可见在强夯的冲击能量作用，土颗粒和土孔隙的破坏程度远远大于静力堆载所产生的结果。动力冲击和经历压缩两者造成的土体压缩程度和结构破坏是完全不相同的，动力冲击的加固效果应当远比静力预压要显著。但是强夯法加固淤泥时需要正确掌握能量的分布和分配，布置孔隙压力的消散渠道，因此通常必须设置砂井或排水塑料板，还必须设置硬壳层。在珠江三角洲一带，依据实践经验，这个硬壳层不得小于3.0～3.5m。

**广东东莞麻冲镇玖龙纸厂强夯前后淤泥土微结构参数汇总表** 表4-6

| 钻孔号 | 土样深度(m) | 土样状态 | 孔隙率(%) | 孔隙总个数 | 总孔隙面积($\mu m^2$) | 单个孔隙平均面积($\mu m^2$) | 单个孔隙平均直径($\mu m$) | 单个孔隙平均周长($\mu m$) |
|---|---|---|---|---|---|---|---|---|
| ZK－1 | 8.40～8.60 | 天然 | 61.92 | 111145 | 43543 | 0.391768 | 0.706288 | 1.868234 |
| ZK－2 | 8.90～9.10 | 强夯后 | 54.89 | 242332 | 38633 | 0.159422 | 0.450535 | 1.191760 |
| ZK－3 | 5.20～5.40 | 强夯后 | 55.44 | 231161 | 38951 | 0.168502 | 0.463188 | 1.225234 |
| ZK－3 | 11.50～11.70 | 强夯后 | 57.73 | 219581 | 39283 | 0.178900 | 0.477265 | 1.262473 |
| 平均值 | | 强夯后 | 56.02 | 231024 | 38956 | 0.168940 | 0.463663 | 1.226491 |
| 天然与夯击后之差 | | | 5.90 | －119879 | 4587 | 0.222828 | 0.242605 | 0.641743 |
| 差值的百分比(%) | | | 9.50 | －107.9 | 10.50 | 56.90 | 34.40 | 34.40 |

(2)强夯前后孔隙率的变化为9.5%，总孔隙面积变化为10.5%，平均孔隙面积变化为56.9%，平均孔隙直径和周长变化为34.4%，而堆载预压(表4-3)半年相应变化为4.3%，总孔隙面积变化为5.47%，平均孔隙面积变化为23.5%，平均孔隙直径变化为5.2%，周长为6.1%。由此可见，强夯法加固效果好于堆载法。

(3)表4-6中有一个土样位于地面以下11.70m处，此处距离淤泥底层仅0.8m，这个土样的夯前夯后孔隙率降低4.19%，孔隙个数增加97.7%，总孔隙面积减少9.8%，虽然各项参数变化幅度均小于平均值，但已能清晰地看到强夯可产生效果的加固深度已达到11.70m处，可见，用这种测定微结构变化的方法可以直接检查出强夯的加固深度。

(4)该场地强夯3遍后立即测得整个场地瞬间平均下沉54.8cm，静止12个月后又测得整个场地的后续沉降约9cm，总计沉降63.8cm，已达到设计要求在60kPa荷载下完成60cm的沉降量。1997年6月26日进行大型荷载检验，荷载板3m×3m，堆载120kPa，在此荷载下压至1997年8月26日测得沉降仅4.4cm，可见用微结构测定法可以满足强夯法加固效果检验和强夯法加固机理研究。

## 二、广(州)肇(庆)高速公路

### 1. 工程概况

广(州)肇(庆)高速公路从三水至肇庆马安全长约50km，其中软基路段总长约24km，占全线近50%。整条公路处于丘陵山区，地势起伏不平，还途径许多山塘、山沟。沿途所经的软土极不均匀，软土的厚度差别很大，在2～16m间。土质变化也很大，又是高含水率淤泥，含水率高达159.2%，还是高有机质土，有机质含量高达9.2%，另有泥炭土等。有时地基中挖出一些长期埋藏的树木，这些树木在长期缺氧状态下脱水软化，已成为软木，所以这一带盛产软木。路堤填高一般在4～6m，最高达8.58m，相应的沉降量达到2.603m。

软土地基除了两段采用真空联合堆载预压处理外，其余都采用袋装砂井堆载和超载预压处理，整个施工期和预压期均进行了沉降和位移的监测。

2. 土质情况

广肇高速公路的软土由常规试验得到淤泥的参数如表4-7所示。除了做常规试验外，还做了X衍射试验，测定黏土矿物的种类和含量，发现了广肇高速公路的淤泥中含有14.0%～19.8%的蒙脱石，众所周知，蒙脱石亲水性能强，吸水后还会发生体积膨胀，它会给工程带来地基强度降低、压缩性增大、工后沉降量加大、固结时间延长等一系列缺陷。由此可见，本工程的淤泥地基的土质中有机质含量高，还含有蒙脱石，这就提醒设计、施工和管理人员要高度重视工程在施工期的稳定控制和满足预压期固结时间的工后沉降量的控制。为了进一步做好工程质量控制，还专门做了淤泥的微结构工程特性测定。

**广肇高速公路土质指标统计表**　　表4-7

| 项目 | 含水率(%) | 密度($g/cm^3$) | 孔隙比 | 液限(%) | 压缩系数($MPa^{-1}$) | 固结系数($cm^2/s$) | 快剪指标 | | 有机质(%) | 备注 |
|---|---|---|---|---|---|---|---|---|---|---|
| | | | | | | | $c$(kPa) | $\phi$(°) | | |
| 一般值 | 72.69 | 1.46 | 1.92 | 57.7 | 1.79 | $7.53\times10^{-4}$ | 7.5 | 2.7 | 6.34 | |
| 最高值 | 159.2 | | 4.02 | 116 | 4.61 | | | | 9.2 | |

3. 广肇高速公路淤泥的微结构工程特性分析

(1)根据本工程的土质特点，取原状土样分别在压缩仪中加4级压力：112.5kPa、215.5kPa、312.5kPa和412.5kPa。在这4级压力下压缩，待其稳定后取出，再分别做其微结构测定。测定的结果绘制成图4-5。

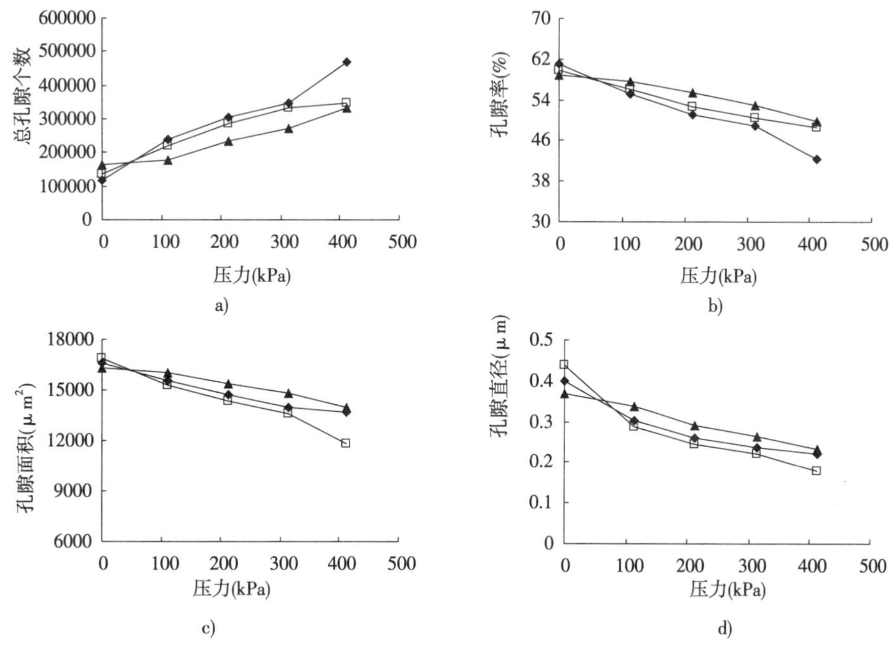


图4-5　微结构参数与压力大小的关系

从图4-5中4组曲线可以看出，土的总孔隙个数随着压力增大而增多，而孔隙率、孔隙面积和平均孔隙直径随着压力增大而减小，这就说明广肇高速公路的淤泥虽然有机质含量高，并含有一定量的蒙脱石，而在压缩过程中其微结构变化的趋势与珠江三角洲其他地区的淤泥是相同的。但是广肇高速公路的淤泥在增加100kPa压力下孔隙面积减少约7.2%，孔隙个数增加约35.71%，对比广珠东线灵山试验路段，虽然灵山试验路段的淤泥天然含水率也达到74.6%，但在5m填土的重力作用下，它的孔隙面积仅减少5.47%，总孔隙个数增加仅为16.98%，这就是广肇高速公路的淤泥有机质含量高，还含有蒙脱石的缘故。灵山试验段软土有机质仅含2.09%。

(2)针对广肇高速公路淤泥的微结构特性，在工程填筑期和预压期采取如下措施：

①全线软基路段除两段外都采用砂井排水固结法处理，这两段用真空联合堆载法处理。在填筑期严格执行"薄层轮加法填筑技术"，这一技术是按照地基强度增长而设计填土计划的。

②每100~200m设立一个一般性监测断面，在监测断面上布置三只地面沉降板和两侧坡脚各设一孔测斜孔。相隔3~4个断面设置一个加强型监测断面，在加强型监测断面中除设置沉降板和测斜孔外，还设置了深层压缩仪和孔隙水压力仪。

③监测标准为路堤中点沉降速率10mm/d，侧向位移速率5mm/d，孔隙水压力系数$B$为0.5时为填土警戒标准，达到此标准立即停止填土并规定每次填土前需先进行全面监测后才能填土。

④全线软基路段均进行超载预压，超载量为100cm，预压时间大于6个月，各类结构物两端超载量不小于150cm。

⑤部分填土较高，地基软土较厚的路段还采用1~2层土工隔栅进行路堤加筋。

⑥特殊路段如填土特别高，地基软土特别厚处采用反压护道或真空联合堆载预压法处理。

4. 工后情况

广肇高速公路全线24km的软基路段于1999年9月基本完成软基处理，开始填筑路堤。在2000年3~4月份大部分路段完成了填土和超载填土，6~7月份全线完成路堤填土进入预压期。卸载修筑路面制定的标准是沉降速率降低到5mm/月，即0.17mm/d，实际预压结果很难达到这一标准。例如K15+950桩号处，填土高度6.13m，历时180天完成填筑，预压6个月后完成总沉降量为1438mm，此时的沉降速率为0.38mm/d，超过标准一倍，再延长至10个月时，完成总沉降量为1466mm，此时的沉降速率仍为0.24mm/d，未达到卸载标准，4个月只沉降了约28mm。再次延长至12个月，完成的总沉降量达1474mm，相应的沉降速率为0.21mm/d，这两个月仅发生8mm的沉降。由此可见广肇高速公路的淤泥结构特性是固结很慢，沉降延续时间很长。依据这一特性，最后采取分阶段卸载，部分路段延长预压期，沉降速率控制标准放宽为5~6mm/月。该项目2001年投产运营至今情况良好，这是一个成功运用淤泥微结构来控制工程建造的典型实例。

# 第五章　饱和黏性土的力学性能

## 第一节　概　　述

饱和黏性土的力学性能,从工程角度而言,可以归纳为两个大问题:其一,饱和黏性土地基的稳定性控制问题;其二,饱和黏性土地基的沉降问题。在地基稳定性问题中还有一个问题是土压力和挡土结构稳定性问题,在地基沉降问题中也有地基的最终沉降量问题和地基沉降过程问题两个方面。这些问题从本质上来讲都是土体在受外力作用下发生体积变形所引起的问题。软土地基沉降是地基受力后的土体结构受到压缩而发生变形,而土结构由于结构本身的特性可以承受部分外力来减缓变形,这部分结构所承受的力就是一般所指的土的强度。随着土结构的改变土体就发生了变形,也就是地基沉降。当变形过快、过大,就促使土结构发生性质的改变,使地基的某些部位土结构遭到破坏,此时地基就发生失稳,在失稳前夕的土结构强度就是工程上所需要了解的地基强度,或称土的极限强度。

高含水率饱和软土中的孔隙体积较大,例如珠江三角洲一带,它的孔隙体积占整个土体积的50% ~60%以上。我国沿海一带大量分布着这类孔隙体积占总体积50%以上的饱和软土,这种土在前述讨论中称它为空架结构性质的土。当在由这种软土组成的软土地基上面施加荷载,即做建筑物后,土的结构就会发生缓慢的变形,促使土的结构从空架结构类型逐渐向片架结构类型转化。在这个变化过程中缓慢地发生了地基沉降,这个沉降在时间过程中不断积累,并随时间而进展,这就是通常所说的沉降过程。当沉降最终结束或发生量很小,已不能影响工程,此时的累计沉降量称作最终沉降量。由此可见,在饱和软土地基上建造建筑物后,所发生的地基的力学问题也就是一个地基的沉降随时间而进展的变形问题,对土体来讲是一个受力后的结构变化问题。其他的问题,即使是地基的稳定问题也都是地基变形过程中的一个特殊问题。因此,研究地基的力学性质就是归纳为讨论地基的变形问题。

地基承载力和地基稳定性分析都受地基土的强度控制,工程中软土的强度指标的大小因受到其受力状态和测试方法的影响而有所不同。本章重点讨论这个问题。

## 第二节　软土的强度指标

### 一、引言

软土地基当发生地基失稳时,一般在地基内出现一个呈圆弧状的、宽度约0.8 ~1.2m的滑动带,在这个滑带上存在着软土抵抗滑动的抗力,这个抗力就是设计者所需要得到的土的抗力,并且希望是处在极限状态的抗力,通常把这个单位面积的抗力称为软土的强度指标。所谓软土的强度指标是指一块滑动土体相对于另一块固定土体环绕着某个圆心进行摩擦转动，滑动土体和固定土体假定都是体积不变的刚性土体，在滑动过程中滑动带中产生抵抗阻力，这个抵抗阻力由土体材料的摩擦系数 $c$ 和摩擦角 $\phi$ 所决定。对软土来讲就是土的凝聚力 $c$ 和摩擦角 $\phi$，这个 $c$ 和 $\phi$ 就是土的强度指标。设计者将滑动带简化成为滑动面，以便于计算。20 世纪 20 ~ 30 年代，瑞典的铁路工程经常发生滑塌，经瑞典工程师考察总结，发现路堤滑塌大都呈圆弧状，便总结出一套圆弧滑动法来分析堤和坝体的稳定性，后来又推广应用到工民建中。随着近百年的应用和改进，就形成了目前规范上常用的圆弧滑动计算方法，经过实践使用，这种计算方法虽然有种种与实际不相符的假定条件，但计算方法简单、概念清晰，符合工程实际情况尚好，易于为广大工程技术人员所接受，因此地基的稳定分析方法，从工程实践出发是比较满意。现在的问题就转向如何取得正确的软土强度指标。

**二、软土各种状态的强度指标**

软土强度指标应从两个方面来认识，一是软土处于不同的受力条件下会发生不同的剪切破坏状态，二是不同的破坏状态所得到的软土强度指标是完全不同的。饱和软黏土是由固体的土粒骨架和骨架之间的孔隙中充满的孔隙水所组成的两相体，也就是饱和软土是由固体颗粒和液体孔隙水所组成。如果土体中存有气体则称之三相的非饱和土体，这里不讨论。根据土体固结状态，自然界在土体沉积过程中所形成的饱和软土可分为三类：(1)正常固结黏土。这是指土体在自重作用下已取得了平衡状态，或者说稳定状态，也可以说土体在自重作用下已完成固结，这种状态被称为正常固结状态黏土。(2)超固结黏土。这类土在历史形成中已达到正常固结状态，后来因某种自然或人为的力量，土体上部除去了部分重力，使得原来处于正常固结状态的土体又积蓄了部分能量而处于超固结状态，这种超固结土不能理解为固结度超过 100%，而应该理解为在这类超固结软土上再加上部分重力，如果这个重力不超过原来除去的重力，则土体不发生固结，也就是不会发生沉降。例如在正常固结软土地基上挖除了 3m 厚的土或挖个基坑深度 3m，假定挖除的土的密度为 $1.6\text{t/m}^3$，则在基坑底面已减少重量 $4.8\text{t/m}^2$，基坑下面的软土就处在卸载后的超固结状态，如果在这个基坑底面上再加上建筑物荷载小于 $4.8\text{kN/m}^2$，则此基坑地基原则上不会发生沉降，这就是超固结软土的基本概念。(3)另有一种饱和软土称为欠固结饱和黏土。所谓欠固结就是相对正常固结和超固结而言，这种饱和黏土的形成历史太短，自重作用下的固结尚未完成，地面还在下沉，例如在我国东南沿海一带，因海滩不断向海外延伸造陆，像广东珠江三角洲一带都是如此造陆，只有几百年的形成历史，广州南沙开发区，有个地点称为十八涌，靠在伶仃洋岸边，后退几公里就是十七涌，再后十六、十五甚至三涌等地名，这些涌就是近几十年淤积出来。此类地区的地基都处在欠固结状态，地面尚处在不稳定的下沉状态。有些沿海城市整个处于大地下沉的欠固结地基上，在这种欠固结饱和软土地基上建造各类建筑物，设计者除了计算由建筑物重力引起的附加沉降外，尚应该考虑由地基土自重引起的沉降。三种状态的饱和黏土中大量存在的是正常固结黏土，这里主要讨论这类土。不同状态的饱和黏土也有不同的强度值，在此也只讨论正常固结黏土的强度。

饱和黏土地基在建造构筑物时，突然发生地基失稳，地基土被快速剪损破坏，这种状态称固结快剪。意思是地基土原来处在正常固结状态下,被外加荷载作用下发生快速剪损破坏。这种状态普遍存在于工程之中,因此是学者和工程技术界关注的重点。在软土地基上设计和施工工程,工程师们首先要考虑和计算地基在加多少荷载后会发生地基瞬间失稳,也就是地基的极限稳定状态问题。计算这种状态所需的地基土的强度是固结快剪强度。当土被剪损时土体无法发生排水固结,因此要用快剪状态的强度。但地基原有状态是正常固结状态,例如在饱和软土地基上修建高速公路,当在路堤填筑过程中突然发生滑塌,这种状态就是固结快剪状态。计算时需要用的强度指标为固结快剪强度指标,是指地基土原来处于固结状态,剪损是瞬间发生,土体来不及排水固结就迅速被剪坏。

还有一种状态,加载时速度很慢,逐渐施加荷载,地基在慢慢受力下发生缓慢地变形而逐渐失去稳定。这种状态被剪损的土体是在边剪损边排水固结,在剪损过程中地基土允许排水固结,此种状态的强度称为慢剪强度。土体是在排水过程中,土结构逐渐致密,从空架结构向片架结构缓慢转化。由于土结构致密,土体强度就会增长,这种强度增长如能被工程技术人员所掌握和利用,就能控制住地基的稳定,可见慢剪强度是大于固结快剪的强度。

### 三、强度指标的库仑定律

土的强度指标计算式是1776年法国库仑首先借用材料力学的摩擦定律而来的,它的计算式为

$$\tau_f = c + \sigma\tan\phi \tag{5-1}$$

式中:$\tau_f$——土的抗剪强度(kPa);

$\sigma$——剪切滑动面上的法向应力(kPa);

$c$——土的黏聚力(kPa);

$\phi$——土的内摩擦角(°)。

公式(5-1)是个典型的材料摩擦定律计算式,被借用到土力学中来,尤其用在软土力学中还存在很多问题。首先它假定土体发生摩擦滑动时,滑动土体和固定土体在整个滑动过程中是体积不变的两块刚性体,这与实际工程滑塌状态相差很远。软土并非刚性体,在滑动过程中的滑动体和固定体都要发生体积和形状上的变化,而且在滑动过程中的体积变化还很大,因此工程实际的圆弧滑动并非是两块刚性体之间的滑动。

1964年在福建普田涵江镇北洋海堤的滑动试验中测得滑动圆弧是个宽度1.0~1.2m的滑动带,在1965年浙江舟山定海县的大城海堤也测得类似的滑动带。20世纪90年代在广东省珠江三角洲地区高速公路发生滑塌后也测得了这样的滑动带。可见软土地基的滑动带的宽度约为0.8~1.2m。但是由于公式(5-1)比较简单,概念清晰,使用方便,能概要地满足工程需要,因此200多年来一直在被使用,并被列入规范之中。但实际情况并不理想,少部分工程中发生的失稳事故,设计者都是按照此式计算的,结果未能完全控制住地基稳定,原因之一就是此公式引起。从另一方面来考虑,大部分工程处于稳定状态,表面上看来似乎地基稳定控制住了,但工程的安全度是否过高了。原本可以使工程更快地完成,但未被正确利用,这类安全度储备过高的问题,从来就很少有人重视并做深入研究,因此严格来讲,目前规范所要求的软土地基稳定计算中,有时在安全系数大于1的状态下地基竟然会发生失稳,而有时安全系数小于1时地基却会处于稳定状态。因此,

稳定计算严格来讲应称为稳定分析会更确切些。为了重视安全度过高而延误了工期，我们在以后讨论中会提出按地基强度增长施加荷载的薄层轮加法填筑技术，在控制好稳定的前提下加快施工速度的问题。

**四、软土强度的成因**

饱和软土是由扁平的固体土颗粒与充满在由土颗粒搭建的空架中的孔隙水所组成的两相体。在我国沿海一带的饱和软土中孔隙的体积占土体总体积的50%以上。例如广东珠江三角洲一带的饱和软土，孔隙的体积占总体积的66.7%或者更大，可以被称为空架式结构，孔隙的当量圆直径约在0.1~0.2μm之间。固体颗粒是扁平体，三个方向的尺寸相差较大，最大尺寸方向的长度从图4~3中可以看到，一般约在1~2μm之间。固体颗粒表面带有电荷，由于比表面积大，所带的电荷也多，电荷吸力也大。孔隙中的水体，部分是极分子，即指一个水分子原本是圆球状、中性的，在受到土颗粒电场的作用而成为椭圆球体，而且两头带有正负电荷，紧紧吸附在一起，形成以土颗粒为核心，四周吸附着带电的水分子。水分子与土颗粒之间的吸力随着距离的增大而减小。也可以理解为水分子随着远离土颗粒而进入不受土颗粒影响而仅受重力影响的自由水，或称重力水，它存在于孔隙中，又称孔隙水。由土颗粒之间的孔隙在接近地表部分，或在地下水位以上部分存在着毛细管道而产生毛细管力的作用，因此重力水中处在这些位置的水分又称毛细管水，它受毛细管力的影响。这个毛细管力的作用可以被利用，作为一种软土地基加固的脱水方法。例如在海边港口附近，通常利用港池和航道挖泥吹填造陆，而利用淤泥吹填造陆存在的关键问题是如何加固泥浆状的吹填土。刚刚形成的吹填土地基的强度接近零，人和机械无法进入，只能等待自然晾干，在表层水分蒸发硬化时会结成泥皮而阻止和延长表层硬化，有时要形成表面50~100cm的硬壳层需要数年时间。荷兰人想出了一个利用毛细管力和海边风力的方法，在吹填淤泥表层时，悬挂一些绳索，绳索的头部暴露在泥面上，下部深入泥中80~100cm，利用绳索的毛细管力将泥面下80~100cm深度的水分沿绳索毛细管力引导到泥表面，随着海风的吹散和日照作用，表面水分就蒸发掉，表面水分不断蒸发，下面不断供水，很快将表层0.8~1.0m厚的泥浆蒸发干，形成一个硬壳层而达到初步加固的目的。

土中的水由外到土颗粒内部大致可分为：受重力作用的重力水（自由水），它的主要研究问题是渗透问题；受毛细管力作用的有毛细管水；在土孔隙中存在的是孔隙水，当地面上做工程时，建筑物重力在地基中产生附加应力，这个附加应力可以将孔隙水挤出而使土体得到固结；紧靠土颗粒四周的被土颗粒的电荷紧紧吸附的形成一层薄膜状的水称为薄膜水，这种水分不受附加应力而发生运动，它需要在高温下或强压力下才能运动，这种水分目前对工程的影响尚不清楚。此外，在土颗粒内部结晶体的晶格中以晶体分子形式存在的结晶水，这种水需要在1000℃高温以上才能释放，它呈固体状态。

饱和软土的强度指标由黏聚力 $c$ 和内摩擦角 $\phi$ 组成。实际上它的 $\phi$ 值为零，有时也称 $\phi=0$ 的饱和软土，它只有黏聚力 $c$。$c$ 值的大小取决于土颗粒间的接触，接触愈紧密、接触面愈大，$c$ 值也愈大。珠江三角洲的空架式结构饱和软土，它的孔隙比大于2，孔隙体积占总体积的2/3以上，这样的空架结构土颗粒间的接触少而且脆弱，因此它的 $c$ 值很小。在珠江三角洲区域的工程中测定的十字板剪切强度，$c$ 值大都在10kPa附近，台山、新会、江门一带仅为8kPa左右。空架结构的饱和软土在有控制的预压加固地基中，空架结构会逐渐遭到破坏，当加荷速度过快，这种结构局部破坏使土体的强度 $c$ 值减小，已在几项工程中测得十字板强度最大降幅达 1/3 左右。然而当加荷缓慢，空架结构渐渐转化为土颗粒重叠而不是断裂，接触面增大，由此 $c$ 值增大，土的强度也增大。在工程建设中充分掌握这个机理，就能确保工程安全完成。例如珠江三角洲一带的高速公路建设，一般路堤填土的极限高度为 1.8 ~ 2.5m 左右，但工程要求填高 5 ~6m，有的桥头、构筑物附近甚至要求 8m，部分工程就是利用这个原理来填筑超过极限高度 2 倍以上填土而不发生地基失稳。目前提出的“薄层轮加法”填筑技术就是按照此原理进行设计计算，用 3 ~4 个月的时间完成 5m 左右高的填土，它已超过极限填土高度 2 ~3m。对于这种土颗粒重叠式的软土结构，可以称之为片架式结构。目前软土地基上建造工程都是通过仪器监测，使软土从空架结构顺利转向片架结构从而确保地基稳定。至于强度指标中的 $\phi$ 值，它是由空架结构中土颗粒间接触的摩擦形成或土中所含砂粒、粉粒的相互摩擦所形成，同时随着片架结构的增多而 $\phi$ 角有所增大。但是饱和软土中粉粒、砂粒含量很少，土颗粒体积很小，中间还夹着水分，因此饱和软土的 $\phi$ 角是很小的，主要是 $c$ 起决定作用。

从软土强度成因分析得知，软土强度的大小，取决于土颗粒之间的致密程度，也就取决于它的孔隙体积占多少。如果土颗粒之间搭成的空架愈大，则土的强度愈小，反之则强度愈大。我们将土颗粒之间搭成架构的结构称空架结构，而将扁平的土颗粒之间叠架的架构称片架结构。实际的软土地基中两种结构形式都存在，在珠江三角洲软土中空架结构占主导地位，在上海一带是片架结构占主导地位。在工程中如何应用这种结构特性为工程服务，工程技术人员应理解这种结构机理，在工程施工中务必促使空架结构渐渐顺利地转变为片架结构。为使软土的强度在施工期不断增加，确保工程安全，这就要求工程安排上有合理的进展，工程的加载与地基强度增长相互适应，以达到工程安全施工，而工期又是合理加快。

## 第三节　软土抗剪强度的试验方法

### 一、软土强度试验方法

软土强度试验方法可以分为两类：一类是室内试验方法，另一类是工程现场原位试验方法。室内试验方法繁多，初期是将原状土样取出后，装在一个圆形剪力盒内，盒由上下两个同心圆环组成，上盒固定，下盒可以水平移动。在上盒顶面加一个垂直压力 $p$，再水平施加力 $T$，将土样沿水平面剪损（图 5-1），从而得到土样剪损时单位面积的垂直应力 $\sigma$ 和剪损面上的剪损应力 $\tau_f$。不同的 $\sigma$ 和相应的 $\tau_f$ 可以得到几组 $\sigma$ - $\tau_f$ 曲线，再按材料力学的方法，用 $\tau_f$ 为竖向坐标，$\sigma$ 为横坐标，从而得到一条曲线（软土近似直线）。该曲线（或直线）的竖坐标截距为 $c$ 值，倾角为 $\phi$ 值，此 $c$ 值和 $\phi$ 值就是土的极限平衡状态的强度指标（图 5-2）。这种直剪仪的强度试验方法简单，概念明了，因此为工程界所欢迎。目前工程勘察单位普遍采用这种方法试验。但这种方法存在着致命的缺点，它把剪切面固定在水平方向，这与实际状况相差甚远。实际工程中地基某点发生破坏时，按照弹性力学的原理，该点受三个互相垂直方向的应力作用和控制，它们分别为 $\sigma_1 > \sigma_2 > \sigma_3$，称为三个主应力。$\sigma_1$ 为大主应力，$\sigma_2$ 为中主应力，$\sigma_3$ 为小主应力。为模拟这种受力状态，就研制了三轴剪力仪。

所谓三轴剪力仪，是将土样切成圆柱体，外面用橡皮膜包住，装在一只封闭的圆柱形压力室中，压力室内注满压力水，土样四周受压力水作用，这个力就是 $\sigma_3$ 并保持不变，然后在土样顶面施加一个 $\Delta\sigma$ ，不断增加 $\Delta\sigma$ 进行剪切。由此土样周围受固定的 $\sigma_3$ 作用，顶面和底面的作用力为 $\sigma_1 = \Delta\sigma + \sigma_3$ ，随着 $\Delta\sigma$ 的增加，也就是 $\sigma_1$ 增大，土样在 $\sigma_1$ 和 $\sigma_3$ 作用下被剪损，这就是目前常用的所谓三轴剪力仪，如图 5-3 所示。

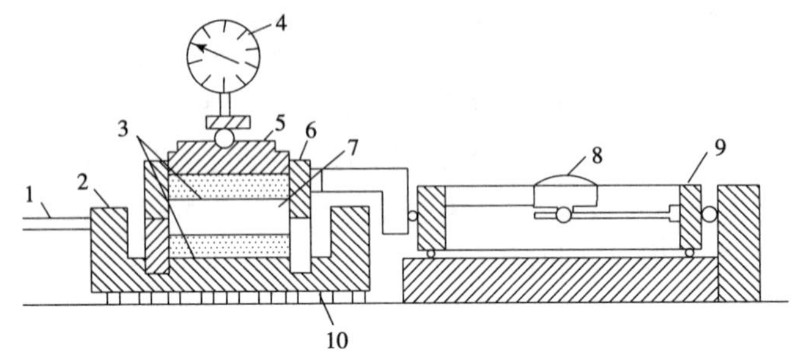


图 5-1　应变控制式直剪仪

1-轮轴；2-底座；3-透水石；4-测微表；5-活塞；6-上盒；7-土样；8-测微表；9-量力环；10-下盒

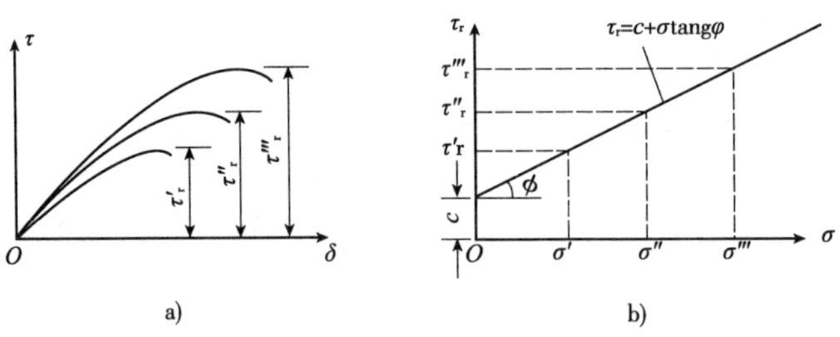


图 5-2　直剪试验结果

上述普通三轴剪力仪实际上没有 $\sigma_2$ ，不是真的三向受力，而是一个轴对称受力问题，因此有人称它为仿三轴仪。一般的工程中地基受力为三向受力，有的如高速公路、江堤、土坝、海堤等是平面应力问题，只有大型油罐是轴对称受力问题。真正三向受力的仪器是将土样制作成正立方体，6 个受力面设计了 6 个压力盒，分隔开来，可以施加 $\sigma_1$ 、$\sigma_2$ 和 $\sigma_3$ 。在 20 世纪 70 年代才出现此类仪器，这种仪器结构复杂，价格最贵，它只能供研究人员使用。此外，为研究土的动力性质，又研制出了振动三轴仪，为研究高坝，又研制出高压三轴仪。总之，为模拟各类工程的实际受力状态，学者们纷纷研制了各种受力状态的剪力仪。但不能忘记，对于高含水率空架结构的软土，在将土样从地下取出来时，土样经第一次扰动，在运输过程中又扰动，切样时土样还经应力释放和切样扰动，这一系列的扰动带来了试验质量下降，土工指标失真。有人将三轴仪从试验室搬到现场做对比试验，发现强度指标还是降低 15% 左右，可见强度失真问题历来就受到工程界重视。为避免或减少这些失真因素，就研制了原位测试的十字板剪切仪，这种仪器经各种方法测试后定型为两块高 10cm 宽 5cm 薄钢板组成十字交叉形，故称十字板。将十字板插入土中旋转，将土剪损，测定土体剪损时的阻力峰值，定为土的极限抗剪强度（图 5-4）。

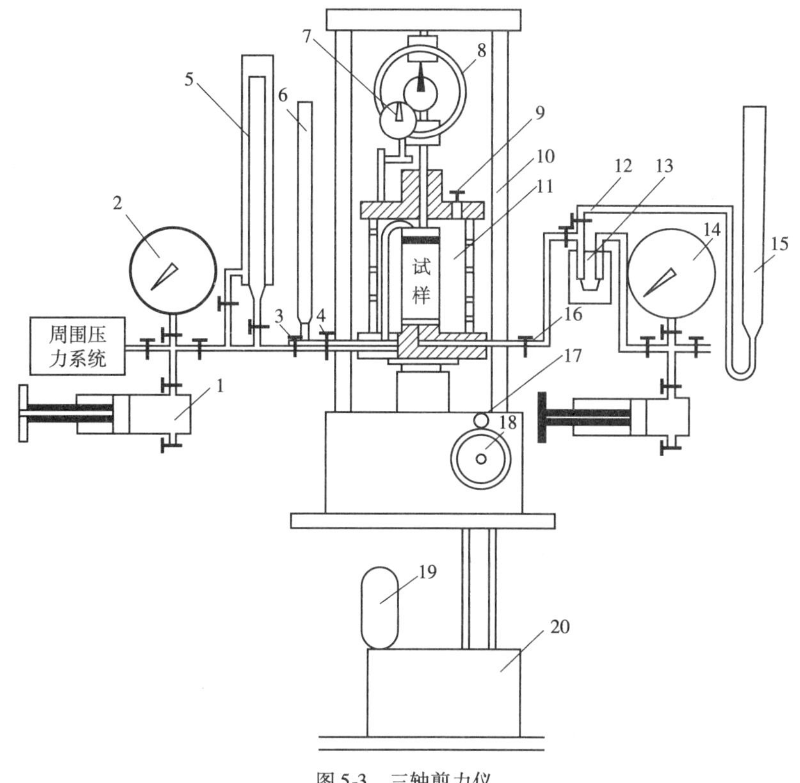


图 5-3 三轴剪力仪

1-调压筒;2-周围压力表;3-周围压力阀;4-排水阀;5-体变管;6-排水管;7-变形量表;8-量力环;9-排气孔;10-轴向压力设备;11-压力室;12-量筒阀;13-零位指示器;14-孔隙压力表;15-量筒;16-孔隙压力阀;17-离合器;18-手轮;19-马达;20-变速箱

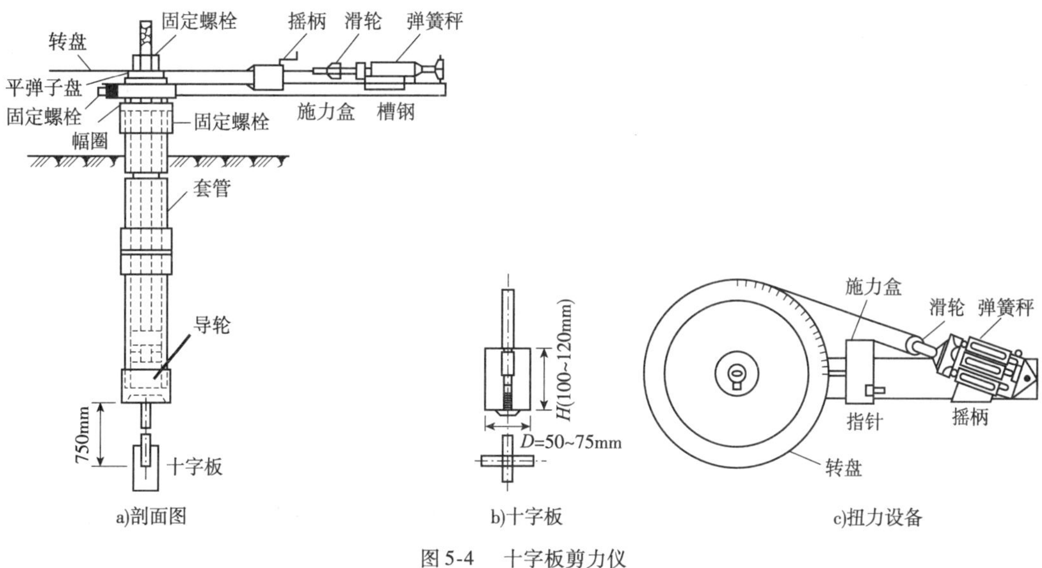


a)剖面图 b)十字板 c)扭力设备

图 5-4 十字板剪力仪

图 5-4 所示为手动式仪器,目前已被电动式所取代。两者工作原理相同,后者直接在板头附近装上力的传感器来测定板头的剪力,使用方便,也更准确。这种十字板剪切是一种纯剪状态的剪切,它比较接近地基实际受力状况,是一种目前比较理想的测定高含水率空架结

构软土强度的手段。但是它的局限性是只能测定地面以下15m深度范围内的饱和软土，超出此范围时就比较困难。

此外，室内还有一种无侧限试验，如图5-5所示。它实际上是三轴试验的特例，即命$\sigma_2 = \sigma_3 = 0$，意思是无侧向应力，是在单纯竖向应力$q_u$作用下，土样被剪损，按照强度理论得到了如下计算式

$$\tau_f = c_{\mathrm{u}} = \frac{q_{\mathrm{u}}}{2} \tag{5-2}$$

式中：$\tau_f$——土的不排水剪切强度(kPa)；

$c_u$——土的不排水黏聚力(kPa)；

$q_u$——无侧限抗压强度(kPa)。

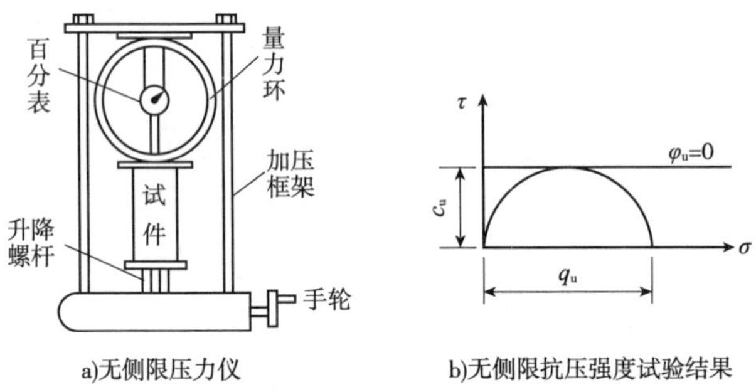


a)无侧限压力仪　　b)无侧限抗压强度试验结果

图5-5　无侧限抗压试验仪

## 二、十字板强度与静力触探阻力间转换关系

鉴于高含水率空架结构软土的强度低、结构灵敏度高，强度值一般在10kPa左右，取样返回试验室做试验，所得到的强度指标失真率和分散性都较大。原位十字板仪测定的强度是目前最理想的，但十字板仪测定的深度和数量受到一定的限制，为克服这一困难，可以用静力触探试验进行弥补。静力触探是将探头直接压入土中，测定探头端部和测壁的阻力。可见静力触探试验操作简便，试验深度可超过40m，速度快，费用便宜，还能探出土中夹薄砂层等优点。为此在京珠高速公路广珠东段的灵山试验路段，通过14孔十字板剪切试验，17孔静力触探的实例资料用统计方法分析，得到两者的相关方程如下

$$p_s \leqslant 500\text{kPa 时} \qquad c_u = 0.386 + 0.039p_s \tag{5-3}$$

$$500\text{kPa} < p_s < 1000\text{kPa 时} \qquad c_u = 0.386 + 0.04p_s \tag{5-4}$$

式中：$p_s$——静力触探阻力值(kPa)；

$c_u$——土的十字板剪切强度值(kPa)。

式(5-3)是用111个点值计算的结果，相关系数为0.750，式(5-4)是用135个点值计算的结果，相关系数为0.781。目前这个相关关系在珠江三角洲高速公路软土工程中推广使用已有8年，应用情况比较理想。

## 三、复合地基现场大型剪切试验

广东省新会市天马港距崖门入海口80km，需要建造一个3万吨级码头，码头区淤泥厚达21m，原设计受对岸双水电厂码头堆场发生大滑动的事故影响，将码头设计成1∶6的边

坡,后方还设有板桩阻挡深厚淤泥。建设部门要求采用软基加固方法处理淤泥,将岸坡改为1:3,取消后方板桩,将码头面由30m宽缩窄至20m。经对本地区以往工程经验总结,决定采用近年来在珠江三角洲一带使用的大粒径碎石桩振动置换法加固淤泥,为确保工程成功,拟先做个大型现场综合加固试验,取得设计和施工参数及经验。试验内容由$\phi$100cm和$\phi$150cm的碎石桩和复合体大型现场直剪试验,单桩和复合地基荷载试验以及滑坡试验。这里仅介绍大型直剪试验。

1. 土质情况

港区分为两个部分,码头前方区位于原有堤防以外的水域内,水深3m,面积约2万平方米,填砂造陆成码头区。堤防后方为13万平方米的陆域区,试验区位于紧靠堤防内测。试验区淤泥深达21m,第一层耕植土厚1m;第二层厚8.6m的高含水率淤泥,含水率高达85.7%,十字板强度仅为5.8kPa;第三层为1m厚的贝壳、粉细砂组成的透水层,此层土对地基加固十分有利;第四层为7.4m厚的淤泥,含水率高达84.61%;第五层土质稍好,土中夹有粉砂,厚度3.0m;第六层为标准贯入击数大于19击的含砾砂层,以下均为好土。土质资料见表5-1。

**天马港土质资料汇总表** 表5-1

| 土质描述 | 深度 (m) | 含水率 (%) | 细颗粒含量 (%) | 压缩系数 ($10^{-3}cm^2/s$) | 固结系数 ($MPa^{-1}$) | 十字板强度 (kPa) | 无侧限抗压强度 (kPa) | 快剪强度 | |
|---|---|---|---|---|---|---|---|---|---|
| | | | | | | | | $c$ (kPa) | $\phi$ (°) |
| 耕植土 | 0~1.0 | | | | | | | | |
| 深灰色淤泥,流塑状 | 1~9.6 | 80~86 | 47.5 | 0.31~4.6 | | 5.8 | 14.2~26 | 10.2 | 1.1 |
| 贝克、砂、粉砂 | 9.6~10.6 | | | | | | | | |
| 深灰色淤泥,流塑状 | 10.6~18 | 63~85 | 57 | 4.1 | 1.12 | 8.25 | 40.9 | 13.4 | 2.4 |
| 黏土夹粉砂 | 18~21 | | | | | | | | |

2. 现场大型剪切试验

(1)试样制作。试样由$\phi$100cm和$\phi$150cm的大粒径碎石桩和复合体各三根组成,分为三组,每组由一根$\phi$100cm和$\phi$150cm桩和复合体组成。每根试样先开挖顶端1m,然后套上用钢板制作的直径100cm和直径150cm、高50cm的钢环,套上钢环后四周土继续开挖,边开挖边下沉钢环,下沉至原地面以下150cm时停止。当6只钢环都按此方法套在试样上后进行大面积开挖,挖深182cm,并整平地面。接下来浇筑混凝土底板,板厚30cm,底板顶面与钢环底之间留空2cm,用作剪切面水平移动空隙。然后削去试样顶端土石体,再盖上顶盖。顶盖为一个截面圆锥体,锥头平面可放置千斤顶。剪切前再套上加强环体,该环体由两个半圆加强钢板做成,可以锁紧成一个整体圆环。每两根试验体做成一组,两边混凝土用叠梁作导槽,在导槽上搁置可以水平移动的导轨,再在导轨上搭平台,在平台上堆放1200kN荷载。

(2)加力系统由两只最大行程为200mm和600kN的千斤顶组成,其中一只施加垂直力,另一只施加水平力。供压、稳压、测压系统由Wy-300型液压稳压器控制,它是由高压油泵、测压量表、稳压电磁阀、供压油管等部分组成。用高压油管连接千斤顶和控制台,由此可以远距离控制试验,距离试验体15m以外,确保人身安全。位移量测系统由电测百分表和静态应变仪组成,位移计系数为0.01mm/με,应变仪分辨率为1με,因此位移量测精度达到0.01mm。通过导线引到Wy-300型的控制台上,这样试验的整个加压、量测过程全部在控制台上操作,安全方便。

(3)试验操作规程。试验直径与散粒体最大粒径之比 $D/d\max$ = 150cm/15cm 和 100cm/15cm,即10和6.67,高度和最大粒径之比 $H/d\max$ = 50cm/15cm = 3.33,而规程SOS01-79要求 $D/d\max$ = 5~14.2,$H/d\max$ = 2.5~14.3,可见试验均符合SOS01-79规程,可按照此规程操作。加压过程为:先加上垂直力,待垂直沉降小于每小时0.25mm后视为稳定,然后可以施加水平剪力,水平剪力设计分10级,每级剪力在达到水平位移小于0.1mm/min时施加下一级剪力,当水平位移总量达到试样直径20%时或水平位移不能稳定时,认为试样已被剪坏,即可停止加载。通过试验得知每级水平加载约7~10min。本次试验单桩垂直力分别为74.5kPa、127.3kPa和178.3kPa,复合体垂直力分别为50.9kPa、70.4kPa和101.9kPa。加载过程如下:首先加垂直力,按每级10kN递增,一直加到设计荷载,此时保持稳压,待达到沉降速率为每小时0.25mm时可以加水平剪力进行剪切;在垂直力不变的状态下按照每级水平力10kN施加剪力,每级水平力待水平位移达到0.1mm/min可以施加下一级,逐级施加直至剪切破坏为止。在所有加载过程中测定变形量和所加的力。在试验过程中,关键问题是试样体在受力过程中不断发生变形,此时可通过控制台将稳压器自动跟踪保持所有施加的力不变。此外,在施加水平剪力时,千斤顶一端顶剪切试体,另一端需要有一个较大的反力固定基体,在这种软土地基上做试验不可能借用土体作为反力基体,为此设计了一前一后两个荷载平台相关联,当前一个加载平台下的试体被剪时,后一个加载平台体为加力基体。当剪完一个后,就调转180°,对后一个加载平台下的试体进行剪切,前一个加载平台作为加力基体。这样两个一组进行剪切,至逐组完成。

3. *碎石桩大型剪切试验成果*

6组试验分为两类:一类为直径1m的大粒径碎石桩,另一类为直径1.5m的碎石桩复合体。首先将所有的试验资料整理成平均剪应力 $\tau$ 和剪切位移 $L$ 的曲线,见图5-6、图5-7。从图5-6、图5-7中可以看到,除个别点由于变形速率未能控制好外,其余试验变形的规律性较强,曲线光滑,试验结果正确。其次,再从 $\tau$-$L$ 曲线中取得剪损时的 $\tau$ 值与相应的 $P$ 值,然后绘制成 $\tau$-$P$ 曲线,见图5-8。由图5-8中获得碎石桩抗剪强度指标和碎石桩复合体抗剪强度指标,大粒径碎石桩体强度指标为:$c$ = 28kPa,$\phi$ = 47°,碎石桩复合体强度指标为 $c$ = 10kPa,$\phi$ = 42°。试验所得资料汇于表5-2中。

4. *结语*

通过这次现场大型碎石桩复合地基剪切试验,首次获得了珠江三角洲高含水率淤泥地基碎石桩复合地基的强度指标。随即又做了各种大型荷载试验及滑坡模拟试验,在分析总结试验成果的基础上,设计采用了这次试验成果并用大粒径碎石桩振动置换法加固了天马港,将码头岸坡坡率改为1:3,码头面缩窄1/3,取消了后方板桩。工程加固经十多年使用、汛期洪水和台风袭击的考验,地基稳固,没有发生任何移动,这是一个成功的典型范例。

碎石桩、水泥搅拌桩、石灰桩、砂桩、加筋土等复合地基在设计中需要两个方面的基本资料:(1)复合地基承载力;(2)复合地基强度指标。目前承载力可以通过荷载试验获得,强度指标以往是没有现场试验资料,只能借用其他试验资料代用。经过本试验后可以用本方法做现场剪切试验获得正确的强度指标，可见本试验的意义在于进一步推动了复合地基加固技术的发展。

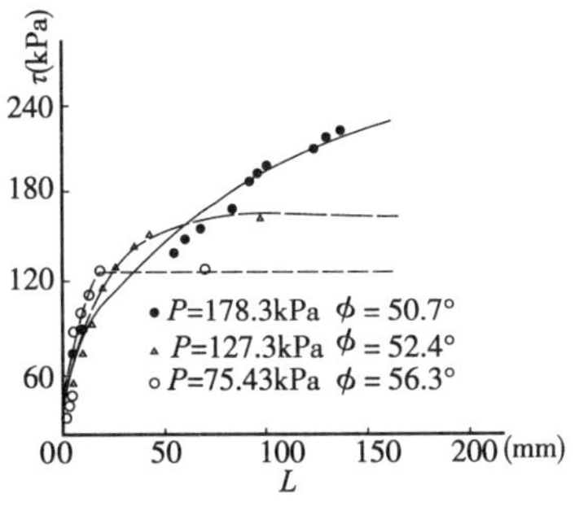

图 5-6 碎石桩 τ-L 曲线

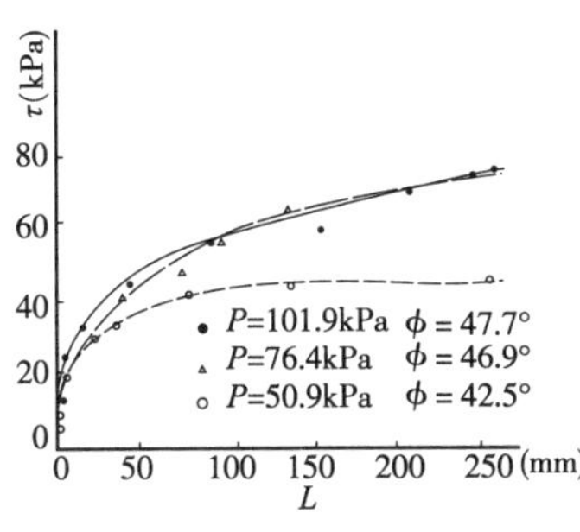


图 5-7 复合体 τ—L 曲线

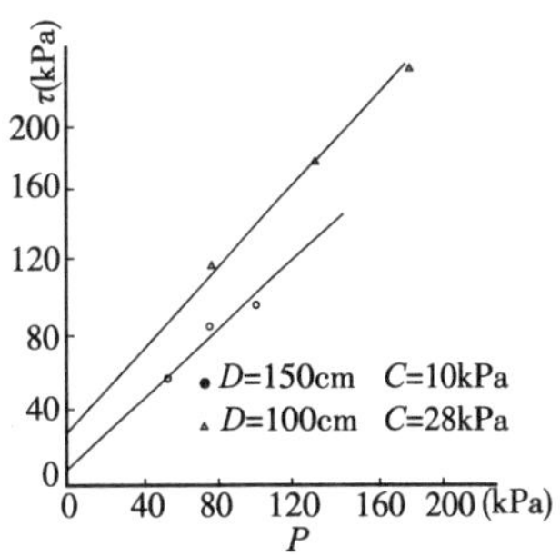


图 5-8 碎石桩和复合体强度曲线

**碎石桩大型剪切试验成果汇总表** 表 5-2

| 类 别 | 桩体直径 (cm) | 垂直应力 (kPa) | 极限剪应力 (kPa) | 摩擦角 (°) | 抗剪强度指标 | |
|---|---|---|---|---|---|---|
| | | | | | $c$ (kPa) | $\phi$(°) |
| 单 桩 | 100 | 74.5 | 114.7 | 56.3 | 28 | 47 |
| | | 127.3 | 165.6 | 52.4 | | |
| | | 178.3 | 217.7 | 50.7 | | |
| 复合体 | 150 | 50.9 | 55.9 | 47.7 | 10 | 42 |
| | | 70.4 | 84.6 | 46.9 | | |
| | | 101.9 | 93.4 | 42.5 | | |

# 第六章　饱和黏性土地基的压缩变形

饱和软黏土是一种多孔介质，在这种介质的孔隙中充满了水，它是由固体土颗粒与孔隙中的水体组成的两相体。这种充满水的多孔介质(例如土体)在受到外力作用后可以表现出弹性、黏性、塑性以及黏弹性、黏塑性和弹塑性等诸多力学特点。土体在受力后可以表现出上述的各种性质，因此土体是一种特殊的不均匀性的复杂物体。但在土类中的饱和软黏土在受力后比其他土类更接近弹性体，因此太沙基在研究软土力学的应力应变过程中就假定它服从弹性体的特性。土体的压缩变形，在工程中就是指沉降问题。饱和软黏土地基的沉降问题是工程中的根本问题，一般来讲，饱和软黏土地基的工程问题主要有两个：(1)地基的稳定问题；(2)地基的沉降问题。但由于地基的沉降过快、过大，就发生了地基的失稳，所以从某种意义上讲，地基的沉降问题才是饱和软黏土地基的根本问题。

饱和软黏土地基上作用有建筑物的重力，一般称为外荷载。由于外荷载的作用，在地基土内部某个范围内产生一种应力，在工程上称为附加应力 $\sigma$。这个 $\sigma$ 作用在土体中的瞬间被土体中的孔隙水所接受，孔隙水受到的压力被称为孔隙水压力(又称孔隙水应力)，以 $u$ 表示。孔隙水受力后就开始运动，从高压力区域向低压力区运动，这种运动规律假定服从达西定律。在工程中，孔隙水最终向地下水区域运动，被排入地下水区内。在孔隙水从高压区域向低压区运动过程中，孔隙压力就不断减小，减小的这部分压力就转移到土骨架上，产生了骨架应力，又称有效应力，并以 $\sigma'$ 来表示。土骨架受力后就使骨架压缩缓慢变形，这个压缩变形在工程中就是地基沉降。但是当外荷载不变时，地基中某点的附加应力 $\sigma$ 是个常数，所以 $\sigma$、$u(t)$、$\sigma'(t)$ 三者之间的关系为

$$\sigma = u(t) + \sigma'(t) \tag{6-1}$$

当 $t=0$ 时，$\sigma'(0)=0$，$\sigma=u(0)$；当 $t=\infty$ 时，$u(\infty)=0$，$\sigma'(\infty)=\sigma$。

式(6-1)的含义是当 $t=0$ 时，即施加荷载瞬间，$\sigma'(0)=0$，则 $\sigma=u(0)$；当时间无限长，即当 $t=\infty$ 时，$u(\infty)=0$，$\sigma'(\infty)=\sigma$；同时也可以看出，从 $t=0$ 开始，随着时间的消逝，孔隙水压力在逐渐消散，孔隙水在被排走，地基沉降在向最终沉降量发展，整个过程就是地基土的固结过程，也是地基在完成沉降的过程。这就是地基的固结问题，即饱和软黏土的固结机理，在工程地基中就是地基的压缩变形过程或地基沉降过程。

## 第一节　饱和软黏土地基最终沉降量的分析计算

从前面讨论中得知，饱和软黏土地基的沉降完成的时间是很长的，我们得到的资料，浙江省杜湖水库的小型土坝，修建在淤泥地基上，经过37年的坝体预压砂井地基，还测得一年的沉降量为1.7cm；上海的展览馆是个建在天然地基上的大型箱形基础，经过30～40年仍然没有停止沉降；广东珠江三角洲建在高含水率空架结构淤泥地基上的高速公路，有的已有10年以上，目前每年仍然能测到8～10cm的沉降量，从沉降发展趋势看，再过10年还会有

每年3~4cm的沉降量。由此可见,讨论饱和软黏土地基的沉降问题,应注意时间因素。一些工程设计人员,通常用沉降计算的结果来评判工程,实际上应用沉降分析来评判工程,这样是会更确切一些。

沉降计算中规范给出的基本公式为

$$s = \frac{qH}{E} \tag{6-2}$$

式中:$q$——单位面积的荷载;

$E$——土体的压缩模量;

$H$——计算的某层土的厚度。

公式(6-2)是一个弹性理论公式,是假定被计算的土体为典型的弹性体。

式(6-2)是对一层土而言,实际工程的地基土是由若干层土组成,因此将每层土的压缩沉降量叠加起来就得到地基总的沉降量,这样的计算式为

$$s = \sum_{i=1}^{n} \frac{q_i H_i}{E_i} \tag{6-3}$$

公式(6-3)就是目前所有地基规范中所列出的分层总和法沉降计算式。本公式简单实用,因此为工程设计人员所欢迎。但本公式使用时应注意几点:(1)这是一个没有考虑侧向变形的计算式,它比较适用于大面积堆载情况下中间部位的沉降计算,例如各类堆场,面积往往有数万或几十万、上百万平方米。堆场中间部位实际上是很少有侧向变形的,因此用公式(6-3)计算的沉降量比较合适。对于高速公路地基、铁路地基,这些工程在力学上称为平面问题,是条带基础,侧向变形量较大,对(6-3)式应进行修正后才能使用。(2)公式(6-3)中的 $q_i$ 是指每层土顶面或中间的附加应力,应当每层单独计算,再进行叠加,切不可几层土都用顶层的一个 $q$ 值来替代。公式所用的 $E_i$ 也是每层土的压缩模量。(3)此外,每层土做压缩试验时的压力大小也应与此层土的附加应力相适应,这几个方面都考虑到了,计算的结果也就比较合理。

由于饱和软黏土的侧向变形受到干扰的因素太多,目前尚无公认的计算理论和公式,因此在使用公式(6-3)时应进行修正,修正后的计算式为

$$s = m\sum_{i=1}^{n} \frac{q_i H_i}{E_i} \tag{6-4}$$

公式中的 $m$ 值是个修正系数。早年各地的建设规模很小,建成的建筑物也不进行沉降观测,只有上海市在20世纪50年代进行了沉降观测。有了较长期的沉降观测资料,就可用公式(6-4)进行计算分析和反算 $m$ 的值。最早进入规范的 $m$ 值是上海的地基基础规范,给出的 $m$ 值取值范围为1.1~1.3,视土的软弱程度,建筑物荷载大小而定。但必须指出,$m$ 是个大于1的系数,它主要是由侧向变形引起,但还有其他因素的影响。最近20~30年,珠江三角洲地区进行了大规模建设,而珠江三角洲的饱和软黏土地基与上海一带长江三角洲的饱和软黏土性质决然不同。珠江三角洲饱和软黏土的含水率一般大于70%,孔隙比大于2。当土的孔隙比大于2时,单位土体中孔隙体积占有量大于2/3,可以想象,当1立方饱和软黏土中的孔隙体积大于0.667时,这种软土的性质可以预料到在荷载作用下它的沉降量将会有多大。在珠江三角洲的高速公路建设中,例如京珠高速公路

广州至珠海的东段，在中山市一带建造6m高的路堤，当竣工投产使用时，已发生超过3m的沉降量，投产后的2～3年中再发生了70～80cm的沉降，远远超过规范规定的15年内30cm的沉降量，可见这种软土$m$值就不是1.3的问题，为此规范规定为1.6～1.7，实际上还是远大于此值。珠江三角洲的饱和软黏土与一般软土性质不同，我们称它为高含水率空架结构软土。在这一带许多工厂的围墙都建筑在天然地基上，但是绝大部分是开裂的。

由前述分析可知，$m$值与土的性质和上部建筑物密切相关，它还有地区性质。此外，当$m$值大于1.7时，式(6-4)还有多大意义，值得深思。最终沉降量的分析计算结果与工程实践相差如此之大，那么我们再看看沉降过程的分析，或称沉降与时间关系的分析。

## 第二节　饱和软黏土地基沉降时间过程计算

地基的沉降是有时间因素的，当荷重作用在软土地基上时，地基即刻发生沉降，随着时间的推移，沉降在不断发生。当沉降停止了，这个累计的沉降量就是最终沉降量。整个发生沉降的过程就称作沉降时间过程。如果以横向坐标为时间坐标，纵向坐标为沉降坐标，将沉降时间过程绘成曲线称作沉降时间过程曲线。不同类别的软土，它的沉降时间过程的曲线性质是不同的。例如长江三角洲一带的沉降时间过程曲线一般属于指数型曲线，珠江三角洲一带的高含水率空架结构软土沉降曲线属双曲线型。

图6-1是个一维固结问题，例如一个码头后方的数十万平方米的堆场，或海涂滩地上有几平方公里的围海造陆，当原地面或涂面下有$H$米厚的软土，为了造陆在上面吹填若干米厚的土，这样的工程，目前沿海经常出现。要计算这种场地的沉降，就可绘成图6-1a)，所示的计算图，这是一个典型的一维固结问题。设软土厚度$H$米，单位面积荷载$\sigma$或$q_0$，按照太沙基的沉降计算方法，将软土当作典型的弹性体来考虑，如图6-1b)，所示。图6-1b)，是一个力学计算模型，左边的达西定律表示孔隙水的流动是遵守达西定律，右边的弹簧表示土骨架的压缩变形遵守虎克定律。$\sigma$、$u(t)$和$\sigma'(t)$三者关系如公式(6-1)所表达的$\sigma = u(t) + \sigma'(t)$，它的沉降计算式就是式(6-2)，即

$$s = \frac{\sigma H}{E_c} = \frac{q_c H}{E_c} \tag{6-5}$$

$$E_c = \frac{1 + e_0}{a}$$

如果考虑时间因素，则计算沉降过程为

$$s(t) = \frac{q_c H}{E_c}\left[1 - \sum_{n=odd}^{\infty} \frac{8}{n^2 \pi^2} e^{-Nt}\right] \tag{6-6}$$

$$N = \frac{n^2 \pi^2 c_v}{4H^2} \qquad c_v = \frac{k_v(1 + e_0)}{\gamma_w a} = \frac{k_v E_c}{\gamma_w}$$

式中：$e_0$——土的初始孔隙比；

$k_v$——垂直向渗透系数；

$a$——压缩系数；

$\gamma_w$——孔隙水的重度；

$c_v$——固结系数；

$odd$——表示单数。

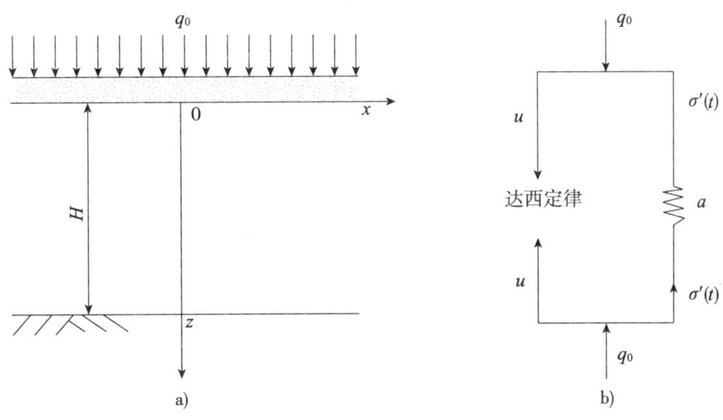


图 6-1 一维固结问题

假如土骨架的应力应变关系不是弹性而是黏弹性的，如图 6-2a)，中所示，图的左边为土中孔隙水的流动规律仍服从达西定律，图的右边为土骨架的应力应变关系，遵守一连串的力学元件组成的力学模型。其中一种是一系列的弹簧，它的变形服从虎克定律，它的弹性常数分别为 $a_1$、$a_2$、$a_3$…另一种是黏壶，它表示变形的黏滞特性，它服从黏滞定律，它的黏滞常数分别为 $a_1r_1$、$a_2r_2$…用这些力学单元所组成的模型来描述饱和黏性土的应力应变关系，建立方程并在具体工程边界条件下求解方程，可以得到软土工程地基的考虑土的黏滞性的沉降时间过程。但是力学元件愈多，建立的方程愈复杂，求解也就愈困难。为实用起见，应该进行简化，这里就简化为如图 6-2b)所示，这是一组力学 3 单元模型，用它来描述土骨架的变形规律，孔隙水仍然服从达西定律。3 单元模型与 5 单元、7 单元模型计算的误差不大于 5%，因此 3 单元模型已有足够的精度，能满足工程要求，而且计算简便很多，达到工程实用的目标。

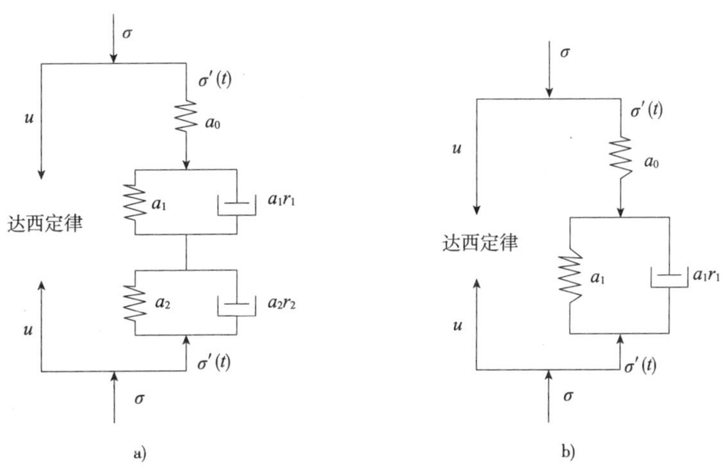


图 6-2 土骨架的应力应变关系

为求解力学3单元模型的方程,可以用笔者发表过的饱和多孔介质的“比拟定律”。该定律的基本原理如图6-3所示。图中a)表示的是将一个已有的弹性多孔介质的问题解答,经过积分变换后将时间因素消除,然后将弹性常数替换成所需要的黏弹性常数,最后进行反变换(或称反演),结果得到所需要的饱和黏弹性多孔介质的问题解答。图中b)是用同样方法,从一个简单的黏弹性多孔介质问题解答,经过变换→常数替换→反变换,从而得到一个复杂的黏弹性多孔介质问题的解答。关于积分变换和反变换,它是指数学中的常用变换,包括傅立叶变换、拉普拉斯变换和亨格尔变换等。它的实质含义是一个原函数对应一个影函数,原函数就是原有物体,例如沉降时间关系 $S_1=f(t)$,它的影函数是原函数的影像,例如 $S_2=f(\phi)$,$S_1$ 和 $S_2$通过数学关系互相约束,本文是从 $S_1=f(t)$ 经过积分变换和弹性常数替换成黏弹性常数,再反变换后得到黏弹性解答。

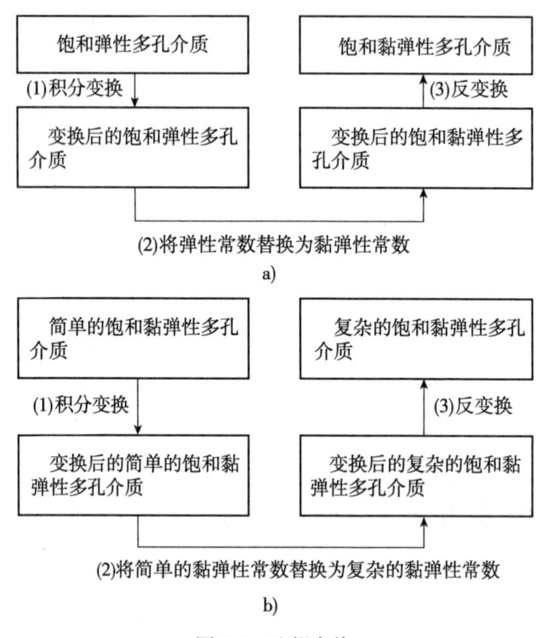


图6-3　比拟定律

图6-1是太沙基的一维弹性问题,它的解答就是公式(6-6),现在用比拟定律来求解图6-4的一维黏弹性问题。按比拟法原理,用拉普拉斯积分变换对式(6-6)进行变换,并注意到 $\sum_{n=odd}^{\infty}\frac{8}{n^2\pi^2}=1$,则得到变换后的(6-6)式为

$$\bar{s}(p)=\frac{q_cH}{E_c}\sum_{n=odd}^{\infty}\frac{8}{n^2\pi^2}\frac{N}{p(p+N)} \tag{6-7}$$

式中:$p$——算子,假如图6-4a),是饱和黏性土地基,土骨架的变化规律如图6-4b),所示的黏弹性体;

$\sigma'(t)$——土骨架上的有效应力,它随时间而变化,如力学3单元模型;

$u$——孔隙水应力,它的运动遵守达西定律,则有

$$\bar{\phi}(p)=\frac{m_1p+n_1}{p+n_1}=\frac{a_0(p+a)}{p+N}=\frac{1}{E_c} \tag{6-8}$$

命 $C_0=\dfrac{k_v}{\gamma_w a_0}$，$K_1=\dfrac{n^2\pi^2 k_v}{4H^2\gamma_w a_0}$，则 $N=K_1E_c$，$a_0=\dfrac{K_1(p+r_1)}{p+a}$，将这些关系式代入式(6-7)中，经过整理后可得到

$$\overline{S}(p)=\frac{2a_0q_0C_0}{H}\left(1+\frac{\alpha}{p}\right)\sum_{n=odd}^{\infty}[(p+x_1)(p+x_2)]^{-1} \tag{6-9}$$

式中：$x_1,x_2=\dfrac{(\alpha+K_1)\pm\sqrt{(\alpha+K_1)^2-4K_1r_1}}{2}$；

$k_v$——土的垂直向渗透系数；

$\gamma_w$——孔隙水重度。

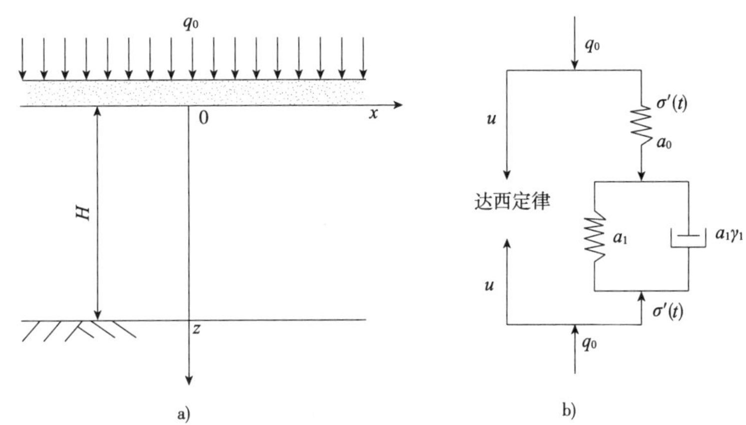


图 6-4 黏弹性一维问题

对式(6-9)进行反变换(反演)，可以得到饱和黏弹性土的、将土骨架视为3单元力学模型的、单向问题的沉降时间过程计算式：

$$s(t)=(a_0+a_1)q_0H\left[1+\frac{8}{\pi^2}\sum_{n=odd}^{\infty}\frac{1}{n^2}\left(\frac{K-x_1}{x_1-x_2}e^{-x_2t}-\frac{K-x_2}{x_1-x_2}e^{-x_1t}\right)\right] \tag{6-10}$$

式中：$K=\dfrac{a_0}{a_0+a_1}K_1$。

当 $t=\infty$时，式(6-10)中括号中内容为0，式(6-10)简化为

$$s(\infty)=(a_0+a_1)q_0H \tag{6-11}$$

该式即为最终沉降量计算式。

若将式(6-10)除以式(6-11)，则可得：

$$U(t)=\frac{s(t)}{s(\infty)}=\left[1+\frac{8}{\pi^2}\sum_{n=odd}^{\infty}\frac{1}{n^2}\left(\frac{K-x_1}{x_1-x_2}e^{-x_2t}-\frac{K-x_2}{x_1-x_2}e^{-x_1t}\right)\right] \tag{6-12}$$

该式为沉降固结度公式，即某时刻已完成的沉降量占最终沉降量的百分数。

若令 $a_1=0$，则土骨架为弹性体，此时 $a=r_1$，$x_1,x_2=K_1,r_1$，且有 $K=K_1=x$，则式(6-10)和式(6-12)分别为

$$S(t)=(a_0+a_1)q_0H\left[1-\frac{8}{\pi^2}\sum_{n=odd}^{\infty}\frac{1}{n^2}e^{-\frac{n^2\pi^2}{4H^2}c_vt}\right] \tag{6-13}$$

$$U(t)=\left[1-\frac{8}{\pi^2}\sum_{n=odd}^{\infty}\frac{1}{n^2}e^{-\frac{n^2\pi^2}{4H^2}c_v t}\right] \tag{6-14}$$

注意到 $a_0 = \frac{1}{E_c}$，式(6-13)和式(6-14)就是太沙基饱和黏土的沉降计算和固结度计算公式。

现在来讨论沉降时间过程的公式(6-10)：

(1)该式的中括号内是一个固结度公式，当时间 $t=0$ 时，它等于零，即地面没有加载，固结尚未开始；当时间 $t=\infty$时，它等于1，即地基的固结已达100%，完成了固结，地基已完成沉降，也就是 $s(\infty)=(a_0+a_1)q_0H$。

(2)再讨论中括号内的两项，首先要明白，3单元力学模型是指数型的沉降时间过程线，第一项指数函数为$\frac{K-x_1}{x_1-x_2}e^{-x_2t}$，第二项指数函数为$\frac{K-x_2}{x_1-x_2}e^{-x_1t}$，当 $t$ 从零开始，第一项数值占两项之和的比例较大，第二项数值所占比例较小，随着 $t$ 的增大，第一项所占比例逐渐变小，而第二项所占比例逐渐增大，这就意味着第一项主要是反映土的主固结变形，第二项主要是反映土的次固结变形。

(3)对于饱和黏土地基的次固结问题，学者有两种观点：一种观点认为当饱和黏土地基受到荷载作用后，立即发生沉降，开始进入固结状态。这种固结量中同时包含有主固结和次固结，随着时间的增长，主固结逐渐趋向完成，剩余部分中主固结所占的比例逐渐减少，反之，次固结变形一开始就发生，它所占的比例逐渐增大，但是它们的绝对值却在减少，因为总的固结在逐步完成。另一种观点认为主固结和次固结分别发生，而不是同时发生，只有当主固结完成后才开始发生次固结。

笔者认为，前一种观点符合实际情况的。所谓主固结，是指土体受力后孔隙水被排出而发生的固结变形，次固结是指固体土颗粒受力后发生折断、破碎、压缩而产生的固结变形。而当饱和软土地基受力后排水固结和土颗粒压缩变形是同时发生时，笔者的计算式中都反映出这种观点。对于工程来讲，关心的是工后沉降。所谓工后沉降，是指建在饱和软土地基上的工程在竣工投产后所发生的沉降量，这些工后沉降量对工程是否有危害，是否许可？例如有的工程在规范上有规定，建在软基上的高速公路，允许15年内发生的工后沉降中，路堤小于30cm，涵洞为20cm，桥头为10cm。但这些数量并没有理论依据，也很少有实践总结证明其是合理的，更没有计算的公式，因此工后沉降问题是目前工程存在的两大难题之一，而目前解决此问题的办法无论学术界还是工程界都不满意。

## 第三节　饱和软黏土地基的工后沉降计算

工后沉降对工程质量控制意义很大，有的还关系到工程的正常使用。例如大型储罐工后沉降过大，会引起储罐的倾斜，有的会失去使用功能，造成事故。1973年在天津新港的港区内建造4只储存食油的油罐，地基是近年吹填的软土，极限承载力仅为60kN/m$^2$，设计的荷载为140kN/m$^2$，天然地基远不能满足设计要求，应该通过分级充水预压来加固地基。但使用者在罐体建好后，于1973年12月1日未经充水预压地基就进油投产使用了，至4日晚正在进油时，突然发生地基破坏，罐体失稳，其中4号罐体累计下沉量达132.45cm，突然一次下沉量73.4cm。4只罐体四周的土体隆起30～40cm，地表土面开裂，罐体向外倾倒。当地基破坏后，立即停止进油，并开始卸油进行抢修，这是典型的地基沉降过大而产生的破坏事故。4只油罐当时的沉降记录如表6-1。

**4只油罐沉降量统计表** 表6-1

| 罐　　号 | 1 | 2 | 3 | 4 |
|---|---|---|---|---|
| 1973年12月30日进油前罐体累计沉降量(cm) | 46.65 | 49.25 | 19.80 | 59.05 |
| 1974年1月5日凌晨地基破坏后累计沉降量(cm) | 84.40 | 7600 | 103.45 | 132.45 |
| 一次突然沉降量(cm) | 37.75 | 28.75 | 73.65 | 73.40 |

还有一个实例，在深圳福田区建造的一个超大集成电路工厂，由于地基处理不当，工厂建成后发生厂房全面下沉。由于下沉后引发机器无法控制和正常生产，造成停产补修加固地基。结果决定采用地基加固专家张咏梅提出的全厂房用静压锚杆桩在厂房内加固地基，将整个厂房地秤搁置在锚杆桩上，花费数千万元才彻底解决问题。此外，对于软土地基上建造的高速公路来讲，工后沉降量需要昂贵的路面材料来填补，路面下沉了，需要加铺路面，费用之贵比路堤土体造价高出十几倍。可见准确确定出工后沉降意义重大。

研究饱和软土地基的工程问题，主要是研究地基变形问题，其次才是地基稳定问题。地基的稳定问题亦必须涉及地基变形问题，因此地基变形是根本问题，对于工程来讲主要是最终沉降量、沉降过程和工后沉降三个问题。前面两个问题在前二节中已经讨论，现在讨论工后沉降问题。

在图6-2a)中用若干个弹簧和黏壶组成的力学模型来表示土骨架黏滞变形性质，这是一个指数型的蠕变度函数，即

$$\delta(t,\tau)=a_0+\sum_1^n a_n[1-e^{-r_n(t-\tau)}] \tag{6-15}$$

所谓蠕变度函数，它的定义指单位骨架应力下应变随时间变化的函数关系，即

$$\delta(t,\tau)=\frac{\varepsilon(t,\tau)}{\delta'}=a_0+\sum_1^n a_n[1-e^{-r_n(t-\tau)}] \tag{6-16}$$

如果取 $n=1$，则式(6-15)为一组3单元力学模型，从计算上来讲简便很多，且其精度也足以满足工程要求，则有公式

$$\delta(t,\tau)=a_0+a_1[1-e^{-r_1(t-\tau)}] \tag{6-17}$$

如果命 $\tau=0$ 时施加荷载，就是指从加载瞬间开始算起，则式(6-17)为

$$\delta(t)=\frac{\varepsilon(t)}{\sigma'(t)}=a_0+a_1[1-e^{-r_1 t)}] \tag{6-18}$$

式中：$\sigma'(t)$——骨架应力或称有效应力；

$\varepsilon(t)$——骨架应变；

$a_0$、$a_1$、$r_1$——分别为土体骨架变形特性常数，或称流变常数，并可通过如下方法进行求解，命 $t$ 为无限大时，得到最终应变为

$$\varepsilon(\infty)=\sigma'(\infty)(a_0+a_1) \tag{6-19}$$

合并式(6-18)和式(6-19)，可得到

$$\frac{\varepsilon(\infty)-\varepsilon(t)}{\sigma'(t)}=a_1e^{-r_1t} \tag{6-20}$$

对上式两边取对数，将式(6-20)直线化，可得

$$\lg\left[\frac{\varepsilon(\infty)-\varepsilon(t)}{\sigma'(t)}\right]=\lg a_1-0.434r_1t \tag{6-21}$$

本公式是以 $\lg\left[\frac{\varepsilon(\infty)-\varepsilon(t)}{\sigma'(t)}\right]$ 为纵轴、时间 $t$ 为横轴的一条直线的方程，其中 $\lg a_1$ 为纵轴的截距，$-0.434r_1$ 为该直线的斜率。

为证实用蠕变度函数能正确描述饱和黏性土的骨架变形，必须测定在变形过程中的土骨架应力 $\sigma'(t)$。为了得到 $\sigma'(t)$ 只需要测定土体在压缩变形过程中的孔隙水压力就可以。笔者在做研究生论文时，做了上海黏土的压缩试验，并在压缩过程中测定孔隙水压力的变化，同时就得到了 $\sigma'(t)$，因此可以获得上海黏土的压缩变形与土骨架有效应力随时间的关系曲线。如图 6-5 所示，该曲线是一条直线，这就说明用 3 单元力学模型能够基本描述饱和黏土的骨架变形，流变常数 $a_0$、$a_1$ 和 $r_1$ 可以由图 6-5 和式(6-21)确定，上海黏土室内试验的 $a_1$ 值为 $10^{-2}$的数量级，$r_1$ 为 $10^{-4}$数量级。

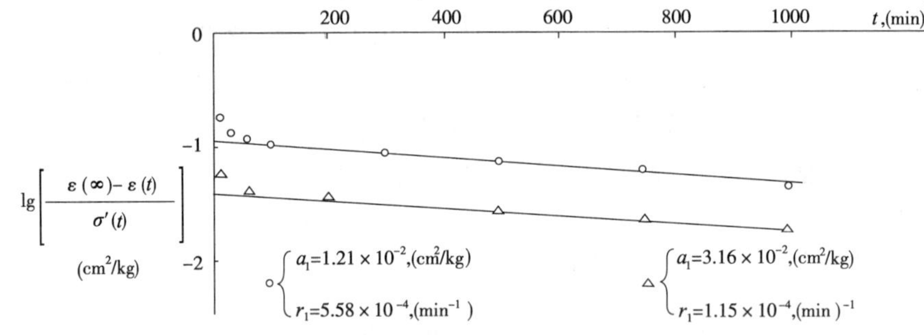


图 6-5　上海黏土蠕变压缩曲线

在工程中骨架有效应力是很难测定的，孔隙水压力测定也有一定的难度，但是在式(6-21)中将 $\sigma'(t)$ 改为 $q_0$ 是工程施加的荷载，式中 $\varepsilon(\infty)$ 是建筑物地基的最终应变量，即最终沉降量除以被压缩土层的厚度，由此依据工程中的实例沉降资料和荷载资料随时间 $t$ 的关系，得到如下公式

$$\lg\left[\frac{\varepsilon(\infty)-\varepsilon(t)}{q_0}\right]=\lg a_1-0.434r_1t \tag{6-22}$$

式中：$\varepsilon(\infty)=\frac{s_\infty}{H}$；

$\varepsilon(t)=\frac{s_t}{H}$。

同样可以绘图 6-6 的曲线。

所得曲线 $BAC$，发现曲线前半段 $BA$ 为曲线，后半段 $AC$ 为直线，分界点为 $A$ 点，$CA$ 直线延长线与纵轴相交于 $D$ 点。我们可以进一步分析曲线 $BAC$，先将公式(6-21)与式(6-22)作比较，两者仅相差 $\sigma'(t)$ 改为 $q_0$，其余多相同，所绘制曲线图 6-6 的 $AC$ 与图 6-5 的也相同，都为直线，仅 $BA$ 不是直线。由此可以看出，地基压缩变形进入 $A$ 点后，$q_0$ 已接近 $\sigma'(t)$，孔隙水压力已很小，甚至测不出来。在 $A$ 点以前则不然，$q_0$ 大于 $\sigma'(t)$，这就为我们提供一个信

息。A 点在工程中可以作为主次固结的分界点，也可以作为工后沉降的开始点。A 点的出现可以有几点意义：

（1）A 点从物理概念上分析，A 点以前为曲线段，这段时间内的变形包含有渗水固结变形和骨架变形两个部分，但以渗水固结为主体；A 点以后为直线 AC，这段直线内的变形是以有效应力作用在骨架上的变形为主体，此时土体内的孔隙水压力已小于起始时孔隙水压力，总应力 $q_0$ 已接近骨架有效应力，土体变形主要由骨架蠕变所产生，完全服从式（6-22）。所谓起始孔隙水压力是指土体的孔隙很细小，存在着各种阻力，只有在孔隙水压力克服了这种阻力后孔隙水才能流动排水固结，此时的孔隙水压力称为起始孔隙水压力。饱和黏性土的变形从应力观点分析，可以大体上划分为两个部分：即由孔隙水压力所引起的土体的体积变形和骨架有效应力所发生的骨架变形。从物理上讲，前者为渗水产生的固结变形，它服从太沙基固结理论，即主固结变形。后者为土骨架蠕动，又称次固结，它服从蠕变度函数。由此可见，划分主固结和次固结的界限，可以近似地利用图 6-6 中的 A 点来分界。必须指出，在曲线 BA 段内是包含了主固结和次固结两个部分的变形，不过次固结变形在开始时所占的分量很少，随着孔隙水压力的消散，有效应力的增长，次固结变形所占的比例也渐渐增多。当抵达 A 点时，以后的变形将由次固结变形所控制，但同样也包含着极少的排水固结。

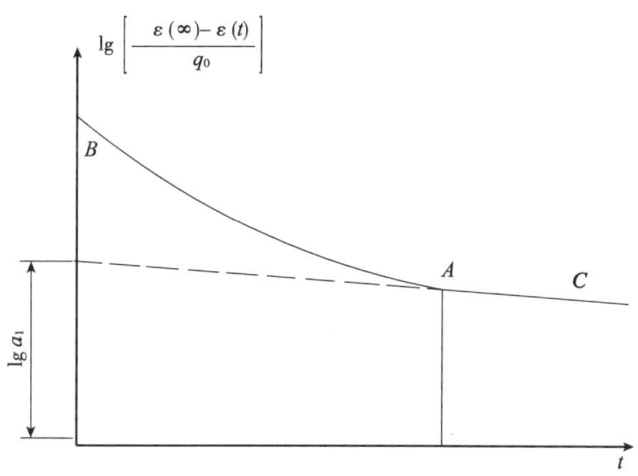


图 6-6　工程中主固结与次固结分界曲线

（2）A 点在工程意义上就大了，当渗水固结变形在抵达 A 点后就愈来愈小，甚至可以忽略，那么在工程上往往会采用一些工程措施来加速固结，尽量早些结束工期进入投产。为此，有的盲目超载加速固结，或者无为等待固结。因此工程上对待合理结束主固结的时刻很重要，目前尚无清晰合理的计算公式可供工程使用，往往造成不合理的提前结束预压期，造成工后沉降很大，带来一系列后遗症，或者无为的浪费工期，甚至盲目的争论。公式（6-22）提供了依据，既有理论又方便实用，可以正确指导工程实践。例如砂井、塑料排水板等排水固结的地基工程，或者储罐、水池、堆场等天然地基堆载预压工程，或路堤、江堤等可以超载预压的工程，甚至某些工程由于不慎发生了大变形事故后，需要分析变形发展趋势，便于采取合理的工程措施。以上这些工程中必然需要回答的是工程的沉降已发展到什么阶段？应该采取什么合理措施？如果已经进入 A 点后的阶段，对排水固结工程可以停止预压，进入后期工程，对已发生危害性沉降的工程，可以断定后期沉降已大大减小，可见曲线的 A 点对工程有较大的指导意义。此外,在相同条件下,$A$ 点是随着荷载 $q_0$ 而移动,当 $q_0$ 增大时,$A$ 点向右移动,反之则向左移动,这就正好表明土体的最终含水率是随着荷载的增大而减小。

现举一个工程实例,如何应用上述工程的工后沉降分析。位于深圳福田区某工程有 25 万平方米的工程,采用塑料排水板堆载预压加固地基,以达到加速淤泥地基的排水固结。在大面积施工前做了一个 30m×30m 的试验区。地基下有淤泥厚度 12m,淤泥的基本土性如表 6-2 所示。

**深圳福田区某工程的淤泥土特性指标** 表 6-2

| 天然含水率 $w$ (%) | 天然重度 $\gamma$ (kN/m$^3$) | 孔隙比 $e$ | 塑性指数 $I_P$ | 垂直压缩系数 (MPa$^{-1}$) | 垂直压缩模量 (MPa) | 水平压缩系数 (MPa$^{-1}$) | 水平压缩模量 (MPa) | 直剪 | | 三轴 | |
|---|---|---|---|---|---|---|---|---|---|---|---|
| | | | | | | | | c (kpa) | $\phi$ (度) | c (kpa) | $\phi$ (度) |
| 52.6 | 17.1 | 1.45 | 1.62 | 1.40 | 1710 | 1.34 | 1880 | 4.0 | 1.89 | 25.0 | 8.0 |

这类淤泥属高含水率、高压缩性空架结构。由于天然地面高度不够,故在插设塑料排水板之前再填土厚 1.5m,经 50 天沉降观测得到 35cm 的沉降量,平均沉降速率为 0.7mm/d。此时开始插塑料排水板,插板后沉降立即加速,最初 15 天下沉了约 90mm,显示了塑料排水板的效能,平均沉降速率达到 6mm/d,为插板前的 8 倍多。又经 30 天后开始加载,在 6 个月的加载期将土堆高 7m,在加载过程中由于塑料排水板加速了淤泥的排水速度,测得平均沉降速率为 4.2mm/d。其中第一阶段为加载期,约 60 天,测得沉降量 426mm,平均速率为 7.1mm/d;第二阶段停歇 47 天,沉降量 135mm,平均速率为 2.87mm/d;第三阶段又加载 60 天,下沉量为 250mm,下沉速率又上升为 4.2mm/d。至此加载结束,又经 60 天预压,测得沉降量 125mm,下沉速率减慢到 2.08mm/d,接着沉降速率又进一步减慢,在 20 天内沉降 15mm,沉降速率已减慢到 0.75mm/d。这一沉降速率已接近塑料排水板打设前的 0.7mm/d,可以看出主固结沉降已接近结束,地基将进入次固结沉降阶段,此时总计历时约为 250 天。加载沉降过程线如图 6-7 所示。

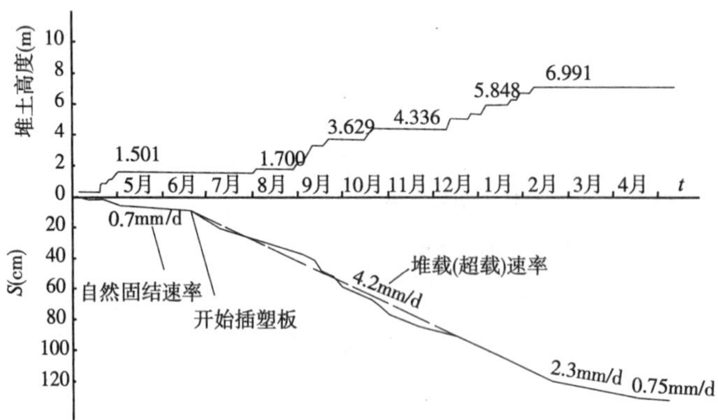


图 6-7 深圳福田区某工程塑料排水板堆载预压加固试验图

现在首先将这些实测资料进行整理:

(1)先要将沉降资料整理延长,求得最终沉降量$S(\infty)$。这里暂用珠江三角洲一带惯用的双曲线法推求得到最终沉降量为 179cm,然后再用工程地基所得到的压缩层厚度 12m。

此外，再从试验所测得的沉降过程线取得一定数量的各时间的沉降值。

(2)由上述资料可算得各时刻的 $\varepsilon(\infty)=\frac{s_\infty}{H}$，$\varepsilon(t)=\frac{s_t}{H}$，$q_0$ 和 $t$ 等，由此可绘制 $\lg\left[\frac{\varepsilon(\infty)-\varepsilon(t)}{q_0}\right]$-$t$ 曲线，如图 6-8 所示。图中前半段 $BA$ 为光滑的曲线，后半段 $AC$ 为直线，$A$ 点为曲线直线分界点。

(3)由图 6-8 可以确定 $A$ 点的时间坐标，得到 $A$ 点在 $3.79\times10^5$ min，约 263 天。这就说明加载预压至第 263 天后地基土体进入次固结阶段。

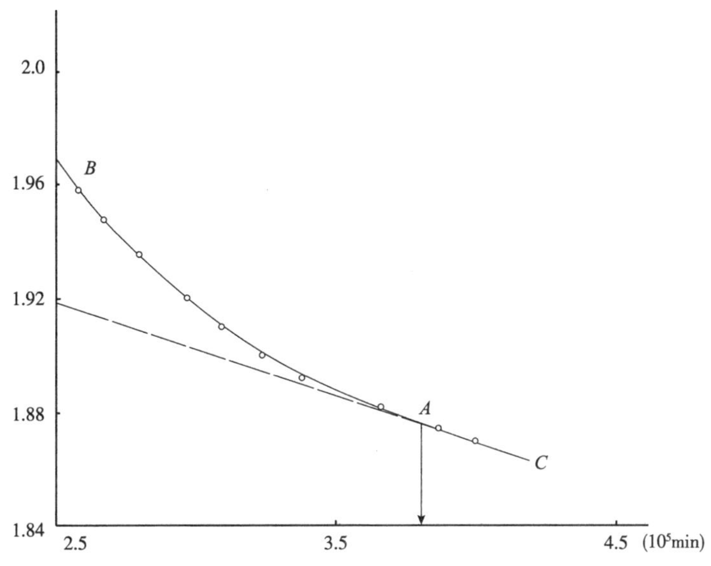


图 6-8 深圳某工程塑料排水板主次固结曲线

进一步对所整理的结果进行分析应用。从图 6-8 中可以看到，用实测资料绘制的 $\lg\left[\frac{\varepsilon(\infty)-\varepsilon(t)}{q_0}\right]$-$t$ 光滑曲线，规律性强，可以认为资料可靠，方法正确。$BA$ 段为曲线，$AC$ 段为直线段，两段线衔接得很好，说明与本文中的理论分析一致。其次可以看到 $A$ 点出现在 263 天左右，而从实测资料中得知，在 250 天以后的沉降速率已接近插板前的沉降速率，由此可知用此方法分析所得的 $A$ 点的时刻也就是地基已进入次固结状态的时刻，同时可以知道在 $A$ 点的主固结沉降量已达到总沉降量的 80% 左右，也就是说，主固结已完成固结度的 80%，余下是次固结。在 140kN/m$^2$ 堆载下经 263 天预压后，尚有 35cm 以上的工后沉降，工程能否许可？可以进一步采取合理措施。必须指出，本文所讨论的课题是一个单向的一维问题，所举的工程实例是 30m×30m 正方形堆载的中心沉降，也接近单向问题。至于平面问题，例如高速公路路堤沉降分析，它是典型的平面问题，地基在路堤荷载作用下，地基的侧向挤出量很大，1993 年曾经在深圳至汕头的高速公路第四标段的试验路段上，测得在加载过程中侧向变形量占地基总变形量的 10% ~12%。可见如果用本文的一套理论去分析高速公路地基沉降，则需再乘一个大于 1 的系数，尚且要注意它的土性、地表硬壳层的厚度等。此外，从工程实例分析结果可知，珠江三角洲一带的淤泥是很软弱的，它们的变形量是很大的。工后沉降量也很大。例如深圳机场曾经做过一个砂井堆载预压排水固结的大型现场试验，当固结完成后,取原状土样测得加固后土样的含水率高达62%左右,大于土的液限,土体仍然处于流动状态,说明这类土是高含水率、高压缩性的空架结构土,对于工程来讲,工后沉降量问题是个致命的问题。

## 第四节　逐级加载的软土地基沉降过程计算

前面讨论的沉降问题都是以地面荷载瞬间施加为前提。实际工程中,荷载是一部分、一部分施加的,是按地面结构的要求逐步递加上去的,所以有必要考虑逐级加载问题。首先,假定加载是按线性逐级递加,从地面施工开始至地面施工结束按直线的线性加载。一般是台阶形加载,可以按平均直线化,也不会引起太大误差。这里将线性荷载称变荷载。要讨论的问题是变荷载下的黏弹性体一维问题的解答,如图6-9所示的变荷载下的一维问题。

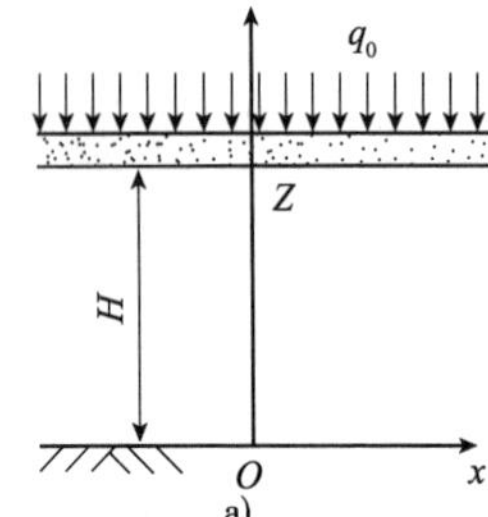


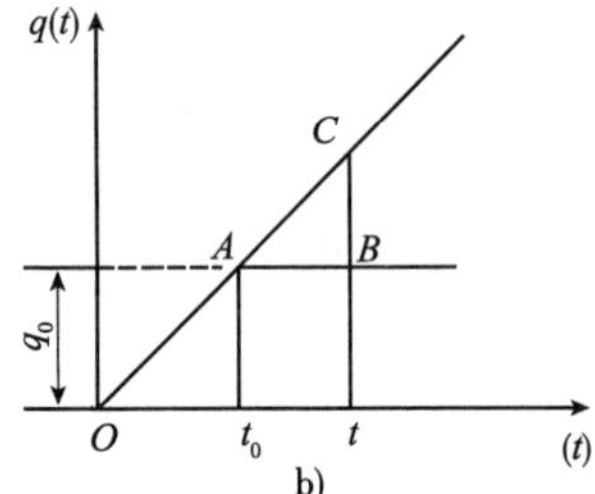


图6-9　变荷载下的一维问题

图6-9a)仍然与前面的一维问题相同,图6-9b)是一个线性变荷载图。图中 $OAC$ 是一个逐渐加载的线形,当开始加载从 $O$ 点开始,加到 $A$ 点后完成加载,之后变成常载 $q_0$,这是模拟工程加载的实际情况,现在要寻求 $OAB$ 线的地基沉降时间过程和固结度方程。

图6-9a)和b)所表示的是一个逐渐加载下弹性固结问题,它的固结方程式为

$$c_v \frac{\partial^2 u}{\partial z^2} = \frac{\partial u}{\partial t} - \frac{\partial}{\partial t} q(t) \tag{6-23}$$

式中:$u$——孔隙水压力;

$c_v$——固结系数。

逐渐加载也可以用线性方程来表示,如

$$\left.\begin{aligned} q(t) &= q_0\left(\frac{t}{t_0}\right), \text{当 } t < t_0 \text{ 时} \\ q(t) &= q_0, \text{当 } t \geqslant t_0 \text{ 时} \end{aligned}\right\} \tag{6-24}$$

按图6-8所示的初始条件为:在 $t=0$,在 $z$ 的范围 $H \leqslant z < 0$ 内,$u=0$,边界如下

$$\left.\begin{aligned} z &= H \text{ 时}, u = 0 \\ z &= 0 \text{ 时}, \frac{\partial u}{\partial t} = 0 \end{aligned}\right\} t > 0 \tag{6-25}$$

方程式(6-23)在上述的初始条件和边界条件下,当 $t < t_0$ 时的解答为

$$u(t) = \frac{q_0 H^2}{2 c_v t_0}\left\{1 - \frac{z^2}{H^2} - \frac{32}{\pi^3}\sum_{M=0}^{\infty}\frac{(-1)^M}{(2M+1)^M}\cos(2M+1)\frac{\pi z}{2H} e^{-Nt}\right\} \tag{6-26}$$

固结度的解答为

(1)当 $t<t_0$ 时

$$U_1(t)=\frac{1}{\tau_0}\left\{\tau-\frac{1}{3}+\frac{32}{\pi^4}\sum_{n=odd}^{\infty}\frac{1}{n^4}e^{-Nt}\right\}=\frac{1}{\tau_0}\left\{\tau-\frac{32}{\pi^4}\sum_{n=odd}^{\infty}\frac{1}{n^4}(1-e^{-Nt})\right\} \tag{6-27}$$

(2)当 $t\geqslant t_0$ 时

$$U_1(t)=1-\frac{32}{\tau_0\pi^4}\sum_{n=odd}^{\infty}\frac{1}{n^4}e^{-Nt}(e^{-Nt_0}-1)=\frac{32}{\pi^4}\sum_{n=odd}^{\infty}\frac{1}{n^4}\left[3-\frac{1}{\tau_0}e^{-Nt}(e^{-Nt_0}-1)\right] \tag{6-28}$$

式中:$\tau=\frac{c_v t}{H^2}$,$\tau_0=\frac{c_v t_0}{H^2}$,$N=\frac{\pi^2 n^2 c_v}{4H^2}$,$c_v=\frac{k_v E_c}{\gamma_w}$。

上述三式就是逐渐加载饱和弹性体的解答。

现在还是按比拟理论将所得到的饱水弹性体解答进行积分变换,这里用拉氏积分变换(Laplace),并消去变量 $t$ 后得到变换后的式(6-27)为

$$\overline{U}(p)=\frac{1}{\tau_0}\left\{\frac{c_v}{p^2H^2}-\frac{32}{\pi^4}\sum_{n=odd}^{\infty}\frac{1}{n^4}\frac{N}{p(p+N)}\right\} \tag{6-29}$$

再假设饱和黏性土骨架变形仍然遵守3单元的力学模型,总应力 $\sigma(t)$,孔隙水的运动还是服从达西定律,$\sigma'(t)$ 为骨架有效应力,则土骨架为3单元力学模型时的关系式为

$$\overline{\phi}(p)=\frac{mp+n}{p+n}=\frac{a_0(p+\alpha)}{p+\gamma_1}=\frac{1}{E_c} \tag{6-30}$$

注意到 $c_v=\frac{k_vE_c}{\gamma_w}=\frac{k_v(p+r_1)}{\gamma_w a_0(p+\alpha)}=\frac{C_0(p+r_1)}{p+r_1}$,$\alpha=(1+\frac{a_1}{a_0})r_1$,$N=\frac{\pi^2n^2c_v}{4H^2}=\frac{K_1(p+r_1)}{p+\alpha}$,$K=\frac{n^2\pi^2C_0}{4H^2}$,$C_0=\frac{k_v}{\gamma_w a_0}$。

将这些关系式带入式(6-29)后,经整理可得到

$$\overline{U}_1(p)=\frac{1}{p^2t_0}-\frac{32H^2}{\pi^4t_0C_0}\sum_{n=odd}^{\infty}\frac{1}{n^4}K_1(1+\frac{\alpha}{p})[(p+x_1)(p+x_2)]^{-1} \tag{6-31}$$

式中:$\frac{x_1}{x_2}=\frac{(\alpha+K_1)\pm\sqrt{(\alpha+K_1)^2-4K_1\gamma_1}}{2}$。

最后将式(6-31)进行反变换后就可得到土体为黏弹性体的逐渐加载的固结度方程,或称为土体的逐渐加载的固结过程方程,即

$$U_1(t)=\frac{1}{2\pi i}\int_{Br}\overline{U}_1(p)e^{pt}\mathrm{d}p$$

$$=\frac{1}{T_0}\left\{T-\frac{32(a_0+a_1)}{\pi^4a_0}\sum_{n=odd}^{\infty}\frac{1}{n^4}\left[1-\frac{K-x_1}{x_1-x_2}e^{-x_2t}-\frac{K-x_2}{x_1-x_2}e^{-x_1t}\right]\right\} \tag{6-32}$$

式中 $\frac{1}{2\pi i}\int_{Br}\bar{U}_1(p)e^{pt}\mathrm{d}p$ 为拉普拉斯反演积分式,$K=\frac{a_0}{a_0+a_1}K_1$,$T=\frac{\tau C_0}{C_v}$,$T_0=\frac{\tau_0C_0}{C_v}$。

式(6-32)仅适用于 $t\leqslant t_0$ 的情况,既适用于逐渐加载的施工期;当 $t>t_0$ 时必须使用叠加原理。依据图6-9b)可以得到方程

$$U(t)=U_1(t)-U_2(t) \tag{6-33}$$

式中 $U_1(t)$ 就是公式(6-32)计算出的 $t$ 时刻的固结度,也就是图 6-8b)中的 $OAC$ 斜线。但 $U_2(t)$ 必须以 $(t-t_0)$ 替代式(6-32)中的 $t$ 所得到的固结度,也即图 6-9b)中的 $AC$ 斜线段,两者相减就得到图 6-9b)中 $OAB$ 线路的固结度方程,即式(6-33)。将这些关系代入后进行整理后最终得到了图 6-9b)中 $OAB$ 线路的固结度方程为

$$U(t)=1-\frac{32(a_0+a_1)}{T_0\pi^4a_0}\sum_{n=odd}^{\infty}\frac{1}{n^4}\left[1-\frac{K-x_1}{x_1-x_2}e^{-x_2t}(1-e^{x_2t_0})-\frac{K-x_2}{x_1-x_2}e^{-x_1t}(1-e^{x_1t_0})\right] \tag{6-34}$$

公式(6-34)就是考虑了施工期逐渐加载的单向固结度黏弹性体的方程。同样对式(6-34)可以进行验证,方法与前面相同。若令 $a_1=0$ 问题就成为弹性的,则 $X_1=K, X_2=r_1$, $a_0=a, C_0=C_v, T_0=\tau_0, T=\tau, K_1=N$。将这些关系分别代入式(6-34),经整理后的结果如下:

$$U_1(t)=\frac{1}{\tau_0}\{\tau-\frac{32}{\pi^4}\sum_{n=odd}^{\infty}\frac{1}{n^4}[1-e^{-Nt}] \tag{6-35}$$

$$U_2(t)=1-\frac{32}{\tau_0\pi^4}\sum_{n=odd}^{\infty}\frac{1}{n^4}e^{-Nt}(e^{Nt_0}-1) \tag{6-36}$$

式(6-35)就是式(6-27),式(6-36)就是式(6-28)。但应注意 $\frac{32}{\pi^4}\sum_{n=odd}^{\infty}\frac{1}{n^4}=\frac{1}{3}$。关于沉降过程计算式,则只需用最终沉降量乘以固结度即可,其中最终沉降量仍然是 $S_\infty=(a_0+a_1)q_0H$。每个时刻的沉降计算公式为

$$S_t=(a_0+a_1)q_0HU(t) \tag{6-37}$$

式中 $U(t)$ 即为式(6-34)。此式就是考虑逐步加载的软土地基沉降时间过程的一维问题的计算式,也就是图 6-9b)中 $OAB$ 加载线路的沉降计算式。

**工程实例计算** 以上海金山石油化工厂 101 号油罐地基为算例,该油罐容量为一万立方米,直径 31.4m,地基为天然地基,钢筋混凝土环梁基础,固定罐顶的钢体油罐。罐体建造后先进行充水预压地基后再投产使用,充水预压时基底最大压力为 164.3kN/m²,充水加载期为 41 天,然后进入预压期,预压期总计 148 天。现将罐底板中心点的实测沉降与计算值作比较,计算结果如下:

(1)计算指标:$a_0=2.91\times10^{-2}\text{cm}^2/\text{kg}$;$a_1=1.06\times10^{-2}\text{cm}^2/\text{kg}$;$r_1=3.01\times10^{-7}\text{min}^{-1}$;$k_v=1.02\times10^{-3}\text{cm/min}$;$e_0=1.14$;$E_c=\frac{1+\varepsilon_0}{a_0}=735.4\text{N/cm}^2$;$q_0=16.43\text{N/cm}^2$;$\text{H}=20\text{m}=2000\text{cm}$。$S_\infty=(a_0+a_1)q_0H=130.22\text{cm}$。此处的 $a_0$、$a_1$、$r_1$ 取用上海展览馆主体馆的实测资料反算出来,以代表上海地区的土的实测流变常数。

(2)常数计算:$C_0=\frac{k_v}{\gamma_\omega a_0}=35.05\text{cm}^2/\text{min}$;$C_v=\frac{k_vE_c}{\gamma^2}=75.01\text{cm}^2/\text{min}$;$\frac{C_0}{C_v}=0.467$;$K_1=\frac{\pi^2C_0}{4H^2}=2.16\times10^{-5}\text{min}^{-1}$;$K=\frac{a_0}{a_1+a_0}K_1=1.585\times10^{-5}\text{min}^{-1}$;$\alpha=(1+a_1/a_0)\gamma_1=4.106\times10^{-7}\text{min}^{-1}$;$\tau_0=\frac{C_vt_0}{H^2}=1.107$;$\tau_0=\frac{c_vt_0}{H^2}=0.517$;

$$\frac{x_1}{x_2}=\frac{(\alpha+K_1)\pm\sqrt{(\alpha+K_1)^2-4K_1\gamma_1}}{2}=\frac{2.173\times10^{-5}}{0.03\times10^{-5}}$$

(3)计算结果列入表6-3中，并与实测值对比，从表中可见两者比较接近，本文方法可以实用。

**上海金山石油化工总厂101号(1万立方)油罐沉降分析** 表6-3

| 时间(d) | $U$(%) | 计算值$S$(cm) | 实测值(cm) |
|---|---|---|---|
| 10 | 17.5 | 22.79 | 18 |
| 20 | 19.4 | 25.26 | 26 |
| 30 | 33.0 | 42.97 | 40 |
| 40 | 54.1 | 70.45 | 70 |
| 50 | 65.3 | 85.03 | 90 |
| 60 | 74.5 | 97.01 | 102 |
| 70 | 80.3 | 104.57 | 108 |
| 80 | 87.0 | 113.29 | 114 |
| 90 | 89.8 | 116.94 | 118 |
| 100 | 92.4 | 120.32 | 122 |
| 110 | 94.3 | 122.80 | 124 |
| 120 | 95.8 | 124.75 | 126 |
| 130 | 96.8 | 126.05 | 128 |
| 140 | 97.5 | 126.96 | 133 |
| 150 | 99.8 | 129.94 | / |

(4)结束语：用饱和多孔介质的比拟理论，借用叠加法原理可以将饱和弹性体固结一维问题的解答，通过积分变换和反变换，再借用叠加原理可以得到相对应的黏弹性问题的解答，这样在分析工程的沉降时可以考虑施工期逐渐加载的条件，使沉降分析更接近于工程实践，而且使用起来也并不繁琐，有实际应用的价值。

## 第五节 砂井或砂桩(轴对称问题)地基的沉降过程计算

砂井是指在地基内先打入一根钢管，在管中灌入干净的中粗砂，然后拔出钢管，将砂柱体留在土中，呈一种井体形式，称之为砂井。砂井的作用是将井体之间的软土中的孔隙水，在受力运动中进入砂井体内，再向地面运动，在砂井顶端地面上铺设50cm厚的一层砂褥垫形式的砂垫层，砂井中的孔隙水可以运动进入砂垫层而排出孔隙水，完成饱和软土的排水固结。由此可见，砂井和砂垫层是一种起着排水通道加快地基排水固结速度的作用。

最早的砂井为30～50cm直径，间距为2.0～3.0m。在砂井施工过程中的一个技术难点是灌砂率的问题。当钢管被打入软土中，再往管中灌砂，由于砂粒能黏在一起搭成拱体而无法密实,从而造成排水通道被阻断,砂井通水也被隔断而发生质量问题。为此人们就开始改进和发展,最终研制了预制好的砂井,直径为7cm,用麻袋装砂制成。由于石化工业的发展,用化纤编织袋来代替麻袋,就形成目前的7cm直径的化纤编织袋装砂井。当直径10cm的钢管打入地基内即可完成,这就保证了砂井施工的质量。随着时代的发展,在20世纪70年代国外发展了一种用纸板来代替袋装砂井。纸板就是市场上包装电器等的外包装硬纸板,它是两层纸板夹在中间的一种$S$形纸条组成,裁剪成10cm宽的长条板,两个面上刺有孔洞,再经过化学处理后遇水不会软化。这种纸板很轻,一卷可以数百米,工程上可大量制作。后来化纤工业发展后又出现了塑料排水板,它是由芯板和外套滤膜组成,也是10cm宽,2cm厚,它的周长与7cm直径的袋装砂井周长近似相当。我们1992年在深汕高速公路后门试验路段做了对比试验,取两段紧紧相邻,各50m长,各种边界条件、土质条件和加载条件均相同,一段用7cm直径的袋装砂井,一段用塑料排水板,试验结果显示两者无论在固结速度、孔隙水压力状态、强度增长等各方面完全相同,可见使用塑料排水板和袋装砂井的排水功能近乎相同,可以互用,但长期功能还需进一步比较。

砂井和塑料排水板的排水固结法是软基加固方法中最经典成熟的方法之一。砂井最早是1950年在武昌船厂的地基加固中开始使用。排水固结法的优点是计算理论成熟,施工工艺简便,易于管理,排水固结效果显著,造价便宜,不足之处是需要一定的固结时间,因此排水固结法是加固软基,尤其是加固高含水率空架结构的珠江三角洲超软弱地基的首选方法。

关于砂井,巴隆(Barron 1942)提出了自由应变和等垂直应变两个不同的变形条件。所谓自由应变,是指当地基表面承受均布荷载时,地基中各点的变形是自由的。由于地基中各点的固结速度不同,砂井附近的固结速度要快一些,它的沉降也快一些,造成地面沉降不均匀,这样地基中就会引起剪切变形。自由应变条件就是假定这些因素不影响地基的应力分布和固结速度。但实际上这些因素会造成地基应力的重新分布,它的影响程度视压缩层以上土层及加荷材料所发生的拱作用的大小而定。而等垂直变形的条件就是假定这些拱作用已发展到使各点的垂直变形相等而没有不均匀沉降产生的程度。这两种变形条件是两种极端的假设,其目的是为了求解方程的解答时创造一条数学条件简单方便而已。雷查特(Richart,1957)证实在$n \geqslant 5 \sim 10$时,两者结果相近,$n$为井的间距与直径之比。为此,在工程上只采用较简单的垂直等应变条件的公式。

砂井排水固结中,除了有自由应变和垂直应变之分外,尚有两个条件比较重要:

(1)井的涂抹作用。即由于砂井施工中插入一根导管于淤泥中,这种高含水率软弱淤泥经导管插入,导管四周的淤泥必然像被刀刮过一样,面上的淤泥被涂上或抹上一层薄泥面,起到阻止水流的部分流通,这就是所谓涂抹作用。

(2)除了涂抹作用阻止水流畅通外,尚有流经砂井的一些阻力,统称井阻作用。

以上两种阻力目前尚难准确测出,因此难于在计算中进行考虑。不考虑这两种作用的砂井称为理想井。

1. 自由应变条件下理想井沉降时间过程计算式解答

弹性体的砂井解答首先由格爱佛(Glover,1930)和伦杜力克(Reudulic,1935)所得到。在砂井间的平均孔隙水压力的计算式为

$$U_r = U_0 \sum_{\beta=\beta1,\beta2\cdots}^{\beta_\infty} F(\beta,n) e^{-4\beta^2 n^2 T_h} \tag{6-38}$$

式中：$F(\beta,n) = \dfrac{4V_1{}^2(\beta)}{\beta^2(n^2-1)[n^2 V_0{}^2(\beta,n) - V_1{}^2(\beta)]}$；

$$n = \frac{d_e}{d_w}; T_h = \frac{c_h t}{d_e{}^2} = \frac{k_h E_c t}{\gamma_w d_e{}^2};$$

$$V_1(\beta) = J_1(\beta)Y_0(\beta) - Y_1(\beta)J_0(\beta);$$

$$V_0(\beta,n) = J_0(\beta,n)Y_1(\beta) - Y_0(\beta,n)J_1(\beta)。$$

这里 $J_0$、$J_1$、$Y_0$、$Y_1$ 分别为零阶、一阶的第一类及第二类贝塞尔函数，$\beta_1$、$\beta_2\cdots\beta_\infty$ 分别为 $J_1(\beta,n)Y_0(\beta) - Y_1(\beta,n)J_0(\beta) = 0$ 贝塞尔函数方程之根。

关于考虑土骨架 3 元件力学模型的黏弹性解答推导如下：

命 $Nr = \dfrac{4k_h E_c \beta_2}{d_w{}^2 \gamma_w}$，则式(6-38)为

$$U_r = U_0 \sum_{\beta=\beta1,\beta2\cdots}^{\beta_\infty} F(\beta,n) e^{-N_r t} \tag{6-39}$$

对上式进行拉普拉斯变换，消去时间变量 $t$，得到

$$\overline{U}_r = U_0 \sum_{\beta=\beta1,\beta2\cdots}^{\beta_\infty} F(\beta,n) \frac{1}{p+N_r} \tag{6-40}$$

当土骨架为线性蠕变材料，它的应力应变关系如下

$$\frac{d\varepsilon}{dt} + r_1\varepsilon = a_0 \frac{d\sigma}{dt} + (a_0 + a_1)r_1\sigma \tag{6-41}$$

$$(p + r_1)\overline{\varepsilon} = [a_0 p + (a_0 + a_1)r_1]\overline{\sigma} \tag{6-42}$$

式中 $a_0 p + (a_0 + a_1)r_1$ 就是变换后的黏弹性算符。即

$$\begin{aligned} Q'(p) &= p = r \\ P'(p) &= a_0 p + (a_0 + a_1)r_1 \end{aligned} \tag{6-43}$$

按弹性黏弹性变换原理，得体积变形模量为

$$E_c = 3K \to \frac{Q'(p)}{P'(p)} = \frac{p + r_1}{a_0 p + (a_0 + a_1)r_1} = \frac{1}{a_0}\frac{p + r_1}{p + \alpha} \tag{6-44}$$

式中 $\alpha = \left(1 + \dfrac{a_1}{a_0}\right) r_1$，并令

$$K_{1r} = \frac{4k_h \beta^2}{d_w{}^2 \gamma_w a_0}$$

则
$$N_r = K_{1r} E_c a_0 = K_{1r} \frac{p + r_1}{p + \alpha}$$

将这些关系代入式(6-40)，最终得

$$\overline{U}_r = U_0 \sum_{\beta=\beta_1,\beta_2\cdots}^{\beta_\infty} F(\beta,n) \frac{p+\alpha}{(p+X_1)(p+X_2)} \tag{6-45}$$

式中：$X_1, X_2 = \dfrac{1}{2}\left[(\alpha + K_{1r}) \pm \sqrt{(\alpha + K_{1r})^2 - 4K_{1r}r_1}\right]$

对式(6-45)反演后得

$$U_r = U_0 \sum_{\beta=\beta_1,\beta_2 \cdots}^{\beta_\infty} F(\beta,n)\left[\frac{K_{1r}-X_2}{X_1-X_2}e^{-X_1 t}-\frac{K_{1r}-X_1}{X_1-X_2}e^{-X_2 t}\right] \tag{6-46}$$

众所周知,当 $t=0$ 时,$\sigma'=0$,$u=q_0$,则

$$\sigma' = u_0 - u_t \tag{6-47}$$

对上式进行拉普拉斯变换得

$$\bar{\sigma}' = \frac{u}{p} - \bar{u}_t \tag{6-48}$$

将式(6-45)代入上式,得

$$\bar{\sigma}' = u_0\left[\frac{1}{p} - \sum_{\beta=\beta_1,\beta_2 \cdots}^{\beta_\infty} F(\beta,n)\frac{p+\alpha}{(p+X_1)(p+X_2)}\right] \tag{6-49}$$

再将式(6-42)考虑进来得

$$\bar{\varepsilon} = a_0 u_0\left[\frac{1}{p+r_1} + \frac{\alpha}{p(p+r_1)}\sum_{\beta=\beta_1,\beta_2 \cdots}^{\beta_\infty} F(\beta,n)\frac{(p+\alpha)^2}{(p+X_1)(p+X_2+r_{r1})}\right] \tag{6-50}$$

反演上式可得到考虑骨架为 3 单元模型的黏弹性砂井沉降时间过程计算式为

$$\varepsilon = (a_0+a_1)u_0 - a_1 u_0 e^{-r1t} - a_0 u_0 \sum_{\beta=\beta_1,\beta_2 \cdots}^{\beta_\infty} F(\beta,n)\left[\frac{(r_1-\alpha)^2}{(X_1-r_1)(X_2-r_1)}e^{-r_1 t} + \frac{(X_1-\alpha)^2}{(X_1-r_1)(X_2-r_1)}e^{-X_1 t} + \frac{(X_2-\alpha)^2}{(X_1-r_1)(X_2-r_1)}e^{-X_2 t}\right] \tag{6-51}$$

2. 垂直等应变条件下的理想井沉降时间过程计算式解答

巴隆推导出饱水弹性介质下等应变的解答为

$$u_r = u_0 e^{\frac{8}{F(n)}T_h} \tag{6-52}$$

用上述同样的方法与步骤可以得到黏弹性骨架的类似公式(6-51)的解答为

$$\varepsilon = (a_0+a_1)u_0\left[1 + \frac{K_r - X_1}{X_1 - X_2}e^{-X_2 t} + \frac{K_r - K_2}{X_1 - X_2}e^{-X_1 t}\right] \tag{6-53}$$

式中:$K_r = \dfrac{a_0}{a_0+a_1}K_{r1}$;$K_{r1} = \dfrac{8k_h}{F(n)\gamma_w d_w^2 a_0}$。

## 第六节 复合地基的沉降计算

复合地基的定义是指在松软的地基中按一定的间距嵌固入一些材料的刚度远大于地基的桩柱体所组成的地基,例如碎石桩复合地基,水泥搅拌桩复合地基等(图6-10)。这种有两种不同刚度的材料所组成的地基,在力学性质上有它的固有特征。当复合地基上施加荷载后,由于材料刚度不同,就会发生应力集中现象,尤其是对刚性基础的复合地基,它向桩柱体集中应力的现象非常显著。严格而言,复合地基内桩体应该是柔性桩体,如碎石桩等。研究复合地基力学特性主要是指研究它的应力集中性质,至于它的应变性质的研究,目前尚处于开始阶段。如果读者留意,目前所有地基规范对复合地基的沉降计算,都是采用天然地基沉降计算式乘以一个小于 1.0 的常数来应对,这是很错误的。由于这样处理的结果毫无意义,导致设计者干脆不计算、不分析或者凑个数来应对。本节介绍有一定理论依据的计算式供

读者讨论。此外，必须指出，对刚性桩，如混凝土冲孔桩、预制管桩等，它是桩基础，不属于复合地基。

## 一、复合地基的沉降计算

如图6-10所示的复合地基，取四根柔性桩作为单元体来分析。首先，这个问题应该理解为求解一个半无限体内嵌入一个圆柱体的问题。在均布荷载下这是一个轴对称问题，因为圆柱是轴对称的，圆柱顶上分布的荷载是均布，也是轴对称的，所以用轴对称条件来求解是合理的。再分析在荷载作用下复合地基的变形机理：假定是碎石桩或水泥黏土桩组成的桩柱体，它在受顶端荷载作用下的压缩量远远小于桩柱体四周的土体。由于应力集中现象的产生，桩柱顶面压力远大于土顶面的压力，这样就造成桩柱体的侧向膨胀，纵向压缩。假定研究的是刚性基础下的复合地基，则基础的底面在复合地基压缩变形过程中一直保持同一水平面，则可以认为桩柱体的压缩量也就是复合地基的压缩量，这就是上述条件下的复合地基沉降量。在桩柱体顶面作用的荷载是 $p_c$，它在桩柱体内产生的水平力为 $k_cp_c$，其中 $k_c$ 为侧压力系数。同样在桩间土顶面的荷载为 $p_s$，它在桩间土内产生的水平力为 $k_sp_s$，其中 $k_s$ 为土的侧压力系数（图6-11）。桩柱体的侧向膨胀取决于桩柱体侧面的这两个压力之差 $\Delta\sigma$

$$\left.\begin{aligned}\Delta\sigma_c &= k_cp_c\\ \Delta\sigma_s &= k_sp_s\\ \Delta\sigma &= \Delta\sigma_c - \Delta\sigma_s\end{aligned}\right\} \tag{6-54}$$

在 $\Delta\sigma$（水平方向）作用下，桩体发生侧向膨胀，桩径发生扩张变形为 $\Delta r$

$$\Delta r = \frac{r_0\Delta\sigma}{E_c}\left(\frac{a}{a-r_0}\ln\frac{q}{r_0}^{-1}\right) \tag{6-55}$$

式中：$r_0$——桩柱体原有的半径（图6-10）；

$E_c$——桩柱体的变形模量；

$a$——桩柱体间距之半（图6-10）。

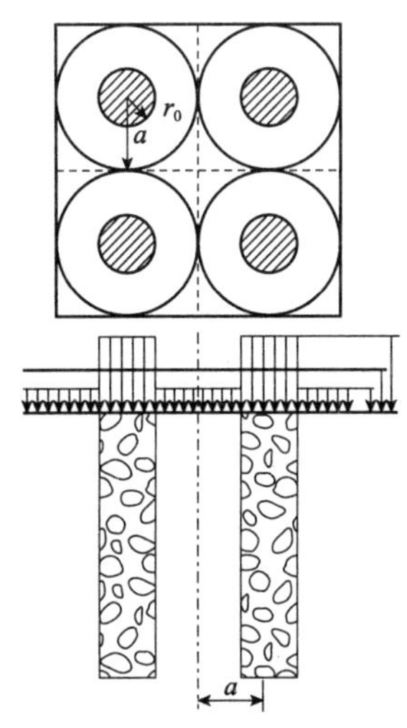


图6-10 复合地基示意图

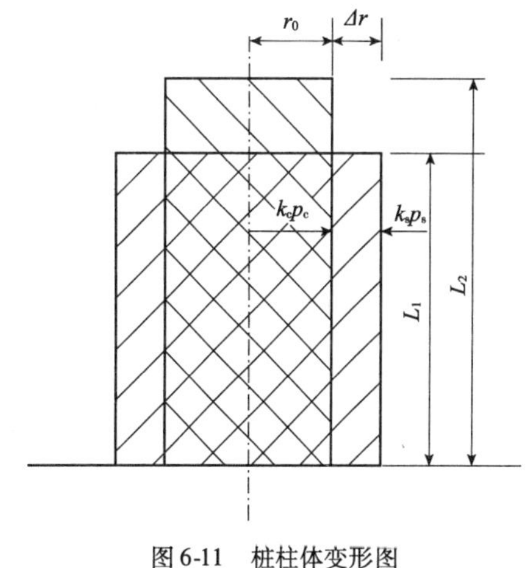


图6-11 桩柱体变形图

再考虑几何条件：假定桩柱体的体积是不可压缩的，桩柱体压缩前的长为 $L_1$，压缩后的长为 $L_2$，则有压缩前后的体积分别为

$$\begin{aligned}\nabla_1 &= \pi r_o{}^2 L_1 \\ \nabla_2 &= \pi(r_o + \Delta r)2L_2\end{aligned} \tag{6-56}$$

而$\nabla_1 = \nabla_2$，体积不可压缩，则

$$S_c = L_1 - L_2 = \frac{2\Delta r}{r_0}L_2 + \frac{\Delta r^2}{r_0{}^2}L_2 \tag{6-57}$$

假如省略高阶微量 $\Delta r^2$，且命 $L = L_2$，则得到

$$S_c = L_1 - L_2 = \frac{2\Delta r}{r_0}L \tag{6-58}$$

式中：$S_c$——桩柱体纵向压缩量，也就是刚性基础复合地基的沉降量；

$L$——桩柱体长度；

$r_0$——桩柱体的半径；

$\Delta r$——桩柱体半径变形增量。

现在讨论两个侧压力系数 $k_c$、$k_s$。它们可以通过室内三轴试验或者现场荷载试验获得，$k_c$ 值应该是介于主动土压力系数与静止侧压力系数之间，$k_s$ 值应该是介于被动土压力系数与静止侧压力系数之间。现给出一组各类土与碎石桩的侧压力系数，见表 6-4，供读者参考。

**各类土与碎石桩的侧压力系数** 表 6-4

| 被加固土类 | $k_s$ | $k_c$ | $k_s/k_c$ |
|---|---|---|---|
| 松砂 | 1.0 | 0.4 | 2.5 |
| 中密砂 | 0.8 | 0.4 | 2.0 |
| 密实砂 | 1.2 | 0.4 | 3.0 |
| 松黏土 | 1.5 | 0.6 | 2.5 |
| 砂质淤泥 | 1.5 | 0.6 | 2.5 |
| 淤泥质黏土 | 1.25 | 0.75 | 1.67 |

对于半无限弹性土体的应力应变关系式为

$$\varepsilon_s = \frac{S_s}{L} = \frac{p_s}{E_s} \tag{6-59}$$

式中：$E_s$——复合地基桩间土的压缩变形模量。

对刚性基础来讲 $S_c = S_s$，因此上述两个公式合并后可得

$$n = \frac{p_c}{p_s} = E_R \ln\left(\frac{a}{r_0}\right)^{-2kc} + K_R$$

式中：$E_R = \dfrac{E_c}{E_s}$；

$K_R = \dfrac{K_s}{K_c}$；

$n$——桩土应力比，即桩顶与桩间土顶的应力之比。

**算例**　南京船舶修造厂位于南京市下关区的长江边，地基土为淤泥质软黏土，从表6-4中得知数 $k_c=0.6$、$k_s=1.5$。船体车间中柱基础面积 $A_0=4.7\text{m}\times3.7\text{m}=17.4\text{m}^2$，基础下布6根碎石桩，碎石桩的直径为75cm，即 $r_0=37.5\text{cm}$，桩间距为185cm，即 $a=92.5\text{cm}$，桩长 $L=13\text{m}$，设计垂直荷载为1350kN。经荷载试验测得 $E_c=1370\text{N/m}^2$，$E_o=720\text{N/m}^2$，$E_s=360\text{N/m}^2$。计算结果如下：$F_c=\dfrac{A_c}{A_o}=0.153$，即置换率为15.3%，$\ln\left(\dfrac{a}{r_0}\right)=0.905$，$n=\dfrac{p_c}{p_s}=E_R\ln\left(\dfrac{a}{r_0}\right)^{-2kc}+K_R=3.5+2.5=6$，即桩土应力比能达到6，$\Delta\sigma=9.2\text{kN/m}^2$，将这些参数代入式(6-49)，算得沉降 $S=15.8\text{cm}$。此外，该工程的地基土平均十字板强度为24 kN/m²，算得复合地基极限承载力为4390kN，承载力安全系数可达3.25。

**工程分析**　由于初始荷载施加以后，碎石桩复合地基一般能发生10cm左右的地基压缩量，以后施工期还能发生几公分的沉降，因此工程投产后的沉降量不会很大，承载力已有足够安全度，因此该工程投产后情况很理想。南京船舶修造厂船体车间是我国振冲法碎石桩课题研究成功后首次应用于工程的实例，该工程竣工后跟踪一段时间，工程情况相当满意，是一个成功的实例，为我国振冲法加固地基和发展地基加固技术起到了推动作用。

## 第七节　按地基压缩层附加应力分布来计算沉降过程

前面讨论的都是按照地面加载后引起地基压缩层的压缩变形。但实际上土层的压缩与土层内部所接受的应力大小有关，应该按照地基压缩层内土层所受的应力大小和分布状态直接有关。对于某一项工程建筑物的地基下的受力状态，由于边界条件的不同，建筑物重力所产生附加应力也是不同的，因此所发生的沉降也是不同的。本节就是讨论依地基压缩层内附加应力的分布状况来计算地基的沉降过程。在前面讨论的单向问题的沉降过程，是指大面积堆载的中间部位的沉降过程，也可以认为附加应力从地面至压缩层底部是直线均匀分布，从顶到底都是 $p$ 值。

在工程中出现这种应力分布状态是很多的，例如有数万平方米的均匀堆载，像大面积吹填造陆，各类矿石堆场，还有假如地面荷载边界线为数十米，而压缩层厚只有几米，例如高速公路底宽60m，而软土层只有5~6m，则它的附加应力分布从软土层顶到底变化不大。尤其位于地面附近，这也可以近似看作如图6-12a)的条件计算，这就可以用计算式(6-10)计算沉降量。各种附加应力分布状态可以归纳为5种如图6-12所示的基本状态。图a)是直线均匀分布，从坐标原点开始至深度 $H$，附加应力为 $p$ 分布；图b)是三角形分布的附加应力，顶端为零，底端为 $p$；图c)为倒三角形，顶端为 $p$，底端为零；图d)为梯形，顶端 $p_1$，底部为 $p_2$，而 $p_1<p_2$；图e)为倒梯形，上端为 $p_1$，下端为 $p_2$，而 $p_1>p_2$。其他情况都可以简化为这5种状态。现举例如图6-13，一条路堤要计算路堤中心点沉降，它的附加应力是个压力泡，可以简化为 $OABC$ 的上大下小的倒梯形附加应力荷载图。同样如果要计算路堤坡脚的沉降，则它的附加应力为 $OAB$ 三角形，角度 $\theta$ 为应力扩散角，它与土的性质有关。类似的情况都可以按上述分析的办法，结合工程具体的边界条件和土质状态进行计算。

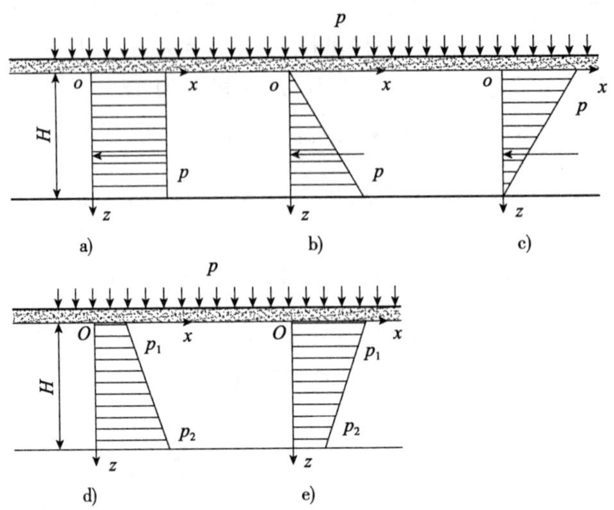


图 6-12　各种附加应力图

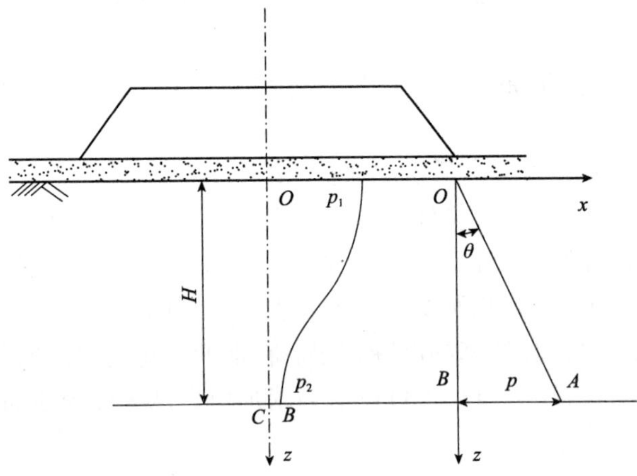


图 6-13　梯形路堤荷载下地基附加应力分布

现在来讨论图 6-12 的 5 种附加应力的沉降计算式。由前节可知 2 个基本公式如下：

$$s_1(t)=(a_0+a_1)q_1H\left[1+\frac{8}{\pi^2}\sum_{n=odd}^{\infty}\frac{1}{n^2}\left(\frac{K-x_1}{x_1-x_2}e^{-x_2t}-\frac{K-x_2}{x_1-x_2}e^{-x_1t}\right)\right] \tag{6-60}$$

$$s_2(t)=(a_0+a_1)q_2H\left[1+\frac{32}{\pi^3}\sum_{n=odd}^{\infty}\frac{(-1)^{n+1}}{(2n-1)^3}\left(\frac{K-x_1}{x_1-x_2}e^{-x_2t}-\frac{K-x_2}{x_1-x_2}e^{-x_1t}\right)\right] \tag{6-61}$$

图 a)的沉降计算式为，$s(t)=s_1(t)$，式中 $q_1=p$

图 b)的沉降计算式为，$s(t)=s_2(t)$，式中 $q_2=p$

同理，对于图 c)模式，取 $q_1=q_2=p$，其沉降计算式为

$$s(t)=s_1(t)-s_2(t) \tag{6-62}$$

对于图 d)模式，取 $q_1=p_1, q_2=p_2-p_1$，其沉降计算式为

$$s(t)=s_1(t)+s_2(t) \tag{6-63}$$

对于图 e)模式,取 $q_1=p_1$,$q_2=p_1-p_2$,其沉降计算式为

$$s(t)=s_1(t)-s_2(t) \tag{6-64}$$

以上就是5种典型的不同边界条件下的附加应力分布的沉降计算式。

## 第八节 高速公路路堤填筑的薄层轮加法技术

软土地基的极限承载力通常是有限的,例如在珠江三角洲地区,土的强度仅为3~5kPa,极限路堤填筑高度为1.5~2.5m。但由于如下原因造成路堤设计高度一般为5~6m,桥头为7~10m。(1)由于沿海的陆地都是近代海滩淤泥向海洋延伸而形成,造成地坪高程较低;(2)三角洲及沿海地带河道港汊发育,公路经过时必须建桥,而航道对桥梁净空要求必须保证一定的通航能力,造成桥面较高,与路堤路面衔接的坡度又受到限制,为此也要求抬高路堤。(3)沿海一带经济发达,人口繁密,经济作物价值较高,人、机穿越马路只能设计下穿通道,也有一定的净空要求,又迫使路堤加高。在这些条件下就出现了高路堤。一般高出极限路堤高度2m以上都可以称为高路堤,它给工程带来了许多困难,如增加了工程投资,延长了工期,还经常出现地基失稳的工程事故,造成投资、工期和质量无法控制,一度成为控制工程的要害问题。例如在珠江三角洲地区修筑公路时出现了一个标准的滑坡事故,一般滑坡长度为80~90m,路堤高度在4.5~5m左右,处理这类滑坡需花费半年时间,造价数百万,可见路堤失稳事故的危害性之大。

通常设计软基上的高速公路,第一级荷载都按照极限高度的80%~90%填筑,再按平均固结度的40%~60%来设计后续分级加载,6m左右的路堤按三级或四级填土完成。按此标准计算施工期较长,工程管理人员因受到种种条件限制,往往在超过极限高度后加速填土,结果适得其反,造成失稳事故频生,促使工程走向被动困难状态。这是不正确的施工方法,必然造成失稳事故。正确方法是如何设计与施工呢?从软土力学的理论上讲,地基施加荷载,第一级按极限荷载以下,不受时间限制,可以一次加上,超过极限承载力后的荷载,应按照地基强度增长来加载。为了加快加载速度,应根据地基强度增长一点,立即加上相应的允许荷载,这个原理称为按地基强度增长来加载。具体应用到高速公路填筑上,应结合高速公路具体的施工条件,设计出先进的按地基强度增长来填筑路堤。众所周知,路堤是按一薄层一薄层填土摊铺而后再碾压形成的,我们可以利用这一特点来填筑。假如从路堤 $A$ 点开始填土碾压,目前我国的碾压工具的功能及施工习惯一般每层填土厚度在30~40cm左右,由此厚度控制。当从 $A$ 点填铺到 $B$ 点时,$A$ 点地基强度增长一个 $\Delta\tau$,这个 $\Delta\tau$ 允许填铺一层30~40cm厚的土,则停止 $B$ 点填土,回到 $A$ 点填第二层土,这样 $AB$ 路段长度就是每次轮换填铺长度。按此一薄层一薄层轮加填筑,做出详细计划,这就是按照地基强度增长进行薄层轮加法填筑技术,简称“薄层轮加法填筑技术”。高速公路按照此方法填筑,可以达到安全、可靠、快速。其他类似工程也应按照此原理来修筑。

### 一、薄层轮加设计计算方法

首先总结一下目前固结度的理论,天然地基通常以太沙基的固结理论为基础;若设有垂直排水通道,如袋装砂井或塑料排水板等措施的竖向排水等,则按巴隆理论,它由理想井在等垂直应变和自由垂直应变两种边界条件下,当井径比大于5,时间因子大于0.1时两种应

变下的解答基本相同。曾国熙教授给出了固结度计算的通式为

$$U = 1 - Ae^{-\beta t} \tag{6-65}$$

各种不同的边界条件下的固结度常用计算式汇总于表 6-5 中。

表中的

$$F(n) = \frac{n^2}{n^2-1}\ln(n) - \frac{3n^2-1}{4n^2} \tag{6-66}$$

此外，表 6-5 中的平均固结度是瞬时加载的情况，如为分级加载时，砂井地基 $t$ 时刻的平均总固结度 $\overline{U}_{rz}$应按下式计算

$$\overline{U}_{rz} = \sum_{i=1}^{k} U_{rz}\left(t - \frac{T_i^{\ u} + T_i^{\ t}}{2}\right)\frac{s_i}{\sum_{i=1}^{k} s_i} \tag{6-67}$$

各种边界条件下的固结计算公式 表 6-5

| 序号 | 边界条件 | 计算公式 | 备注 |
|---|---|---|---|
| 1 | 天然地基一维固结 | $U_z = 1 - \frac{8}{\pi^2}e^{-\frac{\pi^2 c_v}{4H^2}t}$ | $\beta_1 = \frac{\pi^2 c_v}{4H^2}$; $U > 0.3$ |
| 2 | 径向排水固结 | $U_2 = 1 - e^{-\frac{\pi^2 c_h}{F(n)de^2}t}$ | $\beta_2 = \frac{\pi^2 c_h}{F(n)de^2}$ |
| 3 | 竖向与径向联合排水固结 | $U_{rz} = 1 - \frac{8}{\pi^2}e^{-(\beta_1+\beta_2)t}$ | $h$-砂井长度<br>$H$-压缩层总厚度 |
| 4 | 砂井未打穿压缩层的排水固结 | $U = \frac{h_s}{H}U_1 + \frac{H-h_s}{H}U_2$ | $U_1$、$U_2$ 分别为砂井长度范围及砂井长度范围以下的压缩层的固结度 |

表 6-5 式中 $U_{rz}$为瞬时加荷的平均固结度。按表 6-5 中公式计算，$T_i^{\ u}$、$T_i^{\ t}$ 分别为第 $i$ 级加载的起始时间与终止时间；若 $t$ 处在加载期间，则 $T_i^{\ t}$ 可改为 $t$；$s_i$ 为第 $i$ 级加载下的最终沉降量，当 $t$ 在加载期间内可以按线性内插求得，各级荷载下的最终沉降量均可按分层总和法计算而得。

## 二、分级加载预压时间的计算

从上面所述的固结理论的基本假定条件，可以看出某一个固结度的变形量所对应要求的预压时间，仅仅与时间因子 $T_v$ 有关，也就是与土质的固结系数与排水距离有关，而没有反映出荷载的因素。为考虑加载的影响，将式(6-65)与式(6-66)联合求解，得到某个固结度下所需的预压时间如下式

$$T_K = \frac{1}{\beta}\ln\left[\frac{\frac{A}{\sum_{i=1}^{n} s_i}\left(\sum_{i=1}^{n} s_i e^{-\beta n}\cdots e^{-\beta T_{n-1}} + s_n\right)}{1 - U_I\frac{s_s}{\sum_{i=1}^{n} s_i}}\right] \tag{6-68}$$

式中 $s_s$ 为总荷载下的总沉降量，$A$ 为$\frac{8}{\pi^2}$，$U_I$ 为对应总荷载下的平均总固结度，可以简化

用下式计算

$$U_I = U_i \frac{\sum_{i=1}^{n} \Delta H_i}{H} \tag{6-69}$$

这里 $H$ 为总的路堤加载高度，$U_i$、$\Delta H_i$ 为第 $i$ 级荷载的平均固结度和相应的填土高度。有些符号可见图 6-14。

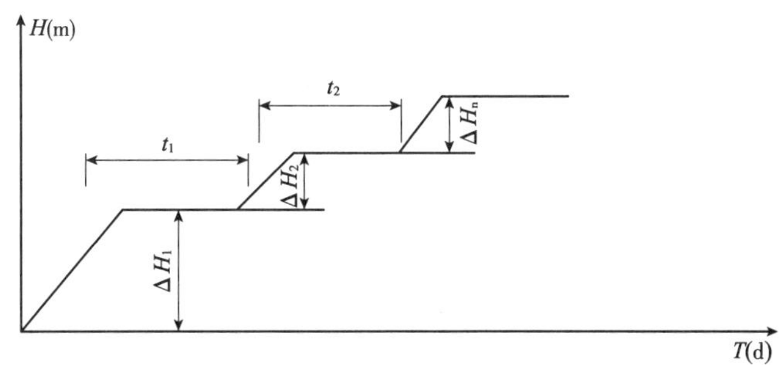


图 6-14　加载示意图

用计算式(6-68)可以依次逐级求出所对应的 $t_i$ 值，如荷载为一级时，已知 $U_I$，求出对应的 $t_1$ 值，按式(6-68)可以得到

$$t_1 = \frac{1}{\beta} \ln \frac{A}{1 - U_I \frac{s_s}{s_1}} \tag{6-70}$$

取式中系数 $A = 8/\pi^2 \approx 1.0$，这对于计算预压时间是偏于安全的。

## 三、地基强度增长计算

对于加载过程中地基土强度增长的计算，一般可以采用试算法、有效应力法或固结度计算法。这些方法通常涉及一些试验资料，对于工程管理者来讲，方便实用的方法莫过于现场十字板强度法。这是用轻便的十字板仪器在现场软基中测定地基的强度，这种方法所获得的地基土的强度可以避免许多扰动所带来的强度失真因素，尤其对高含水率超软弱土，它在各种仪器所测定的强度中是最理想和可靠的。但是十字板仪器目前不清孔时只能测定 10m 左右深度的强度，再深就会产生困难而使所得资料失真。对于有效应力法则必须测定地基土内各相关位置的孔隙水压力，如果有条件在现场测定孔隙水压力，则采用有效强度指标来计算强度增长也是一种可靠的方法。此外，目前常用的室内快剪强度测定法或称总强度法，对于正常固结软土在 $t$ 时刻的平均固结度 $U_t$ 的强度增长 $\Delta c_u$ 可以按下式计算

$$\Delta c_u = U_t \sigma_z \tan\phi_{cu} \tag{6-71}$$

式中：$\sigma_z$——地基土在该级荷载下所产生的垂直附加应力，计算时也可以采用压缩层内平均附加应力；

$\phi_{cu}$——地基土的固结快剪的内摩擦角，可以采用压缩层内各土层的加权平均值，也可以选用地基内某层最弱的土层并起控制地基稳定作用的该土层指标。

在设计加载级别时，应考虑具体施工条件，对于我国高速公路的施工条件为每层土厚度 $\Delta h$ 为 30 ~ 40cm，再借用 A. W. Skempton 半经验公式计算平均固结度，计算如下

$$\Delta h\gamma = \frac{N_c \Delta c_u}{k} = \frac{N_c U_t \sigma_z \tan\phi_{cu}}{k} \tag{6-72}$$

$$U_t = \frac{\Delta h\gamma k}{N_c \sigma_z \tan\phi_{cu}} \tag{6-73}$$

式中：$\gamma$——填土的重度；

$N_c$——承载力因素，一般取用 5.14 ~ 6.0；

$k$——安全系数，一般取 1.1 ~ 1.2。

由式(6-73)求得平均固结度 $U_t$，再代入式(6-68)和式(6-69)即可求得满足填土高度 $\Delta h$ 所需要的预压时间。如此一层一层计算，最终制订出薄层轮加法分级填筑的施工计划。整个计算可以编制程序用计算机来完成。通过珠江三角洲高含水率空架结构超软弱地基上近 10 多年的高速公路上的实践，取得完满成功，再配合现场监测技术，已形成一整套的稳定控制方法，较理想地解决了这个地区的地基稳定控制问题。

## 四、薄层轮加法填筑技术的工程实例

计算实例采用深圳至汕头的汽车专用高速公路，位于海丰县后门镇桩号为 K128 + 350 ~ K128 + 400的试验路中 50m，作首次尝试薄层轮加法技术试点。该点的资料情况为：软基厚 17.5m，路堤填土高度为 $H$ = 4.57m，坡率为 1∶2，采用袋装砂井处理地基，砂井间距为 130cm，砂井直径 7cm，砂井长 12m，未打穿软基，是悬挂式砂井，地基软土含水率在 65% 左右。原设计地基极限填土高度为 2.9m，预压时间为 210 天。薄层轮加法计算假定极限高度也是 2.9m，加载时间为 20 天，计算参数采用勘查报告资料 $\phi_{cu} = 10°$，$N_c = 5.14$，$k_c$ 取 1.1，地基土各层的主要力学指标见表 6-6。

**深汕高速公路后门试验段土质资料汇总** 表 6-6

| 土层厚度 (m) | 重度(湿) ($kN/m^3$) | 含水率 (%) | 孔隙比 $e$ | 塑性指数 $I_p$ | 固结系数 ×$10^{-4}$ ($cm^2/s$) | 压缩系数 $a_{v1-2}$ ($MPa^{-1}$) |
|---|---|---|---|---|---|---|
| 3.5 | 17.00 | 64.4 | 1.710 | | 17.9 | 1.70 |
| 1.5 | 16.22 | 65.7 | 1.744 | 12.9 | 9.60 | 2.07 |
| 2.5 | 15.87 | 64.2 | 1.814 | 18.1 | 2.53 | 2.52 |
| 2.0 | 16.42 | | 1.645 | | 16.8 | 2.10 |
| 3.0 | 17.10 | 51.0 | 1.543 | 20.2 | 36.6 | 2.67 |
| 2.5 | 16.88 | 50.7 | 1.332 | 21.7 | 77.6 | 1.02 |
| 2.0 | 16.00 | 58.8 | 1.700 | 17.4 | 16.5 | 1.79 |
| 2.0 | 18.28 | 36.5 | 0.982 | 12.5 | 36.7 | 0.68 |
| 2.0 | 18.73 | 32.8 | 0.874 | 8.8 | 40.7 | 0.48 |

按碾压厚度分级加载，即薄层轮加法。实例计算用每层填土厚度为 30cm 和 40cm 两种，采用式(6-51)和式(6-52)计算预压时间，其中省略了砂井以下的受压层的影响。计算结果列入表 6-7 中。按照表 6-7 的计算结果再与原设计计算结果一并列入表 6-8 中进行比较分析。此外，再将三种状态的不同时期的固结度统计归纳入表 6-9 中进行比较。

不同填土厚度预压时间表　　表 6-7

| 组　别 | 加荷级 | 填土高度(m) | 总平均固结度($U_I$) | 预压时间(d) |
|---|---|---|---|---|
| (一) | 1 | 2.9 | 0.08 | 11.6 |
| | 2 | 0.3 | 0.17 | 11.8 |
| | 3 | 0.3 | 0.25 | 12.1 |
| | 4 | 0.3 | 0.33 | 12.4 |
| | 5 | 0.3 | 0.42 | 12.7 |
| | 6 | 0.3 | 0.46 | 6.8 |
| | 7 | 0.17 | | |
| (二) | 1 | 2.9 | 0.11 | 15.8 |
| | 2 | 0.4 | 0.22 | 16.3 |
| | 3 | 0.4 | 0.33 | 16.8 |
| | 4 | 0.4 | 0.46 | 20.2 |
| | 5 | 0.46 | | |

三种加载方法计算结果汇总表　　表 6-8

| 方法 / 项目 | (一) | | (二)-1 | | | | | | | (二)-2 | | | | |
|---|---|---|---|---|---|---|---|---|---|---|---|---|---|---|
| 加荷级 | 1 | 2 | 1 | 2 | 3 | 4 | 5 | 6 | 7 | 1 | 2 | 3 | 4 | 5 |
| 填土高(m) | 2.9 | 1.67 | 2.9 | 0.3 | 0.3 | 0.3 | 0.3 | 0.3 | 0.17 | 2.9 | 0.4 | 0.4 | 0.4 | 0.46 |
| 加荷起始时间(d) | 0 | 230 | 0 | 32 | 45 | 56 | 71 | 85 | 92 | 0 | 36 | 54 | 72 | 93 |
| 加荷终止时间(d) | 20 | 240 | 20 | 33 | 46 | 59 | 72 | 86 | 93 | 20 | 37 | 55 | 73 | 94 |
| 预压天数(d) | 210 | | 12 | 12 | 12 | 12 | 13 | 7 | | 16 | 17 | 17 | 21 | |

不同加载方式的地基总固结度比较表　　表 6-9

| 时间(d) | | 32 | 45 | 56 | 67 | 79 | 91 | 120 | 150 | 180 |
|---|---|---|---|---|---|---|---|---|---|---|
| 总固结度(%) | (一) | 20.2 | 23.9 | 26.5 | 28.9 | 31.3 | 33.3 | 37.4 | 40.5 | 42.9 |
| | (二)-1 | 20.2 | 25.7 | 30.5 | 35.3 | 40.4 | 45.4 | 54.4 | 60.8 | 65.5 |
| | (二)-2 | 20.3 | 26.2 | 31.3 | 34.7 | 40.1 | 43.6 | 54 | 60.4 | 65.2 |
| 时间(d) | | 210 | 230 | 360 | 417 | 507 | 657 | 1073 | 1377 | 1433 |
| 总固结度(%) | (一) | 44.7 | 45.7 | 72.9 | 76.7 | 80.6 | 84.5 | 91.6 | 95.3 | 95.9 |
| | (二)-1 | 69.1 | 71.1 | 78.6 | 80.5 | 82.9 | 86.1 | 92.7 | 96.2 | 96.8 |
| | (二)-2 | 68.9 | 70.9 | 78.4 | 80.4 | 82.8 | 86 | 92.5 | 96.1 | 96.6 |

从计算结果的 3 个表来分析，极限填土高度按第一级荷载加上去，余下的荷载应分级加载，若分的级数越多，每级荷载量就越小，则相应的预压时间就越短。反之，加载分级越少，每级荷载量就越大，要求预压时间就越长，总的施工期也越长。从实例计算中看到，若将超过极限高度的余下 1.67m 想作为一级荷载加上，要总固结度达到 45.7% 时需等 210 天后才

可施加，但若按每级填土厚度为 30 ~ 40cm 填，共分为 4 ~ 6 级，则每级填土所需要的预压时间为 12 ~ 13 天，总共加载 74 天就可达到总固结度的 45%，比原设计加快 136 天，约为原设计的 1/3 不到，可见这种加载方法的优越性。这样按每层 30 ~ 40cm 一薄层一薄层轮候加载的方法称之为薄层轮加技术，它是按地基强度增长的规律填筑，也考虑了施工工艺的特性，这样的填筑方法既安全又快速，自 1992 年从深汕高速公路开始，在珠江三角洲高含水率空架结构的超软弱地基上修建高速公路中逐步推广，已完全解决了地基施工期稳定控制问题，只要遵守薄层轮加法的填筑原则，工程可安全快速地完成，反之，则有可能出现地基失稳的事故。

采用薄层轮加法，由于利用分级多而加快了加载速度，深汕高速公路原设计加载期比较，时间缩短了，固结度加快了。原设计加载期 240 天，而薄层轮加法仅需 94 天，而平均总固结度提高 25% 左右。深汕高速公路试验路段长 375m，分成 5 个断面，在第Ⅳ和第Ⅴ断面的实际填土加载过程按薄层轮加法填筑，其加载过程列入表 6-10 中。第一级填土厚度为 1.7m，包括河道清淤后回填过渡层及砂垫层，加载时间为 20 ~ 25 天，其余各层填土厚度均在 20 ~ 40cm 之间。各级填土预压时间除元月中下旬至 2 月中旬因春节放假而停止加载月 1 个月，其余各级荷载的预压期为 4 ~ 10 天，两个断面累计填土高度分别为 5.07m 和 4.97m，共花时间月 77.8 天，自 1992 年 11 月下旬至 1993 年 3 月 5 日。

**深汕高速公路试验路段第Ⅳ和第Ⅴ断面加载统计表** 表 6-10

| 断面 | Ⅳ | | | Ⅴ | | | |
|---|---|---|---|---|---|---|---|
| 加荷级别 | 净填土(m) | 累计填土(m) | 加载(日/月) | 净填土(m) | 累计填土 | 历时 | |
| 1 | 1.700 | 1.700 | 1992.11 下旬 | 1.73 | 1.73 | | 1. 第一级填土厚度为清淤后填土及砂垫层总厚度，历时为 20 ~25 天。<br>2. 各级填土时间主要是 1992 年 12 月中旬 ~ 1993 年 3 月上旬，77 ~82 天。<br>3. 从 3 月上旬停载至 8 月份不是技术要求，而是客观条件所致 |
| 2 | 0.414 | 2.114 | 13/12 ~ 16/12 | 0.304 | 2.04 | 1992.12.19 ~ 26 | |
| 3 | 0.288 | 2.402 | 18/12 ~ 18/12 | 0.388 | 2.43 | 1993.1.6 ~ 12 | |
| 4 | 0.208 | 2.610 | 1993.1.3 ~ 5 | 0.305 | 2.73 | 13/2 ~ 14/2 | |
| 5 | 0.352 | 2.962 | 13/1 ~ 14/1 | 0.422 | 3.15 | 18/2 ~ 20/2 | |
| 6 | 0.139 | 3.101 | 15/1 ~ 16/1 | 0.396 | 3.55 | 26/2 ~ 27/2 | |
| 7 | 0.185 | 3.286 | 23/2 ~ 24/2 | 0.288 | 3.84 | 3/3 ~ 6/3 | |
| 8 | 0.409 | 3.695 | 27/2 ~ 27/2 | 0.336 | 4.17 | 22/8 ~ 27/8 | |
| 9 | 0.325 | 4.020 | 5/3 ~ 5/3 | 0.795 | 4.97 | 27/8 ~ 1/9 | |
| 10 | 0.361 | 4.381 | 24/8 ~ 25/8 | | | | |
| 11 | 0.693 | 5.070 | 27/8 ~ 1/9 | | | | |

在高含水率空架结构超软弱地基上，既要确保安全，又需加快施工速度，只有分级进行加载，每级荷载按地基强度增长量相对应地来施加。在路堤、江堤、海堤一类工程中应按薄层轮加法来填筑。此外，如能配合地基监测仪器，在仪器监测下分级加载，将取得更为有利的结果。荷载如何分级，从地基强度增长角度来分析，分得越多，每级荷载量越小，施工速度就越快，但具体分级办法尚需结合施工工艺的要求来制订。

# 第七章　软土地基承载力与地基稳定分析

软土地基承载能力是指地基瞬间能承受多大的荷载，超过此荷载地基承受不住就要失去稳定。这里所指的软土地基承载能力不包含软土地基由于排水固结而引起地基强度的增长，因此也可以讲是软土地基的极限承载力。此外，软土地基的承载力也可以分为天然地基承载力和复合地基承载力两类。

软土地基的承载力与土的性质有关，与基础和地基接触条件有关，与上部建筑荷载的形状有关，以及与软土地基深浅等因素相关。这些相关因素都或多或少要考虑在承载力的计算因素内。

本章所要讨论的问题仅局限于4个方面：(1)关于浅层地基的极限承载力；(2)有关堤坝一类的梯形荷载的地基稳定分析；(3)复合地基的承载力计算；(4)软土地基的荷载试验。有关土压力和挡土墙的问题就不在这里讨论。

如何正确计算和测定地基承载力，对于工程来讲是一项重要的工作，设计、施工和管理人员，如果在未弄清楚软土地基极限地基承载力的大小之下就进行工程设计和施工，这就是在盲目地建造工程，随时都有发生工程失稳事故的可能。例如广东省西部沿海高速公路新会路段K13+035～K13+330于2000年3月28日路堤已填至设计高程，并超载二次，计划在仅300m长路段中央25m长范围先倒一层土，半夜立即发生两侧双向大滑动。滑坡长240m(K13+040～K13+280)，最大塌落高度5.5m，两侧鱼塘抬高约2m多，滑弧深度达20m，造成重大工程事故。事故后采用真空预压加固处理，花费数百万元，并用了半年工期。这是一个典型的工程人员在不掌握地基承载能力下还盲目超载而造成的事故。在软土地基上建造工程，发生的工程失稳事故绝大多数是在施工人员不了解和没有掌握软土地基的极限承载力情况下造成的。因此对软土地基，尤其是珠江三角洲高含水率低强度空架结构类软土地基，了解和掌握地基的极限承载力极为重要。

## 第一节　浅层地基承载力计算

所谓浅层地基，是指均质软土地基，软土层紧接地面以下，无地表硬壳层，厚度在10m左右。具备这些条件可以按浅层地基承载力计算。如某些条件不符合，例如地表有50～100cm厚的硬壳层的耕植土之类，则仍可按本节方法计算，但结果偏于安全。再如在10m厚软土层中间夹有薄层砂层、贝壳等薄透水层，深汕高速公路第四标段10km软土路段及广东新会天马港地基，它们都在10m深之内含有50cm厚的贝壳细砂层，这些工程仍然可以用本节方法来计算，其结果是偏于安全的，而且地基的固结速度和强度增长加快了，对工程有利。

均质软土浅层地基极限承载力计算用十字板强度$c$值计算，现在来分析如图7-1所示的典型的置于软土地基上的条形荷载。荷载直接搁置在软土地基表面，无基础梁板。当饱和软黏土地基处于极限平衡状态时，地基下出现3个流塑区，即图示Ⅰ、Ⅱ和Ⅲ区，塑流体的边

界线就是 $HGFG'H'$，这是可以用数学方法推导出的一条对数螺旋线。这是建立在塑性平衡理论上的、由普朗德尔于 1920 年推导出来的，后来泰勒又进行了修正，最终得到地基极限承载的计算式为

$$q_f = \left(\frac{c}{\tan\phi} + \frac{1}{2}\gamma B\sqrt{kp}\right)\left(kpe^{\pi\tan\varphi} - 1\right) \tag{7-1}$$

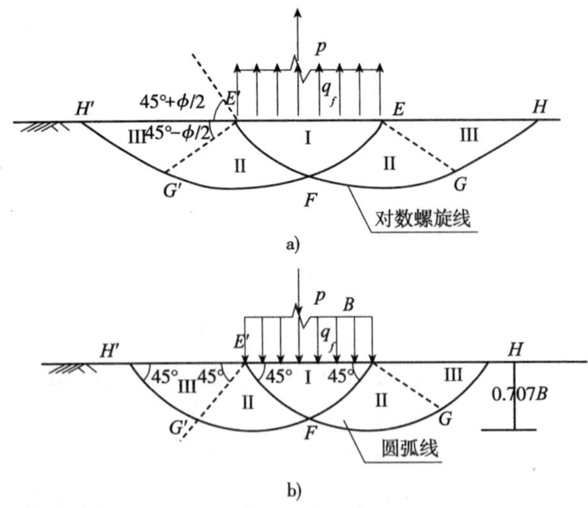

图 7-1　地基处于极限状态的塑流图

式中：$\frac{1}{2}\gamma B\sqrt{kp}$——泰勒所增加的修正值；

$q_f$——地基极限承载力；

$c$——土的黏聚力；

$\phi$——土的内摩擦角；

$B$——基础宽度；

$k = \frac{1+\sin\phi}{1-\sin\phi}$。

当地基土为饱和软黏土时，$\phi=0$，$GF$ 对数螺旋线即为圆弧线，但此时不能直接将 $\phi=0$ 代入式(7-1)中求 $q_f$，而需要利用简化方法推导。1976 年浙江大学曾国熙教授在总结上海石油化工总厂地基加固的报告中公布了他的简化推导方法，首先假设条形基础单位长度总荷载 $p$ 的一半由 $FGH$ 滑动面上的抗滑力所承担，另外一半由 $FG'H'$ 滑动面上的抗滑力承担，根据 $\sum M_E=0$ 的条件，即地基环绕 $E$ 点转动，当转动力矩 $\frac{p}{2}\cdot\frac{B}{2}$ 与抵抗力矩 $GF\cdot c\cdot EG + FG\cdot c\cdot EG$ 处于平衡时为

$$\frac{p}{2}\cdot\frac{B}{2} = GF\cdot c\cdot EG + FG\cdot c\cdot EG = c\left(\frac{1}{2}+\frac{\pi}{4}\right)B^2 \tag{7-2}$$

$$q_f = \frac{p}{B} = c(2+\pi) = 5.14c \tag{7-3}$$

式中 $c$ 就是土的强度，最好用十字板强度，常数 5.14 就是承载力因素，这就是著名的天然地基极限承载力计算式。

地基的极限承载力问题涉及的因素繁多，例如土质方面有双层地基和多层地基之分，有 $\phi$ 不等于零和 $\phi$ 等于零的，荷载面积有大面积、条形面积、矩形面积、方形面积，荷载形式有中心荷载、偏心荷载等诸多方面的因素。许多学者研究了各种条件下的承载力计算式，在此只介绍两种简单实用的计算式。

(1)斯开普顿提出了一个 $\phi=0$ 的饱和软土地基，考虑砌置深度的实用的半经验公式，即

$$q_f = \left(1+0.2\frac{B}{L}\right)\left(1+0.2\frac{D}{L}\right)N_c c_u + q \tag{7-4}$$

式中：$B$——基础宽度；

$D$——基础埋深；

$L$——基础长度；

$q$——边荷载；

$N_c$——承载力因素，取 5.14 ~ 6.0；

$c_u$——基底下 $2B/3$ 深度范围内的平均的不排水状态下的黏聚力，最理想的是十字板强度。

(2) 关于偏心荷载可以归纳为如图 7-2 所示的形式。

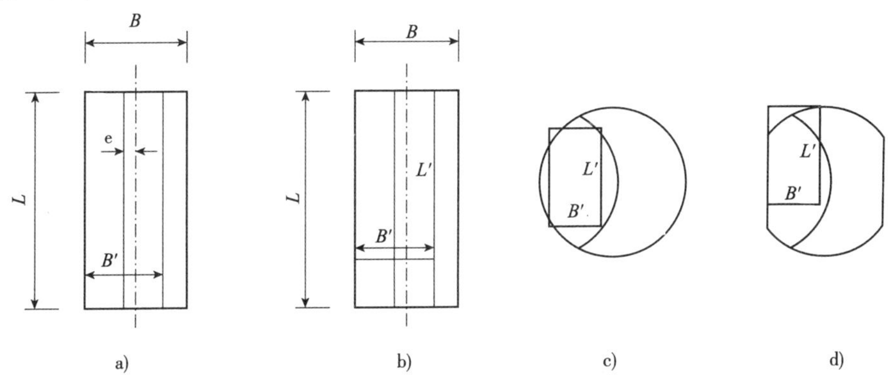


图 7-2　偏心荷载换算有效荷载面积示意图

图中 a) 为条形荷载，荷载中心在长度方向上偏心距为 $e$，此时应将原有宽度换算成 $B' = B - 2e$，$L$ 不变；图 b) 为矩形荷载，两个方向的偏心距为 $e_B$、$e_L$，则换算方法为 $B' = B - 2e_B$ 和 $L' = L - 2e_L$；图 c) 为圆形荷载，则应取当量的矩形或方形面积，但长轴和短轴方向不变，荷载的中心不变。其中圆形换算方法在上海石化总厂油罐地基中应用过，比较满意。

关于式(7-3)中 $c$ 值取用十字板强度时用何种取法，可分几种情况：

(1) 一般对于均质土，十字板试验宜每间隔 0.5m 做一个点，也可间隔 1.0m，但不宜大于 1.0m。

(2) 一种是将沿深度的十字板强度取其算术平均值作为计算值。

(3) 对于重要工程，应取十字板强度的小值平均值，所谓小值平均值是指第一次将十字板算术平均后得到一个算术平均值，再将所有小于算术平均值进行第二次算术平均，这就是所谓小值平均值。在京珠高速公路广珠东段就采用这种方法计算稳定的。

(4) 当出现成层土地基时，则应采用加权平均值算出的平均强度为计算强度。

(5) 当成层土地基中出现特别软弱的土层，而这层软弱土层的强度为整个地基土算术平均值的 1/2 ~ 1/3，则这层土的厚度占整个软土层厚度的 1/2 ~ 1/3 厚，则必须用这层土的强度指标来计算整个地基的稳定，也就是这层土控制了地基的稳定性。

## 第二节　圆弧滑动法稳定分析

众所周知，软土地基用圆弧滑动法分析地基稳定性，是当前各种规范上通用的方法，用的最合适的莫过于各种路堤、江堤、坝体等梯形荷载。圆弧滑动的基本概念是由于地基土的抵抗能量与滑动能量的平衡关系，一旦失去平衡就出现如图 7-3 所示的滑动体 $ABCDE$ 沿滑弧 $ABC$ 滑出。所谓滑动是滑动土体 $ABCDE$ 的重力环绕圆心 $O$ 点作逆时针转动，所以它是

一个滑动力矩 $M_{滑}$ 产生的滑动。抵抗这个滑动力矩的就是滑动面上的强度对圆心 $O$ 点取顺时针方向的力矩 $M_{抗}$。当 $M_{滑}=M_{抗}$ 时，地基处于极限平衡状态。关于抗滑力矩的计算方法，通常是按条分法计算，即将滑动体分成若干土条，然后按每个土条对 $O$ 点取矩，用下式计算

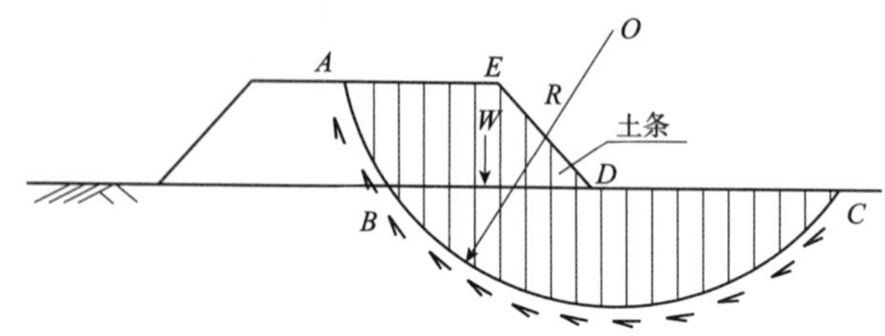


图 7-3 路堤圆弧滑动示意图

$$K=\frac{\sum_{i=1}^{n}(c_iL_i+Q_i\cos\alpha_i\tan\phi_i)}{\sum_{i=1}^{n}Q_i\sin\alpha_i} \tag{7-5}$$

式中：$Q_i$——第 $i$ 条土的重力；

$L_i$——第 $i$ 条弧长；

$c_i$——第 $i$ 条土体的强度；

$\alpha_i$——第 $i$ 条土条中心点切线与水平线夹角；

$\phi_i$——第 $i$ 条土条的土的内摩擦角；

$K$——安全系数。

这个计算方法简单明了，易于为工程人员所接受，已习惯使用了数十年，但它也存在一些问题。为什么当 $K$ 值大于 1 时，按公式计算的结果，有时会失稳，当 $K$ 值小于 1 时也会出现稳定的情况，当然除了计算指标选用的正确与否带来误差外，这个圆弧滑动本身有两个基本假设与实际工程状况相差较大，也是造成计算失真的重要原因。计算假定滑动体 $ABCDE$ 与固定土体两者均为刚体，所谓刚体就是指在整个滑动过程中滑动体和固定体两者的体积都是不变的，这种假定与实际情况相差甚远；其次是滑动面 $ABC$ 是个圆弧切面，切面计算成圆弧线，其实不是圆弧面，而是圆弧带，我们在几个试验工程中用十字板仪器测定滑动带的强度时，发现滑动带有 80～120cm 宽，在这滑动带中土体强度为扰动土的强度，比原状土强度小很多。由这两点再加上土的强度指标测定带来的误差，如果这些误差叠加起来就影响计算结果，如果有部分相互抵消，但不可能出现正好平衡。因此对目前的圆弧滑动计算结果只能作为分析结果来使用，千万不能按界定结果来应用。

在工程中如何理解和应用圆弧滑动的原理，如图 7-4 所示，将地基与路堤进行力学模型化，在圆弧的圆心处绘制一条沿垂线 $OZ$，将地基与路堤分成左右两块，再在最小安全的圆心 $O$ 处搁置一个天平秤，天平秤两端各有一个盘，即左盘和右盘，秤盘至圆心距离为 $A'O=C'O=OA=R$，即为力臂，此时来分析地基和路堤的稳定性，并讨论如何采取合理的工程措施。如图 7-4 所示，所有 $OZ$ 轴左边的土体 $ABHGFE$ 的重力集中堆在左盘中，将这个重力乘以力臂 $A'O$，就得到滑动力矩 $M_{滑}$，$OZ$ 轴右边的土体 $HCDF$ 重力置于右盘中在乘以力臂 $C'O$ 可得到第一部分的抗滑力矩 $M_{抗1}$，再加上圆弧 $ABHC$ 面上的土体强度乘以力臂 $OA$ 得到第二部分

抗滑力矩 $M_{抗2}$，此时可以得到如下3种情况：

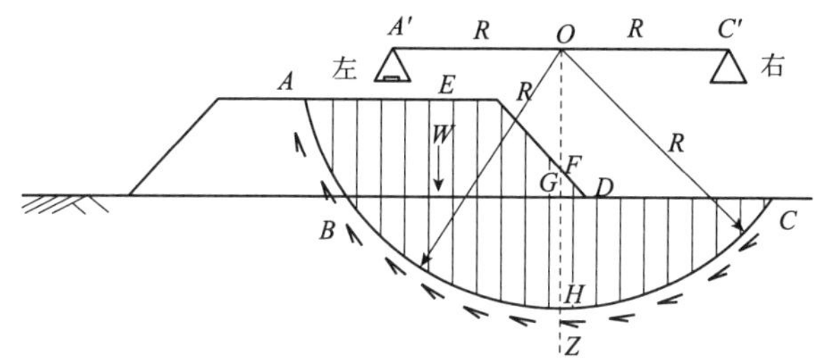


图7-4 圆弧滑动力学模型示意图

$$
\left.\begin{aligned}
M_{滑} &\leqslant M_{抗1}+M_{抗2} \quad \text{地基处于稳定状态(1)}\\
M_{滑} &= M_{抗1}+M_{抗2} \quad \text{地基处于平衡状态(2)}\\
M_{滑} &> M_{抗1}+M_{抗2} \quad \text{地基处于失稳状态(3)}
\end{aligned}\right\} \tag{7-6}
$$

如果在情况(2)时，由于工程需要，路堤还要进行填土，则相当于左盘又添加了重力 $\Delta p$，此时滑动力矩增加了一个 $\Delta p \times A'O$，如果右盘中不增加重力，则得到

$$
M_{滑}+\Delta p \times A'O > M_{抗1}+M_{抗2} \tag{7-7}
$$

此时会发生地基失稳。只有右盘中也添加一个适当的重力 $\Delta p'$，使得 $\Delta p \times A'O=\Delta p' \times OC'$，才能使两边平衡而避免地基失稳。在此必须说，$\Delta p'$ 不一定要等于 $\Delta p$，因为除了重力之外，还有个力臂可以被利用。此外，地基强度也是个可以利用的因素，因此设计者或施工方在此有多种有力措施可以选用。

当路堤要增加 $\Delta p$ 时，有两种处理方法可以保住地基稳定：

(1)等待在路堤重力 $p$ 作用下地基固结而增长了一个 $\Delta c$ 的强度，且 $\Delta c \times AO \geqslant \Delta p \times A'O$，此时可以加上 $\Delta p$，为了促使 $\Delta p$ 加上去的速度加快，可以利用地基强度增长原理的薄层轮加法填筑技术，这是增加 $\Delta p$ 最快最安全的方法。

(2)利用在右盘中加一个 $\Delta p'$，通常这个 $\Delta p'$ 就是反压护道。反压护道的加法值得重视和研究，反压护道应多宽多厚，这涉及反压护道可产生的反压力矩有多大，同样体积的土体，对 $O$ 点产生的力矩有大有小，当然以最大为好，这就是采取优选的合理措施。在珠江三角洲一般6m高的路堤，极限填土高度3m，则反压护道高1.5～2.0m，宽16～20m，这是经验，不是最优方案，是常规方案。

## 第三节 稳定分析原理在处理滑坡事故中的应用实例

### 一、工程概况

广东省沿海某高速公路在K23+233至K23+273共计40m长路段，该路段位于通道承台附近，路堤填高7.09m，2005年12月建成通车，2006年初就出现路面裂缝，裂缝纵向长40m，横向长7.3m，纵横向裂缝贯通，经2006年一年后裂缝扩大，横向扩大至9.1cm宽，纵向扩大至2cm宽，并发展至坡上和坡脚下，已形成一个整体滑动体。滑动体位于路面由半幅路堤宽。原设计在坡面和坡脚处设置了钢筋混凝土方桩加固地基，用静压桩方式将桩体压入软基中，但未穿透软基，呈悬桩形式。

## 二、工程监测

2006 年 6 月设置监测仪器进行监测，在 K23 + 253、K23 + 263 和 K23 + 273 位置设置了三个监测断面，每个断面设 5 个沉降观测点，分别位于路中、硬路肩、坡顶、坡中和坡脚，再在 K23 + 232 和 K23 + 262 的坡脚处设置两根测斜管。自 2006 年 6 月 27 日开始监测，至 2007 年 6 月 5 日，将近一年的监测结果如下：

(1) 总的沉降监测资料统计入表 7-1 中。

**累计沉降观测统计表**（单位：mm） 表 7-1

| 断面号 | 路中 | 硬路肩 | 坡顶 | 坡中 | 坡脚 | 备注 |
|---|---|---|---|---|---|---|
| K23 + 253 | 59 | 77 | 78 | 65 | 56 | |
| K23 + 263 | 53 | 80 | 84 | 71 | 54 | |
| K23 + 273 | 54 | 70 | 69 | 59 | 51 | |

(2) 从路面和坡面坡脚的表面裂缝连线可以看出已形成滑动体，滑动体已下沉 6 ~ 8.4cm，滑动体侧向位移已达 60mm，由于坡脚下的钢筋混凝土方桩阻止了滑动体的滑出，但滑动体必须及时处理，否则在外界干扰下会发生滑动事故。如何进行正确合理的加固处理，是值得深入讨论的。

## 三、滑坡加固处理措施

(1) 首先将滑动体进行稳定分析。分析按圆弧滑动法进行计算，利用路面和坡脚处的裂缝作为滑动圆弧的上下两个点，计算出最小安全系数及圆心位置、圆弧半径等参数，为加固处理措施的参数依据。计算结果如图 7-5 所示。

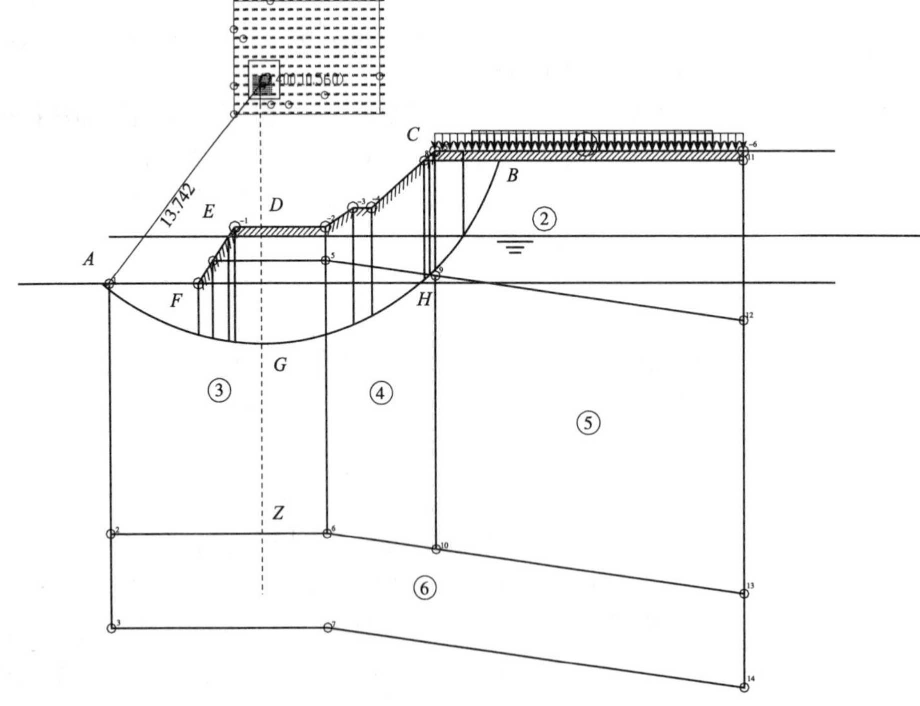


图 7-5 滑动体的圆弧稳定分析图

(2)稳定分析结果。圆心 $O$ 距离坡脚下点的水平距离为 3.40m,垂直距离为 10.56m,滑弧半径为 13.742m。

(3)由滑弧断面通过圆心 $O$ 绘制垂线 $ODZ$,由此可知滑动体 $AGHBCDEF$ 土体被 $ODZ$ 划分为两块,以 $ODZ$ 线为界,右边一块和左边一块。从滑弧滑动稳定分析原理可知,右边这一块 $GHBCD$ 土体环绕圆心 $O$ 作顺时针的滑动运动,左边这段 $FGDEFA$ 土体环绕 $O$ 点作逆时针运动抗滑,此外,还有因圆弧 $AGHB$ 滑动面上的强度 $\tau$ 也是环绕圆心 $O$ 点作逆时针的抵抗滑动。我们假定滑动力矩为 $M_1$,抵抗滑动的两个力矩分别为 $M_2$ 和 $M_3$,当土体处在极限平衡状态时,必须满足如下条件

$$M_1 = M_2 + M_3 \tag{7-8}$$

当我们采取加固措施时必须在式(7-8)中的右边添加一个 $M_4$ 才合理,千万不能在左边加 $M_4$。

(4)目前有的设计人员不了解该圆弧的力学状态,轻易地在路面裂缝下、坡面上进行注浆加固的措施,如果在滑动土体 $AGHBCDEF$ 内注入水泥浆,势必增加这块土体的重度,滑动体的 $GHBCD$ 的体积远大于 $AGDEF$ 体积,则在公式(7-8)中就加大了 $M_1$,滑动体加速滑动,这一点工程设计人员必须有清醒的概念。

(5)正确的加固措施是在 $FE$ 左边加做反压护道,但由于 $FE$ 左边土地不可以被利用,而且要保持加固施工时公路继续通车,则必须在滑弧 $AGHB$ 的滑动带内注浆加固土体,使得土体的强度增大而加大公式(7-8)中的 $M_3$,使得滑动体能稳定。滑弧 $AGHB$ 是个宽 0.8~1.2m 的条带,加固的范围可以控制在 3~4m 宽的条带,不宜太宽。

## 第四节 复合地基稳定分析

复合地基是指在软土地基中加入材料刚度大于软土的桩柱体组成的地基,例如砂桩复合地基、碎石桩复合地基,水泥搅拌桩复合地基,石灰桩复合地基等。这些复合地基中的桩柱体为柔性桩柱体,它们在受力后可以发生变形。桩柱体主要特性就是材料刚度大于软土,但又能受力变形,因此在分析复合地基变形时必须考虑两种材料的变形协调。近年来出现使用混凝土桩或钢筋混凝土桩的复合地基,例如混凝土冲孔桩、预制钢筋混凝土管桩、混凝土筒桩等这些原属桩基的工程措施,设计人员也把它用作复合地基来使用,这就出现概念混乱和计算模糊。在这里暂时给出一个界定标准,凡是完全刚性的混凝土之类的桩体在软土地基中以摩擦桩形式出现的,也就是地面荷载作用下可以产生一定量的地基压缩的,可以认为其属于复合地基的一种。如果是端承桩地基则属于原有的桩基,应该用桩基础理论计算。即使这种摩擦桩形式的复合地基,也只能称为复合桩基,原有的复合地基理论不完全适用于复合桩基。可见目前复合地基不但计算理论不成熟,而且设计理念也是混乱的,在设计中往往采用加大安全度,以不出工程事故为指导思想,造成大量浪费,有时既加大了工程费用又带来了工程质量低下或事故。例如在广东省某高速公路,2000 年出现 100 多米路段的滑坡事故,处理时轻易决定采用所谓 CFG 桩,实际上是混凝土冲孔桩。因造价太高,施工中又轻率地在路肩部分加大桩间距,以达到减少部分造价的目的,如此随意决策,造成投产使用后出现路肩与路堤间的差异沉降过大,路面发生较大开裂的事故。总之,近年来由于复合地基

设计理念不清,随意将桩基改为复合地基带来的事故还为数不少。

## 一、复合地基的极限承载力

复合地基如图7-6所示,有4根碎石桩或砂桩。图中$A_0$为复合地基面积,$A_s$为复合地基中桩间土的面积,$A_c$为复合地基中桩体面积。则有

$$A_0 = A_s + A_c \tag{7-9}$$

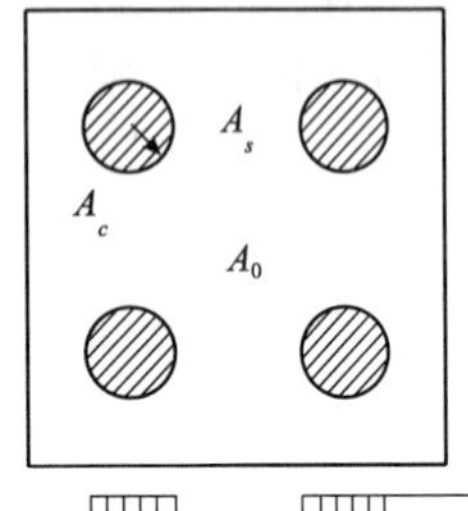


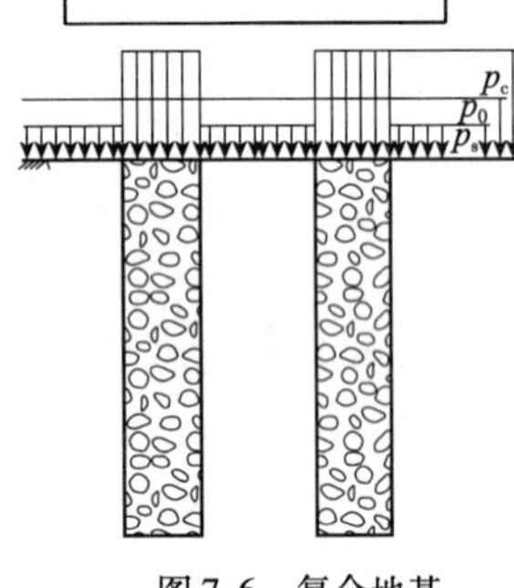


图7-6 复合地基

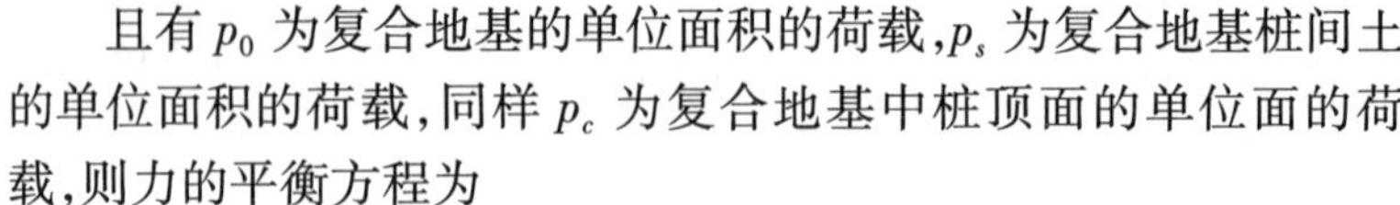

且有$p_0$为复合地基的单位面积的荷载,$p_s$为复合地基桩间土的单位面积的荷载,同样$p_c$为复合地基中桩顶面的单位面的荷载,则力的平衡方程为

$$p_0A_0 = p_sA_s + p_cA_c \tag{7-10}$$

可见复合地基的承载力计算式为

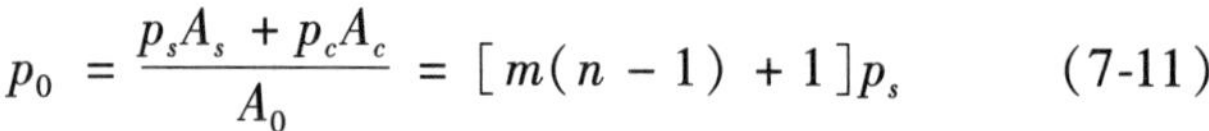

$$p_0 = \frac{p_sA_s + p_cA_c}{A_0} = [m(n-1)+1]p_s \tag{7-11}$$

式中:$m = A_c/A_0$——置换率,含义是复合地基被桩体在平面上被置换掉面积的百分比,置换率越大,桩间距越小,复合地基承载力也大,但造价就越高,设计者应依据工程要求及桩体力学性能设计出最优的置换率;

$n = p_c/p_s$——桩土应力比,它是桩顶单位面积上的力与桩间土单位面积上的力的大小之比。

在复合地基的机理中,$n$的物理意义是:由于桩体刚度大于土的刚度,当上部荷载通过刚性基础传到复合地基的力,会向刚度大的桩体上集中部分应力,造成桩体应力集中的物理现象;从地基来讲,由于桩体应力集中现象,提高了原有的地基承载能力,达到了地基加固的目标;从桩体角度来讲,充分发挥了桩间土的能量,也是提高了地基承载能力;桩土应力比$n$也是一个体现承载力大小的指标,$n$值越大,承载力也越大。目前对于碎石桩、水泥搅拌桩、石灰桩,砂桩等,$n$值在2~6之间调整。当$n$值大于6时已属于复合桩基的范畴。必须指出,由于复合地基需充分发挥桩柱体的力学性能,因此复合地基理论实际上只能适用于刚性基础,而不适用于柔性基础,对于房屋基础、机器基础这类基础均设置有混凝土或钢筋混凝土基础,这是合适的,对于路堤、江堤这类柔性基础,必须在地表做一层厚度50~100cm的砂石垫层,并碾压密实,具有一定刚性的基础,如果没有半刚性垫层,则不会发生应力集中现象,也无法充分发挥地基的承载力。

## 二、复合地基极限承载力

由于复合地基前述几种桩柱长度都在20m范围内,因此复合地基尚可以属于浅层地基。而复合地基的破坏机理是:首先是被加固的桩间土体进入极限平衡状态,紧接着桩柱体进入极限平衡状态,最后才是整个复合地基进入极限平衡状态。因为是浅层地基,桩间土的极限承载力可以用式(7-4)计算

$$p_{sf} = Nc\left(1 + 0.2\frac{B}{L}\right)\left(1 + 0.2\frac{D}{L}\right) \tag{7-12}$$

式中:$N$——承载力因素;

$c$——桩间土十字板强度；

$B$、$D$、$L$——分别为基础的宽度、深度和长度。

此外，利用桩土应力比，桩的极限承载力为

$$p_{cf} = np_{sf} = nN'c \tag{7-13}$$

式中：$N' = N\left(1 + 0.2\dfrac{B}{L}\right)\left(1 + 0.2\dfrac{D}{L}\right)$。

将 $p_{cf}$、$p_{sf}$代入式(7-10)中，经整理后得复合地基的极限承载力计算式为

$$p_{0f} = [m(n-1)+1]N'c \tag{7-14}$$

## 三、复合地基圆弧滑动计算

对于堤坝类的复合地基圆弧滑动的计算，目前尚没有理想的计算理论，主要困难是桩土复合体的强度无法测定，也无法正确计算，只能凭借经验和假设来进行计算。例如图 7-7 所示的复合地基的路堤，地基中加入了一些桩柱体：(1)这些桩柱体可以是半刚性的，如碎石桩、石灰桩、水泥搅拌桩、砂桩等；(2)也可以是全刚性的，如混凝土桩、钢筋混凝土桩；(3)还有一种是柔性柱体，如袋装砂井、塑料排水板等。除了第二种全刚性桩体目前尚无法分析，其余两种在一定假设条件下能推导一些近似的计算公式。

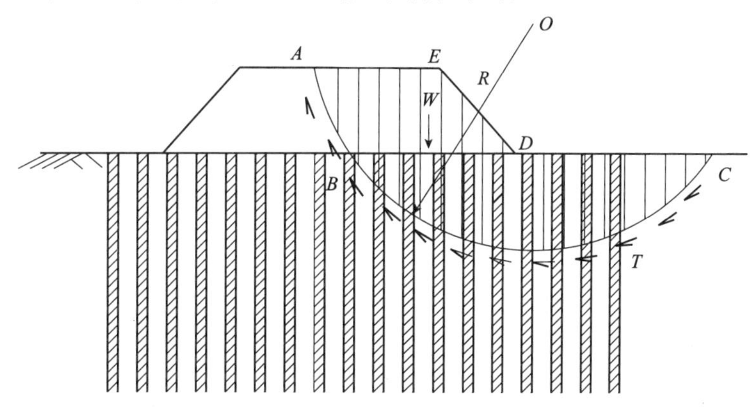


图 7-7　复合地基路堤圆弧滑动示意图

### 1. 柔性桩体计算模式

稳定分析还是采用圆弧滑动法的总应力法计算。以袋装砂井为例，装砂的塑料编织袋能承受一定的拉力，可以起到抗滑的阻力作用。因为它是柔性的，编织袋在抵抗滑动时可以跟随滑弧扭曲抗拉而产生一定的抵抗拉力，此拉力与圆弧相切，故其稳定分析计算式为

$$K = \frac{\sum(c_i l_i + Q_i\cos\alpha_i\tan\phi_i) + T}{\sum Q_i\sin\alpha_i} \tag{7-15}$$

式中：$T$——土工编织袋的拉力；其他符号与前面相同。

### 2. 半刚性桩体计算模式

桩体按半刚性体分析时，实际上是桩体嵌入土体中，与滑动体内的土体、桩体相结合形成一个整体滑动，因此它的稳定分析计算模式为

$$K = \frac{\sum(c_i l_i + Q_i\cos\alpha_i\tan\phi_i) + \sum T(\sin\alpha_i + \cos\alpha_i\tan\phi_i)}{\sum Q_i\sin\alpha_i} \tag{7-16}$$

式中：$\phi_i$——桩体与土体的摩擦角，对于碎石桩复合地基，目前已能做现场大型剪切试验，在珠江三角洲一带取得它的实际强度指标；在天马港试验得到的碎石桩直径100cm，间距150cm，复合地基的$c=10\text{kPa}$，$\phi=42°$。

3. 工程实例

(1)广东省三水市佳能高能电池厂竖向加筋体滑坡处理事故按柔性桩体模式设计计算：

①工程概况。该厂位于县城西郊大棉河岸边滩地坡顶上，建有三座厂房，厂房沿着岸边排列。厂房地平面高程为6.50m，坡率为1∶1，坡下为台地高程3.50m，台地宽20m，紧接着是大棉河，河底高程为1.0m，河宽50m。在台地与河道之间修筑一座浆砌块石挡墙为直立式驳岸，挡墙高3.5m，宽1.0m。厂房为单层框架结构，钢筋混凝土桩基，桩端支撑在风化岩上。厂房建成后地基处于稳定状态，内部机器尚未安装，但台地开始填土，计划在台地上修筑厂区道路，路面高程为6.5m，此时适逢水利部门汛期前在大棉河内清淤疏通河道，当即造成地基大量淤泥挤入河中，岸边土体发生滑坡，200m长地段的地基发生失稳，大片台地下陷2～3m，挡墙滑移3～4m，倾斜断裂，厂房内地坪也滑移，整个厂房混凝土底板脱落掉下2.5m左右，屋架由桩体支撑如空中楼阁，个别桩体还被剪断，幸好采用的灌注桩进入岩层，使厂房没有倾倒。显然，这是由于坡脚下挖淤，坡顶上加载的双重破坏条件使得岸坡突然失去平衡。这是一个典型的挖墙脚破坏工程实例。

②工程的地质条件。表层2m多素填土，主要成分为亚黏土，第二层为7～9m厚的高含水率有机质淤泥，呈饱和状态，含水率大于60%，含有树根等腐殖质，固结快剪强度指标为$c=5\text{kPa}$，$\phi=1.6°$。

③地基加固处理。加固处理的主要对象是第二层淤泥，需要解决两个方面的技术问题：

a. 厂方要求快速填土，尽快修复厂房，早日投产，防止快速填土下再次发生滑动；

b. 利用排水固结，快速增长土体强度，并以竖向加筋体模式加固失稳地基。

为此设计密集型袋装砂井，砂井直径70mm，间距80cm，三角形布置，砂井长13m，穿透淤泥层后进入亚黏土大于3m。在200m长，30m宽区域范围内共设置11000多根砂井，砂井施工后铺设50cm厚的中粗砂为砂垫层，然后立即填土。共分三次填筑，每次厚1m，碾压密实，日夜施工，10天填完，台地填到高程5.0～5.5m，施工后地基处于稳定状态。

稳定分析采用圆弧滑动法的总应力法计算。滑弧经过由砂井和土体组成的复合体，以柔性复合地基模型计算。砂井进入亚黏土3m，可以作为一个固定端考虑，使砂井的编织袋发挥抗拉作用，以增强抗滑稳定性。此外密集型砂井加快排水固结速度，增强淤泥的强度。计算按式(7-15)，计算结果统计入表7-2中。从表中可以看出，天然地基的安全系数为0.66，如果此时不加固地基，填土时会继续发生滑动。当砂井具备10kPa的抗拉力时已趋向稳定，当抗拉力达到15.6kPa，已满足规范要求的稳定控制要求。实际工程情况几乎完全符合稳定分析和竖向加筋的加固机理。因为在200m滑坡两端还有100m地段未曾填土，也未发生滑坡，原建议厂方一起加固400m长，但厂方为节省资金而不同意，结果当地基加固后，先填筑加固段200m，并整平碾压好后再分别填筑两端各100m，当填到顶后又发生更大的滑动，滑出5m多，下陷3m，挡土墙推移5m。地面出现大的裂缝。但滑动裂缝沿着地面纵向延伸入加固区20m后渐渐休止，两端都是如此。可是加固区地基及填土没有任何移动，证明袋装砂井除了提高土体的强度之外，此时主要起到了阻止土体滑动的竖向加紧体的作用，这个分析和加固机理是理想的，达到了预期加固效果。

**柔性体复合地基稳定分析汇总表** 表7-2

| 组次 | | 一 | 二 | 三 | 四 | 说明 |
|---|---|---|---|---|---|---|
| 土的强度指标 | c(kPa) | 5 | 5 | 5 | 5 | 填土指标为：$c=15\text{kPa}$ $\phi=25°$ |
| | $\phi$(°) | 0 | 1.6 | 1.6 | 1.6 | |
| T(kPa) | | 0 | 8 | 10 | 15.6 | |
| K(安全系数) | | 0.66 | 0.95 | 1.01 | 1.15 | |

(2)广州莲花山码头碎石桩处理滑坡事故，是以半刚性桩体模式设计计算：

①工程概况。广州番禺莲花山港区地基属高含水率空架结构软土区，软土含水率大于80%，在填土2m厚下自然下沉量可达60~70cm，因此港区内长期以来大楼下沉、围墙开裂、场地下陷、码头滑动这类事故时有发生。被加固的莲花山码头已先后滑动三次，部分桩体已被切断，带病工作，并且只能在码头面堆载，后方已不能堆载。

②土质情况。码头区地面高程为105.8m，第一层土厚为4m，由黄色亚黏土厚1m的面层和吹填细砂组成，标贯击数为4击，第二层土厚度为8.5m，灰黑色淤泥，含水率为63%~87.5%，天然密度1.44~1.59g/cm$^3$，孔隙比为1.78~2.4，压缩系数(1.11~1.99)×10~3kPa$^{-1}$，直剪固快$c=3\sim9\text{kPa}$，$\phi=2.5°\sim5°$，承载力小于40kPa；第三层为砂土，上部3m为中砂，下部8m为中密状粗砂和砂砾；第四层为坚实的亚黏土；第五层为砂岩。从土质资料可以看出，主要加固对象是第二层8.5m厚的超软弱淤泥，这类高含水率空架结构淤泥用一般碎石桩加固难度很大。

③大粒径碎石桩加固高含水率空架结构淤泥。以往所谓碎石桩，是用振冲器制桩，石料粒径为5~8cm，要求软土的十字板强度为15~20kPa。国内在天津长芦盐场加固了十字板强度为16.4kPa，这是最小的强度。现在面对要加固的莲花山码头软土的强度约10kPa左右，因此如果使用5~8cm粒径的石料，成桩很困难，为此经过试验后改用粒径15cm占总石料总量50%的大粒径碎石桩，仍然用ZCQ-30型振冲器制桩，但施工工艺作相应改进，例如振冲器进入淤泥层后水量应改小，便于护壁和成桩。再如桩直径一般大于90cm，因此桩间距等均要相应调整。

④莲花山码头后方堆场加固工程。莲花山码头堆场原为天然地基，已先后滑动三次，为此在加固之前在加固区内先做个试验。试验桩间距1.4m，桩长11.5m，已穿过第三层淤泥进入第三层砂层0.5m，由16根桩直径为90cm的碎石桩组成复合地基，面层为50cm厚的碎石垫层。用2m×2m荷载板压中间4根桩，板是搁置在4根桩顶上。按规范规定做大型荷载试验，当沉降为$0.02B$($B$为板宽)的相应承载力为278kPa，$E_0=11226\text{kPa}$，可见大粒径碎石桩加固效果比较明显，它已能加固莲花山码头的堆场地基。

⑤大粒径碎石桩加固超软的地基，按半刚性复合地基设计计算。首先对原有驳岸和码头进行稳定验算，用通常的总应力法，用最大的强度指标，算得码头无荷载作用时的安全系数为0.98，当码头面有10kPa荷载作用时的安全系数为0.85，如图7-8所示，可见地基不加固是处在不稳定状态。设计时在滑动带设置8排大粒径碎石桩，间距1.5m(前方)和1.8m(后方)两种，桩长13m，桩径90cm，按公式(7-16)半刚性体模型计算，算得安全系数为1.2，

可见码头区可以达到稳定状态。按设计施工，在施工完成后3个月测得桩间土标准贯入击数为10击，后来码头一直处于稳定状态，部分被切断的桩体得到加固。驳岸加固时，碎石桩从距离驳岸5m开始，因挡墙下有块石而无法施工。地基加固后，挡墙修复并处于稳定状态，且此时在驳岸后方堆场已投入使用，堆放砂石料高5m左右，荷载重达100kPa，最后测得地面下沉量为23cm，加固取得完满成功。

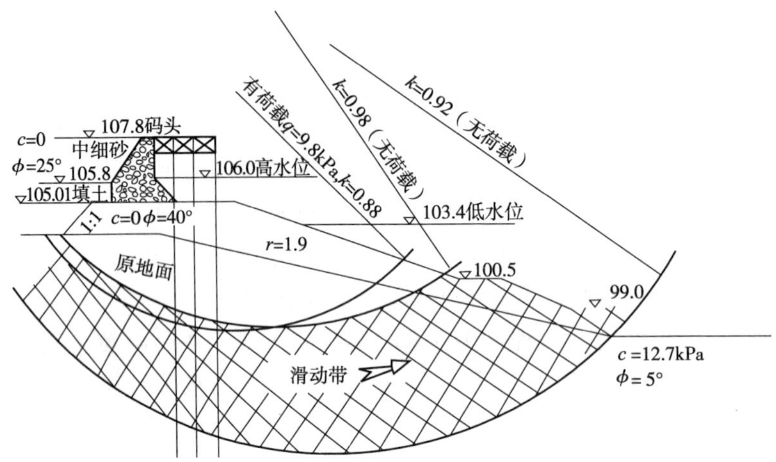


图7-8　莲花山码头滑动分析图

# 第二篇

# 饱和软黏土地基的加固技术

饱和软黏土地基由于地基承载力低下，不能满足工程建造要求，为此需要对地基进行加固和处理，使加固和处理后的地基能提高承载力，满足工程对地基的稳定条件和工程对地基的沉降和工后沉降要求，确保工程建造过程中的安全稳定，工后的安全运转舒适，以及能抵御各种自然灾害的侵袭等相关的工程质量要求，使地基能安全承担应有的功能。

软土地基的设计者和工程建造人员应具备三个方面的基本知识：①对所建造的工程特性及对地基的要求必须掌握。例如高速公路和高速铁路除了了解地基的承载力要求之外，对地基的沉降过程、总沉降量和工后沉降量也应有明确的了解；再如矿石堆场、港区堆场、集装箱堆场，大型储罐等，可以在初期投产使用时控制加载来加固地基，达到省钱、安全、优质的目标。②设计工程建造者应对软土地基的土性、勘察资料有充分了解和掌握。例如软土层中是否含有夹砂层，这些透水层可以对地基加快固结、提高强度起到良好的作用；再如软土层中是否夹有特别软弱的有机质土，这种土危害极大，要特别小心；又如勘察深度是否足够，如广东西部沿海高速公路有的路段因勘察疏忽，漏掉下部 3m 淤泥，造成超载，最后铺填 20 ~ 30cm 厚的填土而发生大滑动，给工程带来被动局面。③工程人员应对加固软基的各种方法有所了解并掌握它的特性。目前加固方法种类很多，五花八门，同一种方法，却用不同名称，使用者应特别小心。例如明明是混凝土冲孔桩，却偏要称它为 CFG 桩；再如高含水率淤泥土是无法挤密的，设计者盲目使用 $\phi40 \sim 50$cm 直径的砂桩去挤密淤泥，由此造成事故者屡不见鲜；再者，20 世纪 50 年代的砂井就是这种现在被称为挤密砂桩的同样方法。总之，设计者将这三方面的知识都掌握了，设计出来的软基加固必定是优秀方案；工程建造者掌握了这三方面的知识，必定在使用软基加固方法时，能得心应手并快速优质地完成工程。

本篇所讨论的软土地基加固方法是加固松软地基的 5 个大类：置换法、排水固结法、动力加固法、胶结法和加筋法，以及近期发展的复合桩基法及两种或三种加固方法联合使用的复合加固方法，每种方法讨论它的特点和适用范围、设计和施工的注意事项、检验和监测方法及工后效果，并举有实例示范及事故教训等。必须指出，松软地基中关于松砂的加固不属本书讨论的范围。

置换法主要指浅层换土或碾压法地基。排水固结法主要有：天然地基堆载预压固结法，砂井塑料板排水固结法，真空预压法，真空联合堆载法等。动力加固法中有强夯法加固软土地基，砂井塑料板强夯动力固结法，强夯块石桩法。胶结法是指水泥胶结和石灰胶结，其中有水泥搅拌法，旋喷桩法，石灰桩法。加筋法中有加筋土，土工化纤织物垫层，袋装砂井和塑料板竖向加筋土法。关于复合桩基是指混凝土冲孔桩和预制钢筋混凝土管桩及混凝土筒桩加固软基的方法，复合加固方法是指两种加固方法复合使用等。

# 第八章　软土地基的置换法

所谓置换法就是将饱和软弱淤泥挖除而用好土如砂土等将其替换掉,或称换土法。置换法是有条件的,它只能将表面一定厚度范围内的软土挖除,太厚太深的软土难于挖除。一般情况下 3m 厚以内的淤泥层可以挖除,超过此范围很难挖除。挖除后通常换成砂土为好,以中细砂最合适。沿海一带、珠江三角洲、长江三角洲的鱼塘很多,分布很密,在建造高速公路、高速铁路、工业开发区时通常遇到,必然会有淤泥挖除和换填砂土的问题。例如设计者经常要求清除鱼塘底面 50cm 厚的浮泥。这些浮泥含有大量腐殖质,是鱼虾的饲料、粪便、尸体等有机物质,留在地基中危害很大,是地基滑动的润滑剂和沉降的促进剂,必顺挖除。但挖除这些淤泥的工序非常困难,无法使用机械,人工又很慢,以往常采用抛砂或抛石挤淤法处理。实际上是很难挤干净的,挤淤的结果往往是留下许多大大小小的淤泥包,为工程带来不均匀的地基。长期以来没有找到理想的方法。如今找到一个高速水流切割法挖除淤泥,这是一个好方法,现介绍如下。

## 第一节　高速水流切割法快速挖除淤泥

顾名思义,高速水流切割淤泥就是用高速的射水去切割塘泥。所要求的机械是一台泥浆泵,2 ~3 个人操作即可。首先将鱼塘水排干,在鱼塘中间用射水泵冲出一条泥沟,一端高一端低,在低处形成一个集泥浆的小坑,将泥浆泵置于集泥坑中,用两只小浮筒抬着泥浆泵,泥浆泵将收集到的泥浆用管道输送到弃泥区,输送距离可以达数公里。鱼塘的另一端有一位工人,身穿橡皮衣,手持射水泵管口用高速射水流向两边浮泥沿水平向一层一层切割,切割下来的淤泥与所射出的水体混为泥浆,集中到中间的垄沟流向集泥坑用泥浆泵输送出去。这样一层一层切割割除淤泥,干净利落,保质保量,快速完工。我们在深(圳)汕(头)高速公路软基试验路段 375m 长路段中试验使用成功后,在 9km 软基路段中方便地使用了这个方法,带来的好处是该路段工后沉降很小,工程投入使用已近十多年,实践证明效果很好。必须指出,这种高速水流切割法挖除淤泥技术,是借鉴了江苏省兴化市某水力挖塘公司用来建造陆地水库、处理大型湖泊湖底淤泥的方法。例如南京玄武湖的环保站湖就使用了这种技术。这种技术也是 20 世纪 50 年代江苏省里下河地区农民挖淤晒塘的方法。

## 第二节　换填土的压实技术

淤泥挖除后通常回填砂土,如何压实砂土,原本不属于软基处理的范围,这里借用这一节简单讨论。因这个问题是工程中常出现的问题,有时工程技术人员掌握不到要领,而带来许多困难。这里的关键问题是干砂压不实,而遇水后就振密。现举一个大型工程实例:20 世纪 90 年代初,海南岛建造三亚机场,当机场路道已做到底基层时,出现砂土压不实而无法达到设计指标，这将延误建造路面的工期，为此通过海南岛、广东两省领导将这一技术问题交由广东省建总的技术部门去解决，笔者参与了此事。原来施工单位用洒水车洒水后再用振动压路机碾压，这样大型机械施工速度较快，但密实度达不到设计指标。笔者建议用人工充水碾压，为加快碾压速度，改用西安水利机械厂出产的 60t 非自行式振动压路机碾压，结果解决了此问题，工程如期完成。这里的问题是洒水车行驶速度很快，振动压路机行走速度只有 5km/h，而海南岛夏季气候火热，在阳光暴晒下水分蒸发很快，待振动压路机碾压时砂土已蒸发成干砂，干砂是无法压密的。这里可以看出，基本概念是充水振密，工程人员也知道此原理，但对天时地利条件未能掌握好，造成干砂无法振密的问题。

# 第九章 强 夯 法

强夯法是20世纪70年代由法国梅纳(L. Menad)首次发明并应用于法国某海滩地区一个住宅开发区的砂性土地基加固,取得成功。强夯法加固松软地基由于具有功效显著、施工简便、造价低廉等优势,自1970年梅纳应用于工程实践并取得成功后,迅速为地基工程界所采用和推广,在水利、港口、化工、电厂、交通、机场、场地等工程中广泛采用。目前国际上以梅纳公司200t铸钢锤为最重,用专用机车起吊,落高20m,单击夯的能量达到40000kN·m。我国最大的夯锤质量48t,用起重机并设计一个专用架起吊夯击,曾用于加固陕西蒲城电厂的黄土地基。强夯法经20多年的发展,已用于水下地基加固以及淤泥地基加固。我国于1978年在天津新港首次使用强夯法加固港区的淤泥地基,并取得良好的效果。但是加固淤泥地基是有条件的,不是随意可以用强夯法来加固淤泥的。它首先要具备表面一个硬壳层,这个硬层与淤泥的软弱程度和厚度有关,在珠江三角洲一带要求此硬壳层的厚度为不小于3m。其次,淤泥无法挤密,当然也无法夯密,对于黏性很大、无排水条件的地基,应在淤泥中设置排水通道如袋装砂井、塑料板等,尔后再夯。

关于强夯法的理论近30多年没有太大的发展,因此设计者在设计强夯法时往往凭借经验或借鉴其他工程的经验来进行。目前对强夯法的设计唯一要求的是加固深度,即使这样,加固深度也是用一些经验的公式进行计算的。对于什么样的土性,有多大的承载力要求,用多大的夯击能,夯点间距多大,夯几遍等均无理论计算依据,因此强夯法的设计难度很大。

## 第一节 强夯法加固深度计算理论分析

强夯法除了有个强夯法加固深度的计算理论之外,只有一个经验的按土类不同而需施加的平均夯击能量,如泥炭土4000~7000kN·m/m$^2$,砂性土500~1500kN·m/m$^2$,黏性土1500~4000kN·m/m$^2$,没有其他方面可供计算的理论依据。此外,所谓收锤标准,规范上都用达到两锤之间夯沉量为5~10cm时为收锤标准,这个标准不分条件,不分土类,不去分析地基状况,随意规定,大家也只得随意使用。本节对强夯法加固深度的计算理论进行分析,因为加固深度在软基加固中是一个重要因素,设计者应有明确的概念。目前在强夯法加固深度计算理论中有三个计算式,现介绍如下。

1. 梅纳经验公式

梅纳在推出强夯法时也同时推荐一个加固深度的经验公式如下

$$Z = \sqrt{HW} \tag{9-1}$$

式中:$W$——锤重力(kN);

$H$——落高(m);

$Z$——加固深度(m)。

式(9-1)看起来像一个能量计算式,实际上又不完全如此,因此它只是个经验公式。这个公式在实践使用过程中偏大,有时偏大一倍。而且不同的土类偏大的程度也不同,为此在使用中进行了修正。

2. 修正梅纳经验公式

修正后的公式如下

$$Z = k\sqrt{HW} \tag{9-2}$$

式中:$k$——小于1.0的修正系数,一般为0.4~0.8;

其他符号与式(9-1)相同。

这个公式存在的问题有三个方面:①它与被加固的土的类别没有关系,而实际上肯定是有关系的;②没有考虑锤底面积的大小,同样质量的锤,它的底面积大小不一,在同一高度落下来,它的加固深度应当是不同的;③公式的量纲也不确切。

3. 左名麟公式

我国左名麟提出的计算式是考虑了夯击能与振动波的形式及在土体内传播有关,这个理论比起梅纳公式有很大进步。左氏公式为

$$Z = \frac{k\sqrt{HW}}{v_p\alpha} \tag{9-3}$$

式中:$v_p$——夯击引起的土体内纵波传播速度(m/s);

$\alpha$——土的能量吸收系数(s/m);

$k$——大于1的常数,规定一般为3~5;

其余符号同前。

虽然左氏公式考虑了夯击能量以波的方式传递,还考虑了土体吸收波能的性质,但式(9-3)还是沿用了梅纳公式的基点,即$\sqrt{HW}$,因此不得不再用系数$k$;此外,公式的量钢也是不确切的,与原梅纳公式有相似的缺陷。左氏公式没有考虑夯击能在土体中发生的应力应变状态,因此这在理论上是一大缺点。

## 第二节　强夯法加固深度计算理论

### 一、基本理论

当一个夯锤从高空落下来时,夯锤在接触地面的瞬间,产生巨大的冲击能量,这种冲击能量相当于一个点振源,作用在半无限体的表面。点振源发出能量在半无限体内以三种波的形式向土体内扩张,扩张形式以点振源为能源中心,以同心圆的三种波的形式向外扩张,三种波就是表面波(又称瑞利波)、压密波和剪切波,如图9-1所示。

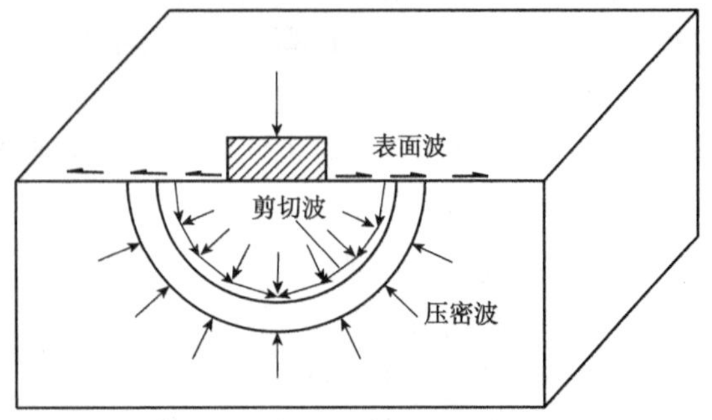


图9-1　半无限体内三种波传递方式示意图

表面波的能量绝大部分局限在半无限空间体的表面附近,而且与传递半径的二次方成反比迅速衰减,这部分能量与土体加固关系不大,但它可以计算出强夯对邻近建筑物的影响半径,它的能量大小,按地震波理

论约占总能量的67%；剪切波的运动性质是在土体内发生剪切作用，它可以松动土颗粒结构，使土的结构松动后有利于土体压密，因此这部分能量是有利于地基加固的，是可以被利用的；第三种是压密波，它是压密土体的，也是有用的。第二种剪切波（纵波）和第三种压密波的能量传递方式与传递半径是一次方成反比衰减，它们合计占总能量的33%。由此可见，对强夯加固来讲，这三种能量中可以被利用的剪切波和压密波的概念非常清楚。

## 二、强夯加固深度计算理论

由前述分析可知，当夯锤重 $W$，落高 $H$，锤底面积为 $S$ 时，锤底单位触地面积能量为 $WH/S$。这个能量在土体内传递衰减与距离的一次方成反比，并且这个能量的部分以表面波形式扩散，在土体内产生的动态应力分布计算式应为

$$\sigma_0 = \frac{kWH}{S(a+R)} \tag{9-4}$$

式中：$R$——能量传递半径（m）；

$a$——夯坑深度（m）；

$k$——能量利用系数，对饱和软黏土地基，软土接近弹性体，$k$ 为0.3左右；

$\sigma_0$——强夯能量所产生的动态应力分布（kPa）；

其余符号意义同前。

众所周知，强夯施加的动应力相当于附加应力，这个附加应力随着深度加大而衰减，那么衰减到多少就无利用价值，这里可以借用附加应力产生的压缩厚度的概念，即

$$n = \frac{\sigma_0}{\gamma z} \tag{9-5}$$

式中：$\gamma z$——地基土的自重应力（kPa）；

$z$——深度（m）；

$\gamma$——地基土的重度（$kN/m^3$）；

$n$——动应力传递系数，按规范规定，当 $n=0.15$ 时为压缩层厚度最底的位置。

式（9-4）中的 $R$ 在铅垂方向就是 $z$。坑深度 $a$ 可以由两种方式决定：①由每击夯的夯坑深度，取其平均值定为 $a$ 值；②取最后一击夯坑深度定 $a$ 值。

将式（9-4）和式（9-5）合并后得

$$z(a+R) = \frac{kWH}{n\gamma S} \tag{9-6}$$

略去高阶微量得

$$z = \frac{kWH}{an\gamma S} \tag{9-7}$$

式中：$W$——锤重力（kN）；

$H$——落高（m）；

$S$——锤底面积（$m^2$）；

$\gamma$——地基土的重度（$kN/m^3$）；

$k$——能量利用系数；

$n$——应力传递系数；

$a$——夯坑深度(m)。

式(9-6)与土质、锤底面积大小、夯击能、夯坑深浅、夯击能的传递状态以及压缩层大小等因素有关,这个公式涉及因素比较符合实际情况。

## 三、工程计算实例——南京扬子石化公司

扬子石化厂位于南京大厂镇的长江边滩地上,该公司的污水处理厂占地面积16万$m^2$。地基土质情况为:第一层为1.6m的亚黏土,为填土层,呈软塑状:第二层为2.5m厚的轻亚黏土,呈流塑状;第三层为11m厚的淤泥质黏土夹薄粉砂层,呈流塑状,含水率为41.6%。具体土质见表9-1。

扬子石化污水处理厂地基土质资料汇总表　　表9-1

| 土的名称 | 土层厚度(m) | 含水率$w$(%) | 干重度($kN/m^3$) | 孔隙比$e$ | 饱和度(%) | 液限$W_L$(%) | 塑限$W_P$(%) | 塑性指数$I_P$ | 压缩系数($m^2/kN$) |
|---|---|---|---|---|---|---|---|---|---|
| 亚黏土 | 1.6 | 31.9 | 18.7 | 0.903 | 96.3 | 34.6 | 23.1 | 11.5 | 0.0004 |
| 轻亚黏土 | 2.5 | 37.4 | 18.5 | 0.991 | 98.2 | 30 | 20.3 | 9.7 | 0.00027 |
| 淤泥质黏土 | 11 | 41.6 | 17.6 | 1.196 | 95 | 35.7 | 22.5 | 13.2 | 0.00081 |

在设计施工前做了个试验区,试验区面积25m×25m,共布置121个夯点。

(1)设计要求加固深度大于10m,夯沉量大于50cm,承载力大于120kPa。依据设计要求采用夯锤15t重,落高16m,锤体为底部120°锥体钢筋混凝土锤,直径2.1m,底面积为3.456$m^2$。在试夯时测得夯坑平均深度$a=2m$。将各参数代入式(9-7)算得加固深度为14.6m。

(2)观测仪器布置。在地面下2.5m、4m、8m、12m及15.5m处分别埋设了动态和静态孔隙水压力传感器,测定夯击时孔隙水压力传递状态。在夯点中心垂线上,每隔1m放置一只磁环式深层土沉降标点,夯击后挖出中心道管,探测深层土的压缩状态;夯坑外2m处设置了深层土的侧斜管,测定夯击引起深层土的侧向变形。此外,在夯前夯后的夯坑内做原位土的强度测试,含有十字板剪切试验、标准贯入试验、静力触探试验及旁压试验,测定夯击前后地基土的强度变化。最后用3m×3m荷载板做夯前夯后大型荷载试验。用这一系列的测试来确定夯击的效果。

(3)试验结果。通过试验区的各种测定应力应变的传感器,测得地基土在经过夯击后的成果如下:

①大型荷载试验结果:夯前地基承载力为70kPa,夯后为156kPa;

②以淤泥质黏土为例:夯前十字板强度46kPa,夯后130kPa;标准贯入击数夯前1.5击,夯后6.9击,静力触探夯前为1180kPa,夯后为3300kPa;

③在地面以下15.5m处测得夯击引起的孔隙水压力为11kPa;

④深层土的压缩变形是通过夯点下埋设的磁环式分层沉降标点测定,测得结果是:30号夯坑实测的压密变形的深度为15.4m,28号孔的压密变形深度为11.5m;

⑤通过第122号夯坑测定:距夯点中心2.8m处的深层土侧向位移影响深度为15m,距夯点中心5.5m处的深层土侧向位移深度为8m。

夯区平面夯沉量分两步测完:

①测定夯坑体积；

②测定夯后整平场地用20个测点，结果测得地坪夯沉量为60cm。

以上试验区的各种应力应变实测资料可以看出，采用单点夯击能2400kN·m，夯锤面积3.456$m^2$，强夯的结果已能达到设计要求，加固深度也能超过10m，承载力大于120kPa，夯沉量满足大于50cm的要求。

## 四、计算结果

计算参数为$W=150$kN、$H=16$m，$\gamma=7.9$kN/$m^3$（水下为浮重度，地下水位位于地面下1m）、$a=2$m，取$k=1/3$。当$n=0.1$时，将上述参数代入式(9-7)，算得强夯加固深度为$z=14.65$m左右。可见公式(9-7)的计算结果与各类仪器的测试结果较吻合，公式(9-7)是合理的。

## 五、结语

强夯法的加固深度计算理论涉及强夯时地基土内的加固机理及土动力学的问题，是一个比较复杂的问题。计算公式不能搞得太复杂而致失去实用价值。本节讨论的计算机理较为明了、简便，并且用了许多应力应变仪器测定地基土夯前夯后的加固效果，论证了公式(9-7)的实用性，达到了概念清晰、正确可靠、计算简便、易于实用的目标。

# 第十章　饱和软土的排水加固技术

## 第一节　概　　述

对于饱和软土地基，为了提高地基承载能力，消除或减少地基沉降，工程技术人员往往采用地基排水加固技术来达到这两个目的。本章要介绍的就是地基排水加固法，又叫地基脱水加固法。

众所周知，饱和软土是由水体加土粒骨架组成的两相体，当外界荷载作用在饱和软土地基的瞬间，即 $t=0$ 时刻，土体内由荷载产生的附加应力全部由土体孔隙中的水体来承担，这个孔隙水所承受的压力称孔隙水压力，或称超静孔隙水压力，以区别静水压力。孔隙水受力后必然由高压区向低压区流动，而孔隙水压力也逐渐降低，这被称为孔隙水压力消散。孔隙水压力的消散伴随着孔隙水的排走，土体受到压缩，也就是土体固结，同时土体的强度也随着增长。由此可知，孔隙水压力的消散过程就是土体的压缩固结过程，也是土的强度增长过程。这就是太沙基固结理论的基本概念。对于工程来讲，必须在建筑物施工前提高地基的强度，减少或消除地基在建造过程中或之后发生不许可的沉降或差异沉降。

孔隙水的排走，通常有三条途径：一是在地面上施加荷载，促使土体内孔隙水排走，这个荷载叫做预压荷载。为了加快排水速度，人们在地面上铺上使孔隙水可以畅通排走的砂垫层，这叫做砂垫层预压法。后来人们又设法在被加固的土体内部设置排水通道，使预压速度更快，效果更好。土体内的排水通道最早用砂井做，砂井又分打入式砂井、水冲式砂井、袋装砂井，近年又发展了纸板或塑料排水板。这些新技术、新工艺的发展，其目的是为了加快预压速度，提高预压效果、降低成本、保证质量。二是在土体内的规定地点施加一个负压，造成压力差，诱使孔隙水向负压区汇集起来被排走。例如真空排水法、降水排水法等。三是利用电能在土体内造成一个电势差，利用水分子是极性分子的特性，驱使土体中的孔隙水向规定的地点转移，然后被排走，这叫做电渗排水法。以上三类方法都是将孔隙水排走，所以总称“排水加固技术”。

这类排水固结方法应用很广，历史悠久，成功的工程实例也不胜枚举，实践经验比较丰富，设计理论也较为成熟，但是这类方法加固时间较长，预压所需的荷载费工费时，电能又贵，因而它的优势正在丧失。因此，人们正在利用这一古老技术原理向前发展。

## 第二节　排水预压加固技术

### 一、排水预压的概念

预压加固就是在拟建的建筑物地基上，预先施加一个略大于设计荷载的荷载，使得地基土随时间产生足够的固结，然后将预压荷载卸去，进行建筑物施工。这种预压加固法能提高地基的承载力，减少建筑物的沉降。

通常使用堆土作为预压的荷载，也有时用水作为预压荷载。例如一些大型储罐体、大型水池等，可以利用这些储体来控制加载；还可以利用大气压力，这是在地面上铺层不透气的薄膜，膜下抽真空造成的膜上的大气压力进行预压加固地基。

预压加固法的缺点是加固期长，有时满足不了工程要求，为此，一般都与砂井法联合使用，这就是所谓砂井预压法。

## 二、设计理论

设计的任务是确定预压荷载的大小，如何分级加载，以及预压时间的长短。一般情况下，预压总荷载为设计荷载的120%。为保证在加载预压过程中地基不失稳，同时尽可能缩短预压时间。为此，依据地基土的特性，应该分级加载，并且前几级荷载在地基承载力以下可以加大一些。一般情况下，整个预压时间控制在6~10个月为宜。假定设计计算所得到的最终沉降量为$S_\infty$，在预压至$t$时刻测得的沉降为$S_t$，则一般满足下列条件之一时可以结束预压

$$S_\infty - S_t < S_a \tag{10-1}$$

$$S_t/S_\infty = 0.8 \sim 0.85 \tag{10-2}$$

式中：$S_a$——拟建构筑物的容许沉降量。

在实际工程中$S_a$不易确定，故大多采用式(10-2)来作为确定预压结束的准则。在使用这些条件时，需要确定$S_\infty$值，而确定$S_\infty$的方法有很多，在此介绍两种常用的方法。

### 1. 双曲线法

世界上很多事物的规律可以用一条数学曲线的轨迹来描述，例如人口的年龄和数量，可以用正态分布曲线来表示。同样，黏性土的沉降与时间关系也可以用双曲线和指数曲线来表达。我国华东地区一带的软土用指数曲线表达比较好，而珠江三角洲一带的高含水率、高压缩性软土用双曲线法来表达比较理想。双曲线法表达如下

$$S_t = S_0 + \frac{t - t_0}{\alpha + \beta(t - t_0)} \tag{10-3}$$

式中：$S_t$——预压至$t$时刻的沉降量；

$S_0$——任选一个起点$t_0$时刻的沉降量；

$\alpha$、$\beta$——两个参数。

将式(10-3)改写为

$$\frac{t - t_0}{S_t - S_0} = a + \beta(t - t_0) \tag{10-4}$$

从式(10-4)可以看出，以等式左边为应变量，$(t-t_0)$为自变量，绘制曲线，可以得到纵坐标截距为$\alpha$，斜率为$\beta$，则再由式(10-3)可以求得$S_\infty$值，即

$$S_\infty = S_0 + \frac{1}{\beta} \tag{10-5}$$

### 2. 星楚和法

日本星楚和提出沉降计算公式为

$$S_t = S_0 + AB\frac{\sqrt{t - t_0}}{\sqrt{1 + B^2(t - t_0)}} \tag{10-6}$$

式中：$S_0$——开始加载后产生的初始沉降量；

$t_0$——为 $S_0$ 的对应时间；

$A$、$B$——参数。

将式(10-6)改写成与式(10-5)类似的形式，即

$$\frac{t - t_0}{(S_t - S_0)^2} = \frac{1}{(AB)^2} + \frac{1}{A^2}(t - t_0) \tag{10-7}$$

用同样的方法可以定出 $A$、$B$ 的值。最终沉降量计算式为

$$S_\infty = S_0 + A \tag{10-8}$$

以上介绍的是用沉降来控制预压加固地基。有的工程需用承载力控制，地基的极限承载力可以用 A. W. Skempton 的半经验公式来计算，计算式如下：

$$q_f = NS_v \tag{10-9}$$

式中：$q_f$——地基的极限承载力；

$S_v$——现场十字板抗剪强度或固结快剪的抗剪强度；

$N$——承载力因素。

假定式(10-9)为天然地基的极限承载力，由于地基的预压，土的强度逐渐增长，同时伴随着地基的承载力也在增长，而考虑地基随着预压固结而承载力增长的计算式为

$$q_f = N(S_v + \sigma'\tan\phi_{cu}) \tag{10-10}$$

式中：$\varphi_{cu}$——三轴固结快剪的内摩擦角；

$\sigma' = \sigma - u$；

$\sigma$——垂直附加应力；

$u$——超静孔隙水压力；

$\sigma'$——骨架有效应力；

$N$——对软土来讲一般取用 5.14。

十字板强度的取值有三种方法：①用算术平均法取每孔所测得的十字板强度值；②用加权平均法计算每孔不同位置的软土厚度加权平均值；③取小值平均值。所谓小值平均值是先取一次算术平均值，再将小于算术平均值的值再做一次算术平均值。一些重要工程，地基土质又特别软弱，就常用小值平均值。例如京珠高速公路广珠东线就采用小值平均值，使用效果很理想。

## 三、工程实录

1973 年天津新港在港区内建造外轮供油站，罐区内有一批油罐，想通过充水预压来加固地基。首先选定一只容积为 5000m$^3$ 的油罐作为充水预压加固地基的试验罐体。油罐建造在土质较差的海滨软弱地基上，地表有 1.8m 的回填土，十字板强度为 15kPa；第二层土为 3m 厚的灰黑色淤泥质黏土，含水率高达 59.2%，孔隙比 1.64，塑性指数 19.9，十字板强度仅有 8kPa，属高压缩性软土；第三层为厚 6m 的亚黏土层，含水率 40.8%，孔隙比 1.11，塑性指数 15.1。设计油罐时采用的地基平均强度为 11kPa，按照式(10-9)计算，当取 $N$ =6 时，地基

承载力 $q_f$ 为 66kPa，而 5000m$^3$ 的油罐的设计承载力为 140kPa。可见天然地基的承载力远远满足不了设计要求，需要进行地基的加固。

①邻近的油罐发生工程事故。在紧靠本罐区东侧约 30m 处，有当时粮食部门建造的 4 只正方形布置的食用油罐，它们的罐体与本试验罐相同，每只容量亦为 5000m$^3$，罐基础为钢筋混凝土环梁。1973 年 6 月建成，其地基未经过充水预压加固，在 1973 年 12 月 1 日开始进油，至 3 日晚间正在进油时，突然发生地基破坏，罐体失稳。罐体最大沉降量发生在四号罐（图 10-1），累计下沉量竟达 132.45cm。4 只罐体四周土体的隆起量均超过 30 ~ 40cm，地表土表面开裂，4 只罐体分别向外倾倒。其中三号、四号罐一次性突然下沉约 73.5cm。当地基发生破坏后立即停止灌油，并开始泄油，进行抢修。4 只罐体沉降量汇集于表 10-1。事故发生后，通过进油量来反算地基的极限承载力为 65kPa，与公式（10-8）计算结果相近。

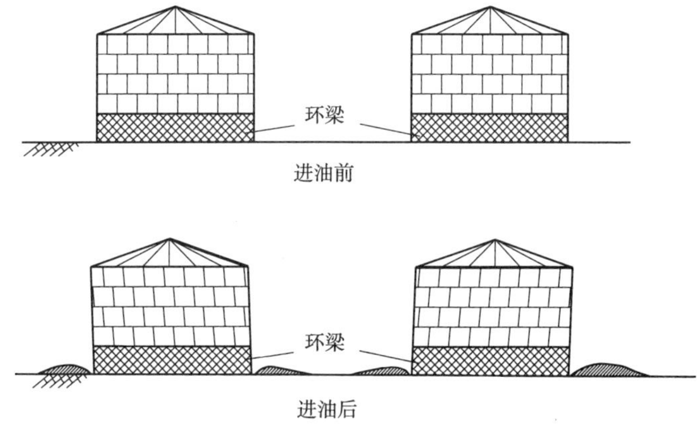

图 10-1　食油罐地基破坏示意图

**4 只罐体的沉降量统计表**　　表 10-1

| 罐　　号 | 一号 | 二号 | 三号 | 四号 |
|---|---|---|---|---|
| 1973 年 12 月 30 日进油前罐体累计沉降量（cm） | 46.65 | 49.25 | 29.80 | 50.05 |
| 1974 年 1 月 5 日地基破坏时一次突然沉降量（cm） | 84.40 | 78.00 | 103.45 | 132.45 |
| 后续沉降量（cm） | 37.75 | 28.75 | 73.65 | 73.40 |

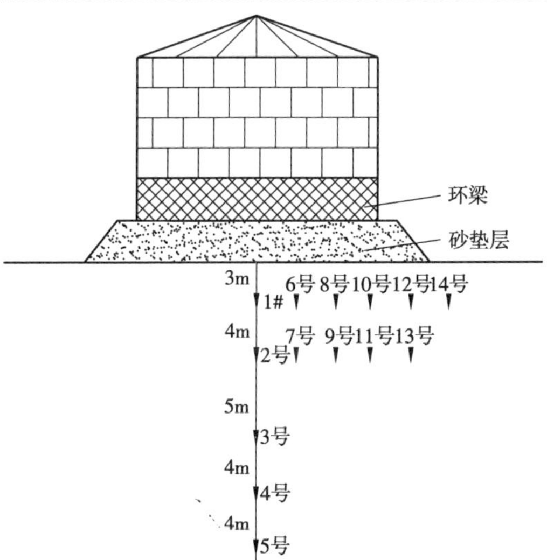

图 10-2　天津港供油站 5000m$^3$ 油罐地基孔压仪布置图

②试验罐充水预压。本试验油罐在 1973 年 9 月埋设了 14 只孔隙水压力传感器于地基中，地表设边桩监测土的侧向位移，另有 2 孔深层土侧向位移监测孔，以及深层土垂直压缩沉降标，罐底亦埋设沉降标等。地表填 2.5m 厚的砂垫层作为充水预压期的排水通道，邻近的 4 只失事罐体作为本试验罐稳定控制的标准。孔隙水压力传感器布置示意图见图 10-2。

对于成层土地基，也可以选用持力层中最软弱的土层作为计算和试验的控制土层。对于本试验区则以第二层灰黑色淤泥质黏土层作为控制土层较好，用式（10-10）做了控制充水预压的安全度分析，其分析结果列入表 10-2 中。

表 10-2 中计算指标选用 $N=6, S_v=11\text{kPa}, \phi_{cu}=17°$，$U$ 为各个预压期的实测值，$\sigma'$ 可按照充水荷载计算出各点的值，然后得到表 10-2 的结果。

**油罐冲水预压地基承载增长情况** 表 10-2

| 类　别 | 砂垫层及空罐 | | 第一次冲水 | | 第二次冲水 | | 第三次冲水 |
|---|---|---|---|---|---|---|---|
| 荷载(kPa) | 41.0 | | 65.7 | | 77.8 | | 101.4 |
| 时间 | 加载瞬间 | 预压100天 | 加载瞬间 | 预压80天 | 加载瞬间 | 预压93天 | 加载瞬间 |
| 强度增长(kPa) | 2.38 | 5.37 | 3.28 | 5.88 | 6.02 | 8.50 | 9.05 |
| 地基承载力(kPa) | 30.3 | 98.2 | 85.6 | 101.0 | 102.0 | 117.0 | 120.3 |
| 地基安全系数 | 1.97 | 2.41 | 1.30 | 1.54 | 1.30 | 1.49 | 1.20 |

对充水预压的资料进行分析后可以得到如下几点结论：

(1)在预压加载结束瞬间的安全度为最低，此时最危险，然后随着预压时间的延长，土的强度也在增长，安全度随之提高。

(2)分级充水预压时，安全系数最小值控制在 1.2 ~ 1.3 之间，此时停止充水，进行预压加固。当预压 80 ~ 90d 后，地基的安全系数已提高到 1.5 左右，此时又可施加下一级预压荷载。

(3)10 个月左右的分级充水预压，地基的承载力已超过 120kPa，此时仅达到设计荷载 140kPa 的 86%。但工程单位提出，由于油体密度低于水体，油罐在使用时荷载不会超过 120kPa，为此停止预压，交付使用。

天津新港供油站数十只油罐均按计划采用充水预压加固地基，至今已安全使用数十年，其间曾经历了 1976 年的唐山大地震，但油罐仍安全稳定，可见充水预压加固地基能取得满意的结果。

## 第三节　排水砂井或塑料排水板加固技术

### 一、排水砂井的概念

黏性土固结理论指出，土体的固结时间与排水距离呈平方关系，即缩短排水距离，可以获得缩短排水时间为平方倍，缩短排水距离一倍，加快排水时间 4 倍。因此，土层越厚，排水距离越长，固结时间也呈平方关系延长。单纯依靠砂垫层预压加固往往需要较长的时间，为此，人们设法在土体中设置一些排水通道，使土体排水距离缩短，固结时间加快，减少地基的固结时间，这样就引出了排水砂井及塑料排水板的概念。

砂井固结(塑料板固结)再与堆载预压相结合就是本节所讨论的内容。由于软黏土土体都是水相沉积物，因此大多数土层都是水平沉积层，这就造成土体水平渗透性远远大于垂直向，这一特点可以充分发挥砂井(塑料板)的排水作用。在土体中设置一系列竖向砂井体(塑料板)，在预压荷载作用下，土中孔隙水沿水平方向往竖向排水体(砂井或塑料板)内流动，再沿竖向排水体流向铺在地面上的砂垫层，从而将孔隙水排走，地基逐渐得到压密。这样的排水过程就是砂井(塑料板)堆载预压排水固结原理。

排水砂井有打入式砂井和水冲式砂井，这些砂井如施工时不小心会造成砂井断缩，使排水通道堵塞，所以后来发展成如今的“袋装砂井”。这种砂井是将一只细长的透水口袋装满砂子，再将一根直径略大于砂袋的钢管打入土中，然后把袋装砂井放入钢管内，拔出钢管，砂井留在土内即成。经计算，袋装砂井的最优直径为7cm，因此袋装砂井的优点为：①可以避免打入砂井的断缩现象，确保施工质量；②可以节省用砂量，降低造价；③能提高施工效率，缩短工期，故目前已广泛采用袋装砂井。

随着袋装砂井的推广应用，瑞典人 W. Kjellman 发明了用排水纸板（厚3mm，宽100mm，纵向有10排孔洞的硬纸板）来代替砂井，用一种特制的夹具将纸板夹住插入地基中。排水纸板的优点是插入土中时对土体扰动较小，施工简便、轻快，缺点是排水孔细小，水流阻力大，通水量小而慢，因此不很理想。后来日本又研制出来用塑料排水板代替纸板，塑料排水板强度大，最深可打入50m深度。这类用化纤做的硬塑料排水板宽10cm，厚1~2cm，板的正反两面设有细小的柱钉，外面套上透水化纤编织袋（袋布是透水极好的滤布），板的正反面由细小柱钉撑住袋布形成良好的排水通道，通过插板机打入地基内形成竖向排水通道，目前国内外广泛使用。

**二、砂井（塑料板）设计计算理论**

砂井（塑料板）设计的理论早就解决了，对一个工程设计者来讲，在设计中需要解决的有三个问题：①砂井（塑料板）的间距；②预压荷载的大小；③预压时间长短。因此砂井（塑料板）的设计者实际上是寻找这三个设计量的优化组合方案。

砂井（塑料板）在平面布置方案上常用的有两种，即正方形和三角形，如图10-3所示。假设砂井直径为$d_w$，砂井间距为$d$，对三角形布置的，每根砂井所管辖的平面排水范围为一个正六边形；对正方形布置的，所管辖的平面排水范围的面积仍为正方形。为简化计算，将上述的排水范围化作一个等面积的圆，因圆面积的直径为$d_e$，则可将$d_e$称作砂井的有效排水直径。$d_e$可用下式计算：

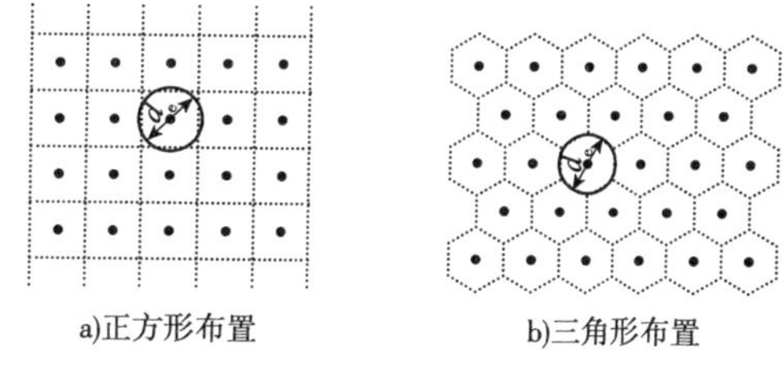

a)正方形布置　　b)三角形布置

图10-3　砂井的平面布置

$$\left.\begin{array}{ll}\text{三角形布置的砂井} & d_e = 1.05d \\ \text{正方形布置的砂井} & d_e = 1.13d\end{array}\right\} \tag{10-11}$$

砂井地基在预压荷载作用下，它的排水流动方程是一个三维空间问题，其方程式为

$$\frac{\partial u}{\partial t} = c_v \frac{\partial^2 u}{\partial y^2} + c_h \left(\frac{\partial^2 u}{\partial r^2} + \frac{1}{r}\frac{\partial u}{\partial r}\right) \tag{10-12}$$

式中：$u$——孔隙水压力；

$c_v$和$c_h$——垂直向和水平向的固结系数。

前面已经讨论过，由于水的水平向渗透性远大于垂直向，而水在受压运动时始终是循透水性大的路径运动为主，因此在式（11-12）中可以只考虑水平向渗透，对工程来讲是完全允许的，则可得

$$\frac{\partial u}{\partial t} = c_h \left(\frac{\partial^2 u}{\partial r^2} + \frac{1}{r}\frac{\partial u}{\partial r}\right) \tag{10-13}$$

求解式（10-13）应满足下列条件：

①砂井圆周面处($r=r_w$)在 $t>0$ 时,$u=0$;

②在砂井影响区周界处($r=r_e$),$\frac{\partial u}{\partial r}=0$。

1948 年巴隆(Barron)得到了上述方程的解答为

$$u_r = \frac{4\bar{u}}{d_e^2 F(n)}\left[r_e^2\ln\left(\frac{r}{r_w}\right) - \frac{r^2 - r_e^2}{2}\right] \tag{10-14}$$

式中:$\bar{u}$——整个地基的辐射向孔隙水压力,$\bar{u}=u_0\lambda$;

$u_0$——辐射向的起始平均孔隙水压力;

$$\lambda = \frac{-8T_h}{F(n)};n = \frac{r_e}{r_w};T_h = \frac{c_h}{d_e^2}t;F(n) = \frac{n^2}{n^2-1}\ln(n) - \frac{3n^2-1}{4n^2}$$

当等应变状态时,辐射向平均固结度为

$$U_n = 1 - \exp\left(\frac{-8T_h}{F(n)}\right) \tag{10-15}$$

当地基表面承受均布荷载时,若地基中各点的变形是自由的,而砂井附近土体的固结必然要快一些,由于地基中各点固结速率不同,地基表面就会产生不均匀沉降,并在地基中引起剪切变形。所谓自由变形条件,就是假定这个因素并不影响应力的分布和固结速率。但实际上这些因素会引起应力的重新分布,影响的程度则视压缩层以上土层及加载材料所发生的拱作用大小而定。所谓等应变条件,就是指假定拱作用已发展到使各点垂直变形相等而无不均匀沉降产生的程度。

## 三、工程实录

陕西省蒲城电厂需建一座 40m 高的储灰坝,坝身用当地黄土填筑。地基土有 16m 厚的淤泥,地表长有芦苇等杂草,需清除 3m 杂土。地基加固方案有两个:第一方案为砂井排水固结法,利用坝身堆土作为预压荷载;第二方案为振冲碎石桩复合地基加固法。由于当地砂石料来源困难,决定采用砂井排水固结法。为了节约用砂量,采用直径为 7cm 的袋装砂井。表面做 50~100cm 厚的砂垫层或以无纺布土工聚合物代替砂垫层,砂井长 12m,坝体填筑按地基承载力增长及固结情况分级填筑。

①砂井布置的设计计算。砂井按三角形布置,直径 $d_w=7\text{cm}$,$U_r=85\%$,时间 $t$ 控制在 170 天,计算不同的砂井间距所对应的 $U_r$ 值,从中选取最优的 $n$ 值。由于袋装砂井直径 $d_w=7\text{cm}$,如果 $d$ 取 150cm,则 $d_e=157.6\text{cm}$,$n=d_e/d_w=22.5$,计算如下

$$F(n)=\frac{n^2}{n-1}\ln(n)-\frac{3n^2-1}{4n^2}=2.36$$

$$U_n=1-\exp\left(\frac{-8T_h}{F(n)}\right),$$

$$T_{\mathrm{h}}=\frac{1\times10^{-3}t}{\mathrm{n}^2 d_w^2}$$

则

$$0.85=1-\exp\left[\frac{-8\times10^{-3}t}{2.36\times(22.5\times7)^2}\right]=1-\exp(-1.366\times10^{-7}t)$$

最终得到 $t=1.39\times10^7$s，即 $t=160.88\text{d}\approx161\text{d}$。

这个计算结果与原来设计预期的比较接近，将计算结果归纳入表(10-3)中。果按照 $U_r=80\%$ 的要求，则 $t=136.3$d，其他情况与表 10-3 所列相同。

陕西蒲城电厂的砂井地基计算参数 表 10-3

| $n$ | $d_w$ | $d_e$ | $U_r$ | $t$ | $d$ | 布置形式 |
|---|---|---|---|---|---|---|
| 22.5 | 7cm | 157.5cm | 85% | 161d | 150cm | 三角形 |

②分级加载设计。地基十字板剪切强度为 35kPa，第一次加载可以加到 200kPa 左右，因为坝体填筑较慢，所以安全系数可以采用 1。这里已包含有一定的安全度，因为排水固结法在荷载作用下能即刻排水固结，土的强度瞬间即能增长，这部分强度在设计中应有所考虑。当然，有些软土地基会产生蠕变而使软土的强度衰减一些，因此问题就变得比较复杂。如用下面的公式表示

$$S_t = S_0 + \Delta S_c - \Delta S_s = \eta(S_0 + \Delta S_c) \tag{10-16}$$

式中：$S_t$——某时刻的总强度；

$S_0$——天然地基抗剪强度，一般采用十字板抗剪强度；

$\Delta S_c$——随着土体固结而增长的强度；

$\Delta S_s$——由于土体蠕变而衰减的强度。

$\Delta S_s$ 值很难测定，故将上式改用一个折减系数 $\eta$ 表示，$\eta$ 一般采用 0.8 ~ 0.85。

对砂井地基，如何决定 $\Delta S_c$ 方法很多，这里介绍一种有效应力法，它的表达式为

$$\tau = \sigma'\tan(\phi') \tag{10-17}$$

式中：$\sigma'$——剪切破坏面上的法向有效应力；

$\phi'$——有效内摩擦角。

如将有效应力 $\sigma'$ 换为有效最大主应力 $\sigma'_1$，则上式可写成

$$\frac{\sigma'_1\sin(\phi')\cos(\phi')}{1+\sin(\phi')} = K\sigma'_1 \tag{10-18}$$

本式相应于式(10-16)，则如下式所示

$$\Delta S_c = K\Delta\sigma' = K(\Delta\sigma_1 - \Delta u) = K\Delta\sigma_1\left(1 - \frac{\Delta u}{\Delta\sigma_1}\right) \tag{10-19}$$

式(10-16)即为

$$S_t = \eta(S_0 + KU_t\Delta\sigma_1) \tag{10-20}$$

式(10-19)中的$\left(1-\dfrac{\Delta u}{\Delta\sigma_1}\right)$就是 $t$ 时刻的固结度 $U_t$。

按此将蒲城电厂分级加载计算结果列入表 10-4 中。

陕西蒲城电厂灰坝分级加载统计表 表 10-4

| 加载级数 | 地基抗剪强度(kPa) | 地基固结度 $U_t$(%) | 固结时间(d) | 每级增加的荷载(kPa) |
|---|---|---|---|---|
| 1 | 35 | 80 | 138.3 | 193 |
| 2 | 61.2 | 80 | 136.3 | 144 |
| 3 | 75.5 | 80 | 136.3 | 80 |
| 总和 | | | 409 | 417 |

蒲城电厂灰坝设计总荷载393.4kPa，而表10-4计算的为417kPa，已满足设计要求。按照80%的固结度设计，堆载固结的时间为409d。这里必须指出，大量工程实践证明，实际的预压固结时间为100多天，说明目前由于一些土质参数测定不够精确，造成理论与工程实践相差太大。例如在同一个淤泥土中，勘察报告通过 $e-p$ 曲线给出的渗透系数为 $10^{-7}$cm/s，而用室内渗透仪试验得到的渗透系数为 $10^{-6}$cm/s，若用带有孔压传感器的静力触探仪在现场测定的渗透系数为 $10^{-5}$cm/s，还有在取样做原状土样的微结构试验得到的渗透系数为 $10^{-4}$cm/s，可见固结计算与工程实践相差如此之大，有其根源。蒲城电厂计算中所用的土质指标汇于表10-5。

**陕西蒲城电厂的计算用土质指标** 表10-5

| $S_0$(kPa) | $c_h$($cm^2$/s) | $k_h$(cm/s) | $\gamma$(N/$m^3$) | $c'$(kPa) | $\phi'$(°) |
|---|---|---|---|---|---|
| 35 | $10^{-3}$ | $3\times10^{-8}$ | $1.9\times10^4$ | 30 | 20 |

# 第十一章　真空预压排水加固技术

## 第一节　概　　述

真空预压排水加固技术是利用大自然中的真空压力来替代堆载预压的荷载。真空压力无处不在,可以充分利用,最大可利用的荷载量从理论上可以达到 100kN/m$^2$。它避免了荷载物运输、堆载的麻烦和困难,是堆载预压的一个新的技术发展。此外,它在制造真空中使土体内的孔隙水被吸力排出,有别于堆载的挤出,这可以防止地基的滑动,成为一大优点。真空预压排水加固的示意图如图 11-1 所示。

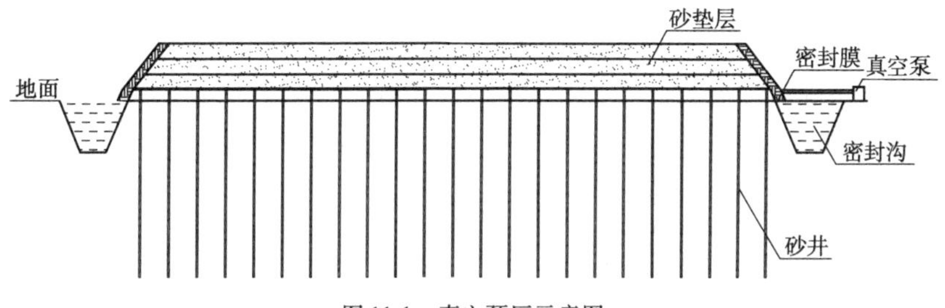


图 11-1　真空预压示意图

此外,目前使用较多的为真空预压加堆载预压,将两者联合起来使用效果更显著。例如原地面高程不够,需要填土,则在填土前先做好真空预压,再填土。再如在高速公路建造过程中,先在地面做好真空预压,然后再填筑路堤。这些做法都能加快完成地基沉降,减少工后沉降,起到加快工程建造速度、提高工程质量的效果。比较典型的实例:如在珠江三角洲地区,淤泥深达 30 ~ 40m,极限填土高度仅 3m 左右,但有些桥头的填土高达 8 ~ 9m,采用其他加固地基方法有许多困难,以往经常发生滑塌事故,而采用真空联合堆载法加固就可以很方便地解决此类问题。因为在真空度为 80kPa 压力作用下的软基可以一次填土 4m,再加上天然地基本来可以填高的 3m,这就解决了 7m 填土,如再考虑填土期间地基强度的增长,这 8 ~ 9m 高的填土就可以用快速填土来解决,这充分发挥了真空预压的优点。真空联合堆载的示意图见图 11-2。

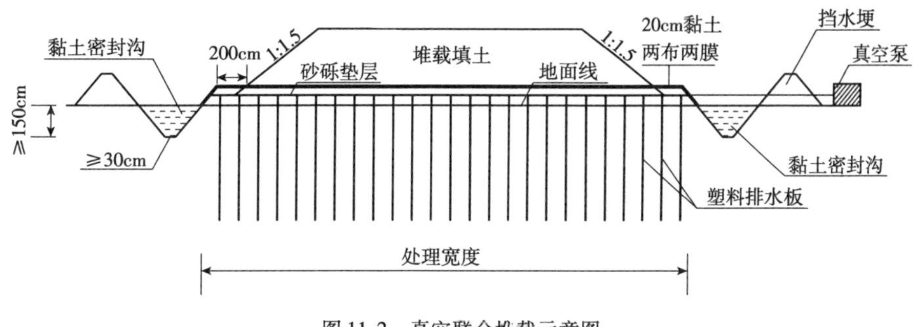


图 11-2　真空联合堆载示意图

## 第二节 真空预压加固技术

### 一、引言

真空预压的加固方法是先在被加固的软土地基上打设一定量的砂井或塑料排水板，然后铺上砂垫层，在砂垫层里铺设抽真空的管道网，再将不透气的薄膜铺盖在砂垫层上，四周用密封沟密封，这样就使被加固土体密封在薄膜下面，最后用射流泵将薄膜下的水和气体抽取出来，造成薄膜内外的压力差，薄膜外是大气压力，薄膜内是小于大气压力的真空度，目前最大可达到90～95kPa。再通过砂井或塑料排水板将这些真空度传递到地基内，从而使被加固的土体内的孔隙水和气体抽吸出来使地基得到固结。

真空预压加固方法的机理可以从下述几个方面来认识：①在抽气前薄膜内外都作用有一个大气压力 $p_0$（100kPa），抽气后薄膜内砂垫层中的气和水被抽出，膜内压力逐渐下降为 $p_1$，此时，膜内外形成一个压力差，使薄膜紧贴于砂垫层表面，宛如在砂垫层表面上施加了一个预压荷载，其值为 $\Delta p = p_0 - p_1$，在工程上常把 $\Delta p$ 称为“真空度”。②在砂垫层中形成的真空度通过砂井（塑料板）逐渐向土体中延伸，这使真空度在土体中扩张，从而使土体中的孔隙水和气体在真空度作用下发生向砂井（塑料板）中渗流，最后汇集到砂井（塑料板）中被真空泵抽出，土体由此发生排水固结，并且使土体的强度得到增长。

真空排水预压加固技术有如下四个特点：

（1）真空预压法在加固软基过程中，作用于土体的总应力没有增加，仅使土体中的孔隙水压力降低。而孔隙水压力是一个球应力，在加固过程中不会使土体发生剪切变形，因此真空加载毋须分级施加，可以一次连续快速施加，而不会引起地基失稳的剪切破坏。

（2）真空排水预压加固是利用大气压力来加固软土，它不需要大量预压材料，这就比堆载预压法简便和优越。

（3）真空排水预压法是利用真空吸力将水排出，因此土体中一些溶于水的封闭气泡容易被吸出和释放，从而使土体的渗透性能提高，这将进一步加快固结速度，提高加固效果。

（4）真空预压加固时，地基周围土体向着加固区内移动，而堆载预压却相反，后者是向外挤出，因此真空预压加固的土体效果较为密实的同时也不可能发生向外挤出而使地基失稳，而且加固体四周地面会出现收缩裂缝。

### 二、设计计算

1. 稳定分析

真空预压地基的稳定分析计算式为

$$q_f = Ns_v + \Delta p \tag{11-1}$$

式中：$s_v$——天然地基十字板强度；

$N$——承载力因数，一般取5.14～6.0，

$\Delta p$——真空度，通常取80kPa。

目前真空加固的稳定分析还没有依据真空度加固机理推导的计算式，式（11-1）仅

是借用堆载预压原理加上一个真空压力，将真空压力视为负压来计算。式(11-1)在珠江三角洲高速公路超软弱淤泥地基上使用结果比较理想，一般来讲该式偏于安全。该式的优点是解决了珠江三角洲高速公路的桥头高填土问题。通常桥头段土质软弱而深厚，填土往往8～9m，用其他方法加固难以满足这么高的填土要求，而真空联合堆载法就能满足。

2. 沉降分析

真空联合堆载预压的沉降分析与堆载预压法相同。可以用分层总和法计算，荷载考虑真空压力加上堆载量。计算结果比实测沉降量小，因为真空吸力使土体收缩所产生的变形大于无侧限的压缩变形。至于用实测沉降推算最终沉降，因为存在中途卸除真空的问题，目前尚无理想的方法，只能依据工程要求的沉降量，在预压过程中达到沉降 $S_{\infty}$ 的80%～90%时停止预压来满足要求。

3. 施工工艺

真空预压加固技术在施工技术上要求较高，因为存在一个密封技术问题，有许多技术环节互相关联，一旦某个技术环节失败，整个真空加载就会失败，有时很难找到出问题的地方，因此技术上要对每一个施工细节有明确要求。真空预压加固技术发展到目前，其施工工艺大致可以归纳为图11-3所示的施工步骤。

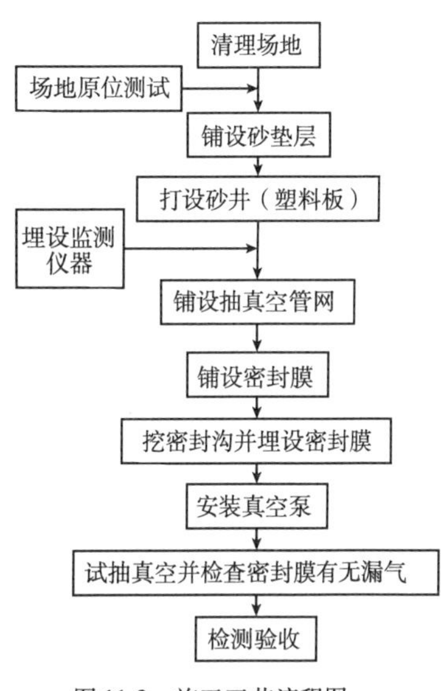

图11-3　施工工艺流程图

4. 主要材料质量要求

(1)塑料排水板。鉴于目前市场上塑料排水板品种太多且质量参差不齐，为此要求在塑料排水板选型时应遵守规范，保证纵向排水畅通，滤膜渗透性能良好。为此，滤膜的等效孔径、复合体及滤膜的抗拉强度及延伸率等均应符合规范要求。例如表11-1所列的A、B、C三种型号排水板的性能。

**A、B、C三种型号塑料排水板指标**　　表11-1

| 项　目 | | 单位 | A型 | B型 | C型 | 备　注 |
|---|---|---|---|---|---|---|
| 纵向通水量 | | $cm^3/s$ | ≥15 | ≥25 | ≥40 | 侧压力350kPa |
| 滤膜渗透系数 | | cm/s | ≥5×10⁻⁴ | | | 试件在水中浸泡24h |
| 滤膜等效孔径 | | μm | <75 | | | 以 $O_{98}$ 计 |
| 复合体抗拉强度(干态) | | kN/10cm | ≥1.0 | ≥1.3 | ≥1.5 | 延伸率为10%时 |
| 滤膜抗拉强度 | 干态 | N/cm | ≥15 | ≥25 | ≥30 | 延伸率为10%时 |
| | 湿态 | | ≥10 | ≥20 | ≥25 | 延伸率为15%时，试件在水中浸泡24h |
| 适用深度 | | m | <15 | <25 | ≥25 | |

(2)密封膜。要求抗风化性能强、韧性较好并能抗一定穿刺能力的不透气材料,目前大都采用聚乙烯或聚氯乙烯薄膜,其厚度为0.12~0.14mm。此外,其加工工艺有两种:一种为压延膜;一种为吹塑膜。压延膜比吹塑膜性能好,因为压延膜厚度均匀,吹塑膜厚度不均,抗刺穿性能较差。两种密封膜的物理力学性能指标汇总如表11-2。

**压延膜与吹塑膜物理力学性能比较试验结果** 表11-2

| 项目 | | 单位 | 平均值 | |
|---|---|---|---|---|
| | | | 压延膜 | 吹塑膜 |
| 物理性质 | 单位面积质量 | $g/m^2$ | 151 | 189 |
| | 厚度 | mm | 0.13 | 0.162 |
| 力学性质 | 纵向拉伸强度 | MPa | 22.1 | 15.3 |
| | 横向拉伸强度 | MPa | 20 | 13.7 |
| | 直角纵向撕裂强度 | kN/m | 102 | 86.4 |
| | 直角横向撕裂强度 | kN/m | 94 | 74.1 |
| 渗透系数 | | cm/s | $1.77\times10^{-12}$ | $1.8\times10^{-12}$ |

(3)滤管。滤管均为PVC管,分支管和主管。支管上分布有很多孔,外面用滤布包住,不让砂子进入。主管和支管由螺纹胶管连接,可适应地基沉降。管网的布设有鱼骨状和方形两种,一般在公路路堤地基中用鱼骨状较好。将主管布在路堤中间,沿纵向布置,支管在两侧,间隔6m左右一根。对于大型工业厂房地基可以用方形布置。所有管网布置好,经检验合格后用砂覆盖起来,砂层厚度为30~50cm。

5. 密封沟开挖与压膜

密封沟开挖深度必须挖穿透水层进入淤泥层50cm以上。通过人工踩踏将膜埋入淤泥中不小于50cm,然后用黏土覆盖。如果透水层太厚,则需采用密封墙封堵。密封墙一般分为淤泥密封墙和水泥密封墙,密封墙需要专门设计。根据经验,淤泥密封墙较水泥密封墙为好,因为前者的密封性能和适应变形的性能均比后者好。

## 第三节 工程实录

广东省西部沿海于1998年建造高速公路,该公路所经过的台山县路段地处高含水率、超软弱的深厚淤泥地基上。土质含水率大于70%,极限填土高度仅2m左右,而所建高速公路的路堤要求高达6~8m,两者相差甚远。为此,设计采用真空预压联合堆载法加固地基。为确保该工法能顺利实施,在K26+248~K26+515段设立长267m的试验路段,领先开工试验,取得实践经验后指导全线施工。

### 一、工程地质

试验路段沿线由大量鱼塘夹有少量农田组成。钻探得知地基主要由三层土组成,如图11-4所示。

(1)表层土:灰色或黄色,厚1.0~2.0m的硬壳层由塘泥、耕植土等组成;

(2)灰黑色淤泥层:呈流塑状,饱和,含有机质,层厚17~20m,十字板强度为12~14kPa,

含水率73.6%，压缩系数 $\alpha_v$ 为 $2.049\text{MPa}^{-1}$、压缩指数 $C_v$ 为 $4.74\times10^{-4}\text{cm}^2/\text{s}$、塑性指数 $I_p$ 为17.9。

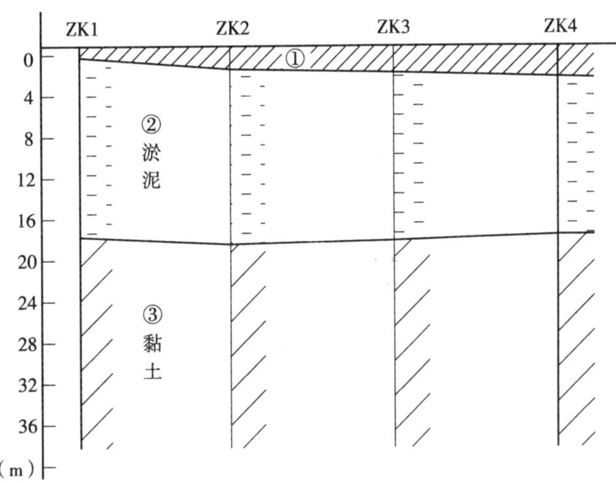


图11-4　工程地质示意图

(3)黏土层：土质较硬，含有粗砂，是一良好的下卧层。

由上述地质资料可见，第二层是一层均匀的超软弱土层，高含水率高压缩性，是该工程地基处理的主要对象。这层软土是珠江三角洲的典型软土，土结构属空架结构，在6m以上填土荷载作用下，根据以往工程经验，最终沉降量一般可达到3～4m。

## 二、真空与排水系统设计

真空联合堆载设计如图11-5所示。设计的排水系统为：采用袋装砂井排水，砂井直径7cm，长21.5m，这为竖向排水系统；水平向排水体为70cm厚的砂垫层。设计的真空系统为主管直径9cm，布置在路堤中心，纵向布管；支管直径6cm，间距5m，布置在主管左右两侧，整个形式呈鱼骨状。所有指标统计如表11-3，密封膜为厚0.14mm的聚氯乙烯压延薄膜。

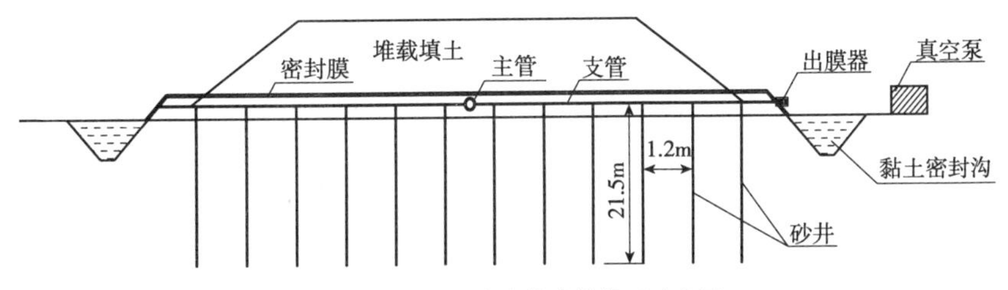


图11-5　真空联合堆载路堤断面示意图

**排水系统和真空系统技术指标汇总**　　表11-3

| 排水系统 | | | 真空系统 | | |
|---|---|---|---|---|---|
| 袋装砂井 | 直径 | 7cm | 鱼骨形布管道(纵向一根主管，两侧为支管) | | |
| | 长度 | 21.5cm | 主管(PVC管) | 直径9cm | |
| 竖向排水系统 | 砂井长 | 21.5cm | 支管(PVC管) | 直径 | 6cm |
| 水平向排水系统 | 砂垫层厚 | 70cm | | 间距 | 5m |

## 三、真空联合堆载法施工与监测概况

1. 施工

1998 年 7 月 29 日开始准备,8 月 8 日至 9 月 4 日完成袋装砂井施工。至 9 月 16 日完成原位测试和仪器埋设,9 月 17 日开始布设管网、挖密封沟等。至 9 月 28 日开始试抽真空,9 月 25 日真空达到 80kPa 并保持在 80kPa 以上。1998 年 10 月 31 日开始填土,至 1999 年 1 月 31 日填土结束,前后填土时间为 92d,填土总厚度达到 7.847m。在这么软的地基土上,这么短的时间内填了这么高的路堤土,而地基不发生滑动,这充分说明真空联合堆载法的优点所在。

2. 监测

地面沉降在路堤中心点(K26+320)的监测:从 9 月 28 日开始抽真空至 10 月 31 日开始填土前,测到最大沉降速率为 35mm/d。在填土 0~2m 时测得最大沉降速率为 30mm/d,2~3m 时为 33mm/d,3~4m 为 27mm/d,4~5m 为 29mm/d,5~6m 为 29mm/d,6~7m 为 25mm/d。从这些监测数据可以看出,原来制定的 10~15mm/d 沉降速率控制标准已被大大突破,此路段原极限填土高度的 2~3m,也被大大突破,可见真空抽吸孔隙水时的吸力使路堤地基向内收缩,这避免了地基土被挤出而发生的滑动。此外,换个角度,实践表明当地基土的真空度达到 80~90kPa 时的收缩力可以抵抗 4~4.5m 的填土产生的向外挤出力,当达到此填土高度时地基土达到平衡状态,而原有天然地基还能抵抗 2~3m 的填土,所以当上部填土超过 7.5~8.0m 时,地基才有失稳的可能。这就是真空联合堆载法的优越之处。

## 四、真空联合堆载法工程实践的结论

台山三标试验路段 K26+248~K26+515,地基淤泥厚达 20m,含水率高达 73.6%。通过砂井、砂垫层等排水措施,用先抽真空后填土的真空联合堆载法加固地基并进行施工填土,在 92d 时间内,堆土高达 7.847m,最大沉降速率为 33mm/d,累计沉降量达 3539mm,工程顺利完成。可见此方法对于在高含水率、深厚软基上进行快速加载施工是一种优秀的工法,值得总结推广。

通过对台山三标试验路段的概要介绍,可以初步得到以下几点经验:

(1)由于真空作用原理使地基软土在收缩状态下排出孔隙水,使土体得到加固,因此地基土不可能在固结过程中发生挤出滑动,这就可以加速填土,加快施工进程。

(2)鉴于真空的机理可以避免地基在填土过程中失稳,这就增加了地基的承载能力,可以在一些承载力小的地基上建造大型工程。例如沿海地区河道发达,建造桥梁时桥头填土较高,往往超出天然地基极限承载力 2~3 倍,以往曾为设计者的一个难题,本工法可以顺利解决,减少了引桥建造的费用。

(3)台山试验路段监测结果表明,真空联合堆载法的最大沉降速率为 33mm/d,而通常堆载预压的控制标准为 10mm/d,控制标准被提高了 3 倍多。所以真空联合堆载的地基稳定控制标准应重新研究,制定出新的标准。在珠江三角洲一带建议目前暂时采用 30mm/d。

(4)地基稳定控制标准:对于真空联合堆载来讲,有下述几个方面值得考虑:

①对于侧向位移指标:在抽真空时,位移向内移动,随着填土增加,侧向位移向外移动。当超出起始点后,开始进入土体挤出型移动,当达到 5mm/d 的挤出型移动时,应停止加载,

此时土体处于临界状态。必须指出，此处的5mm/d是指土体侧向位移已超出起始点后进入挤出状态的位移速率。

②孔隙水压力的监测：类似于位移监测，开始抽真空时是负压，随着填土缓慢进入正压，当进入正压后其控制标准仍然用$\overline{B}$为0.5～0.6。$\overline{B}=\frac{\Delta p}{\Delta u}$，其中$\Delta p$为填土荷载的增量，$\Delta u$是相对应于$\Delta p$的孔隙水压力增量。

(5)鉴于抽真空时地基土向内收缩，这就会造成抽真空区外周边区域发生地面开裂，目前在珠江三角洲一带这种地面开裂带离真空区边沿距离为40～80m，因此在使用该工法时应注意这一点，避免相邻建筑物受到损害。

# 第十二章　振　冲　法

## 第一节　概　　述

振冲法的全称为振动水冲法(Vibroflotation),由水冲造孔、振动挤密制造碎石桩等几道工序组成的地基处理方法,属振动加固方法类,是快速加固松软地基的方法之一,可广泛用于加固软土和砂土等地基。

1930年德国施托伊曼(S. Steuerman)提出用振动和水冲来加密松砂的原理,1933年德国凯勒(J. Keler)制成了第一台振冲器,并于1935年在纽伦堡(Nuremburg)用该法加固了深达16m的松砂地基。1936年洛斯(J. Keler)在第一届国际土力学和基础工程会议上提出了振冲法加固松砂的论文。1937年凯勒又制作了一台振冲器,其基本结构沿用至今。二次大战期间施托伊曼将振冲技术带到美国,并开设振冲公司,用于加固砂土地基,如Enders堤、Hampton公路、Manu港等,最大加固深度已能达到25m。

自1960年开始首先由美国Cementation公司用振冲技术加固软土地基,这是振冲法在软土地基制作碎石桩的第一项工程。此后在联邦德国、美国等其他各地也开始用碎石桩来加固软土地基。日本从1954年开始研究和应用振冲法,当时主要用于加固松砂地基。1964年、1967年在新泻、十胜冲分别发生7.5级和7.8级强地震,未经加固的砂土地基上的建筑物均发生倒塌,而经振冲法加固的八户造纸厂只有轻微损坏,平均沉陷9.8mm,最大14mm。为此振冲技术的抗震加固效果为世界公认。

我国于1976年由交通部委托下达给南京水利科学研究院和交通部水运规划设计院联合研制振冲加固技术。研究目的是用振冲技术来加固港口和公路的软土地基,同时也应用于松砂地基。我国的振冲技术的发展历程大致可分为下述几个阶段:

(1)1976年至1979年为试验阶段,此时研制了振冲器和施工技术,建立了振冲器的生产厂家(江阴振冲器厂)和施工队伍(南京地基工程公司),培训了大批振冲技术人员。这个时期的典型工程是加固了江苏南通天生港电厂的粉砂地基,加固面积为1.85万平方米,共8万米碎石桩,加固深度11m,加固后承载力大于600kPa。在这项工程中首次做成3m×3m大型复合地基的荷载试验,建立了荷载试验的操作规程,为进一步推广应用复合地基打下了基础。

(2)1979年至1982年为第二阶段,此时期振冲加固技术比较成熟,各类工程和各种地基大量推广应用。这个时期的特点是工程越做越大,例如宁夏大武口电厂用8万根碎石桩加固了全厂约18万平方米面积,桩长8m,总计64万米,7台机组施工12个月。此外,这段时期大中型工程多数做了大型荷载试验,积累了大量实用资料,部分技术人员深入研究了振冲技术的加固机理和模型试验,许多研究生将振冲技术选为研究对象,为设计计算和理论研究开创了良好条件,也为振冲技术向更软弱的软土地基应用打下了基础。

(3)第三阶段是1982年至今,这阶段的振冲技术已从成熟走向发展。这一技术的成熟表现在它已被我国各类土建规程和规范吸纳入编;它的发展表现在我国珠江三角洲地区的高速公路和港口地基用振冲技术来加固淤泥含水率大于80%、十字板强度小于8kPa、软土深度达15~21m,工程加固后效果良好。此外,在这些被加固工程中还做了大型直剪试验,首次取得了碎石桩复合地基的现场强度指标。

以往振冲加固技术国内外一般认为只适用于软土地基不排水强度不小于20kPa,而Barksdale等(1983),Wolsh(1987)、Juran等(1988)都在文献中指出,振冲加固技术可适用于不排水强度为15~20kPa的软土地基。Greenwood甚至认为即使软土不排水强度小于7kPa也能加固。Juran等(1988)在统计24项工程中占54%的工程项目地基土的不排水强度小于20kPa,其中小于10kPa的12%,10~15kPa的占15%,15~20kPa的占27%。我国从1989年开始先后在珠江三角洲莲花山码头、新会荷圹码头、天马港、中山市小榄码头油库、珠江电厂、京珠高速公路广珠东线等加固淤泥地基,这些地基的淤泥含水率均大于80%,十字板强度小于8kPa。例如天马港土的含水率为85.7%,十字板强度为5.8kPa,加固深度21m;京珠高速公路广珠东线被加固的土含水率为68.3%,十字板强度8.62kPa,静力触探$P_s$为239kPa。这些工程的软土均被加固成功,目前运营良好。

1976年我国试制第一台振冲器的动力为13kW,直径为274mm,这两个参数当初是为适应潜水电机而定,因为潜水电机由河北星火厂供应的,是移用钻孔灌注桩的潜水电机。在试制振冲器成功后就着手进一步研制定型振冲器,第一台定型振冲器由水规院和南科院共同设计研制,由南科院工厂加工,定型机的动力为30kW,外径351mm,振动频率为24.17Hz,它与紧密的中砂频率(24.1Hz)相等,振幅4.2mm。1978年开始由江阴振冲器厂开始大批量定型生产ZCQ-30型振冲器供应全国各地使用,此时振冲器性能稳定,配套齐全。为进一步推动振冲技术起了良好的作用,以后江阴振冲器厂又生产了ZCQ-55型、ZCQ-75型和ZCQ-125型系列振冲器。除江阴振冲器厂外,其他厂家如西安水利机械厂等,均是非专业厂家生产。除系列振冲器外,尚发展了某些特殊振冲器,例如用于干振法施工的振冲器,全长7.3m,直径为280~330mm,动力由40~50kW的电机提供。

自1976年开始,我国的振冲技术的发展是沿着当初交通部要求的向淤泥地基加固方向发展,目前已能加固含水率为80%的淤泥地基。用振冲技术加固了深达21m的淤泥层,解决港口码头岸坡的稳定和高速公路的桥头跳车问题。此外,尚发展了水下振冲技术,这是由交通部一航局独家开发和应用。在现场检验技术方面,从3m×3m的大型复合地基荷载试验发展到重型静力触探试验,可以测定桩体内部各个深度的承载能力;在强度检验方面,几项工程中都做了大型直剪试验,如直径1m的碎石桩剪切试验,1.5m和2m的复合桩体剪试验,还建立了各种试验操作规程;在理论方面,已提出承载力、沉降和稳定分析的计算式。综上所述,我国的振冲技术在加固软土方面应用已超过国外水平。在砂土抗震方面,1988年1月6日云南澜沧、耿马发生7.6级地震,距震中130km的施甸县处于强震区,县城大片房屋倒塌,但经振冲加固地基的施甸县邮电大楼却安然无恙,这足以证明我国在抗震加固方面振冲技术也发挥了较好的作用。

## 第二节 振冲法加固软土地基的原理

用振冲法加固软土地基,与用于砂性土地基加固时完全不同。由于软土不能单由振冲器振挤密实,它必须要在振冲孔内灌入粗粒料,粗粒料经振冲挤实后能制成一根根粗大的桩柱体,这些桩柱体一般称为碎石桩。碎石桩能起到加固地基的作用,碎石桩和原地基土构成的地基称为复合地基。

### 一、碎石桩在黏性土地基中的力学和变形特性

用振冲法在黏性土地基中制成的由散粒材料组成的碎石桩有它独特的力学性能,它不同于一般刚性较大的钢筋混凝土桩和水泥黏土搅拌桩。碎石桩的特点:

(1)桩直径较为粗大,一般在 70~110cm;

(2)它沿轴向可以是变直径的,由于振冲器的输出能量是固定的,在地基土遇到较软的地方,桩直径就增大,较硬处桩直径就减小;

(3)碎石桩的刚度比四周的地基土大得多,但比钢筋混凝土桩要小;

(4)碎石桩在受力过程中可以适应较大的变形,与刚度较大的钢筋混凝土桩相比,它是一种柔性桩。

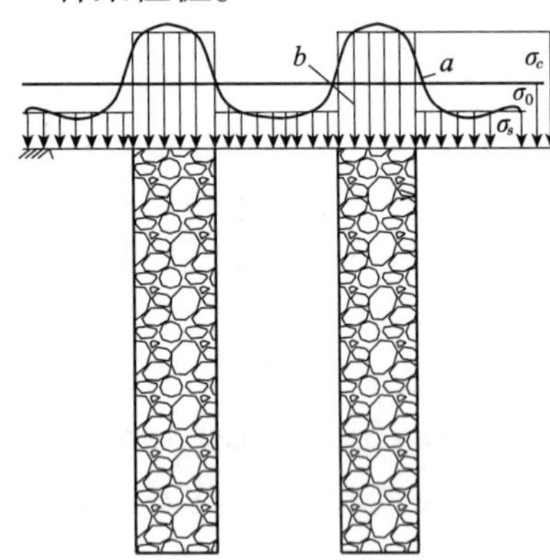


图 12-1 复合地基应力集中

碎石桩是嵌固于黏土中的散粒体桩,当桩顶承受荷载后,桩体产生侧向膨胀,而桩体四周的土体会阻止碎石桩的侧向膨胀,这种侧向阻力包括垂直于碎石桩侧面的法向力和切向力,因此碎石桩的承载力受到四周土体强度的影响;其次,碎石桩体本身的内摩擦力也直接影响桩体的承载力。复合地基是由两种不同刚度的材料所组成,在力的传递过程中发生了应力重分配,这种应力重分配的结果是产生部分应力向碎石桩体上集中,如图 12-1 所示。图中 $\sigma_0$ 是实际作用在复合地基上的承载力,应力重分配的结果如曲线 $a$ 所显示,为计算的方便简化为折线 $b$,即由作用在桩顶的应力 $\sigma_c$ 和作用在土面上的应力 $\sigma_s$ 所组成。

复合地基的应力集中现象显著地改善了地基的承载能力,以往钢筋混凝土桩基础它是不考虑桩间土体的承载力,这部分潜在能量在复合地基中得到了合理的考虑,这是符合实际情况的,也是比较先进的理论。其次是复合地基中的碎石桩是可以允许其变形的柔性桩体,碎石桩能很好地在受力变形过程中与四周土体协调一致,这是符合相容原理的,因此就避免了在变形过程中的能量损失,即不出现如钢筋混凝土桩的所谓负摩擦一类问题。

### 二、复合地基减少沉降的原理

复合地基的沉降量较天然地基大为减小,其原因主要有二:

(1)复合地基的置换率减少了复合地基的下沉量。

(2)复合地基的应力状态与原天然地基不一样,由于土中嵌入刚度较大的碎石桩,应力条件得到了改善,大部分应力集中在桩体上,而桩体变形又小于土体,土体应力减小,变形亦

减小。再者，桩体受力后的变形主要集中在上部，而复合地基的上部一般均设置垫层，而且施工时也是上部质量较好，因此提供了减少复合地基沉降量的良好条件。例如浙油炼油厂的油罐地基经振冲法加固后的复合地基减少沉降量60%，京珠高速公路广珠东线灵山试验路段用碎石桩加固的桥头路段约减少沉降41%。

### 三、复合地基的抗剪性能

复合地基中由于存在着碎石桩，因此复合地基的抗剪性能得到了显著改善，其原因有两个方面：

(1)碎石桩本身的强度远大于软土。

(2)由碎石桩和软土组成的复合材料其强度也远大于原来的软土。图12-2给出的是广东新会市天马港现场碎石桩（直径1m）和桩土复合体（直径1.5n）的直剪试验，结果是碎石桩的 $c=28\text{kPa}$，$\phi=47°$；碎石桩和软土组成复合体的 $c=10\text{kPa}$，$\phi=42°$，可见碎石桩复合地基的抗剪性能是相当理想的。

### 四、碎石桩在软土地基中的排水固结效应

碎石桩是软土地基中的一个良好的排水通道，它能起到排水固结效能。图12-3是浙江炼油厂用碎石桩加固后[5]，地基下埋设了孔隙水压力测头，图中u2埋在罐中心的地面下6m，u7在罐边缘地面下6m，u8为罐边缘地面下4.5m，罐体充水9m，约用50h加完水，加水过程和加完后孔隙水压力增长和消散示于图12-3中。从图中资料可知：当孔隙压力达到峰值后，经100h已消散80%，可见，碎石桩在黏性土地基中的排水效能是很显著的。

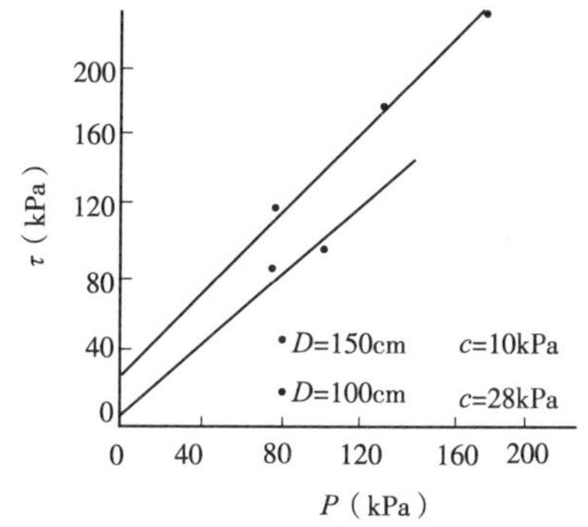


图12-2　碎石桩和复合体强度试验曲线

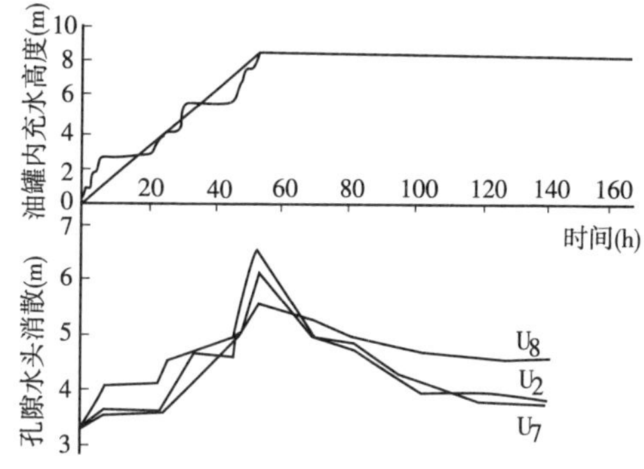


图12-3　实测复合孔压消散曲线（浙炼油厂）

## 第三节　振冲法加固地基的设计

### 一、综述

碎石桩在各类建筑物地基中的受力状态是不相同的，有时它是单独受力构件，而大多数情况是处在桩土共同作用复合地基状态。如图12-4中，a)是桩四周土上没有荷载，自由单桩受力构件；b)是板式刚性基础，桩土受力后协调变形，均匀下沉；c)是油罐一类柔性基础，变形和力的传递处于a)和b)之间；d)是路堤、码头、土坝一类，碎石桩主要是抗滑，同时也有承载作用。

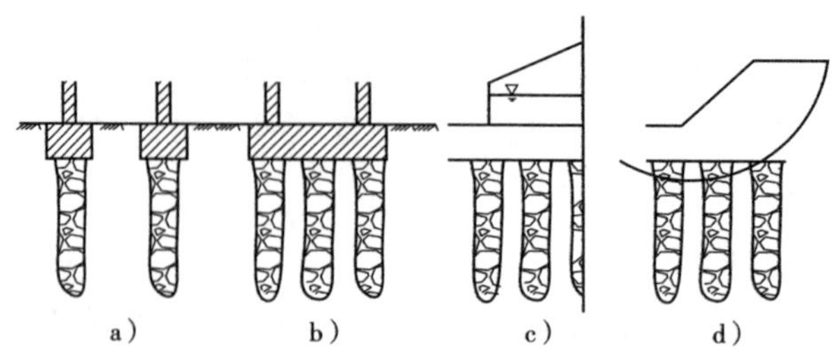

图 12-4　各类建筑物地基碎石桩受力状态

从上述分析可以看出,碎石桩在各类建筑物地基中的受力状态是不同的。碎石桩在不同的土类中,如淤泥、亚黏土、砂土等,它的受力和变形也是不同的,所以碎石桩地基或者复合地基它的力学定量描述是比较困难和复杂的,目前尚需更多地依赖于现场的荷载试验和剪切试验。碎石桩在复合地基中受力破坏机理也是复杂的,可以归纳为如图 12-5 中所示的三种状态,a)为碎石桩受力后发生侧向膨胀,因侧向约束力很小而破坏;b)碎石桩受力后在某个薄弱断面处被剪断;c)是碎石桩受垂直力和侧向推力同时作用,桩体被挤压剪切而破坏。总之,目前对碎石桩的作用机理的研究尚不够深入,仅仅依靠一些模型试验的初步结果及现场工程实践经验,所以目前的设计方法只能说是半经验的。此外,振冲施工技术是一项比较难以控制的技术,往往施工达不到设计要求,从而造成质量事故。综上所述,由于复合地基的复杂性,作用机理还不十分清楚,造成了各种计算方法所得出的计算结果的可靠程度难以把握,因此目前在比较重要的工程设计时多数仍要通过现场试验来求得复合地基的承载力和强度指标以及一些必要的设计参数。

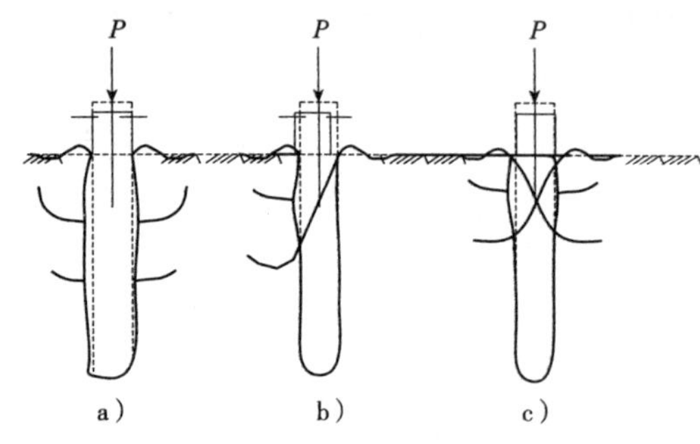

图 12-5　碎石桩破坏状态

## 二、设计的一般原则

(1)凭以往工程实践经验,无须计算的一些问题:

①振冲法加固地基适用于哪些土类;②应加固的范围;③表面层的处理;④安全系数的选用;⑤砂石料的粒径;⑥桩的平面布置形式等。

(2)凭以往工程实践经验可以进行计算的一些问题:

①桩的长度;②桩的间距;③复合地基的承载力;④复合地基的沉降;⑤复合地基的稳定;⑥复合地基的抗震性能等。

(3)特殊问题处理:

①变桩距、变桩径。根据上部结构物的荷载分布的不同,桩的间距应有疏密分布,荷载大的桩距小些,反之则疏一些。例如软基上建高速公路,用碎石桩解决桥头跳车问题,靠近桥头部分桩距密些,远离部分疏些。根据垂直向土层的不同,在硬土层部位桩径应细些,在软土层部位桩径粗些,在振冲施工时以电流值控制施工即可达到这一目的。

②碎石桩与排水砂井混合使用。在软黏土地基中,大面积加固时,针对具体工程,在重要建筑物基础下做碎石桩,而在次要建筑物基础下做排水砂井,这就要有足够的施工期和预

压期，例如软基上建造高速公路的桥台与路堤结合部位就出现这种情况。

③用振冲技术置换深层淤层。当有淤泥薄层埋设较深时，可以用振冲技术专门将此层淤泥的大部分转换成碎石以达到加固地基目的。

④联合加固法。当地基特别软弱，单纯用一种方法加固满足不了工程要求，则可以将碎石桩与真空预压，与强夯、与石灰桩或与堆载预压联合使用，达到加固目标。

## 三、加固软土地基的计算方法

复合地基是碎石桩、水泥黏土桩、石灰桩、砂桩等柔性桩体与被加固的黏性土体共同组成的地基，因由两种不同性质材料组成，故称复合体。这种复合体的力学性能极其复杂，必须在种种假定条件下方能推导出一些近似的理论计算式。例如 Bell 假设碎石桩外缘的剪应力可以忽略，得到的承载力经验式为 $P_c = (P_s + C_u)\tan^2(45° + \phi_s/2)$，式中 $C_u$ 为周围黏土的不排水抗剪强度，$P_s$ 为土上所受的力，$\phi_s$ 为碎石桩内摩擦角，计算所得 $P_c$ 为碎石桩承载力。此式对平面问题尚适用，空间问题则偏小。Gibson 和 Anderson 假定桩周土处于塑性状态，从弹塑性角度出发，得到单桩承载力经验公式 $P_c = \left[\sigma_{\gamma 0} + C_u\left(1 + \ln\dfrac{G}{C_u}\right)\right]\tan^2(45° + \phi_s/2)$，式中 $\sigma_{\gamma 0}$ 为初始径向应力，$G$ 为土的弹性常数。Heghes 和 Withes 通过室内大型单桩快速加载试验得到的经验式为 $P_c = (P_0' + u_0 + 4C_u)\tan^2(45° + \phi_s/2)$，式中 $P_0'$ 为初始有效应力，$u_0$ 为孔隙水压力。Brauns 将碎石桩作为空间问题考虑，假定 $\sigma_\theta = 0$，得到单桩承载力 $P_c = \left(P_s + \dfrac{2Cu}{\sin 2\delta}\right)\left[1 + \dfrac{\tan(45° + \phi_s/2)}{\tan\delta}\right]\tan^2(45° + \phi_s/2)$。式中 $\delta$ 为桩周土的破坏面与水平面的夹角。上述几种情况都是将碎石桩的承载力单独考虑[6]。

1. 复合地基的沉降计算[7]

复合地基力学分析示意图如图 12-6 所示，图中 a）为平面图，图 b）为剖面图。图中 $r_0$ 为桩体半径，$R$ 为桩体影响半径，也就是桩间距之半。$A_0$ 为复合地基面积，$A_c$ 为桩体面积，$A_s$ 为土体面积，$f_{sp,k}$ 为复合地基承载力，$f_{p,k}$ 为桩顶面承载力，$f_{s,k}$ 为土体的承载力，$A_0$、$A_c$ 和 $A_s$ 与 $f_{sp,k}$、$f_{p,k}$ 和 $f_{s,k}$ 互相对应。当 $P_0$ 施加在复合地基上后，由于桩土之间材料的刚度差异，必然引起地基界面上接触应力的重新分配。实际分配结果应该是如图 12-1 中的曲线 $a$，是连续曲线，为计算简便，将曲线简化为如图 12-6b）中折线，导致的误差影响不大。由于 $P_c$ 和 $P_s$ 的作用在桩和土体内产生两个侧向应力增量，即 $\Delta\sigma_c$ 和 $\Delta\sigma_s$，如图 12-6b）中所示。图 12-6b）中的 $f_{p,k} > f_{s,k}$，且满足力的平衡条件

$$f_{sp,k}A_0 = f_{p,k}A_c + f_{s,k}A_s \tag{12-1}$$

本公式是复合地基的平衡方程式，也是复合地基计算公式中的基本方程式。各种规范中的复合地基承载力计算式就是由此式演化而来，例如《建筑地基处理技术范围》（JGJ79－91）的 P. 23 式（6. 2. 8－1）给出的复合地基承载力标准值计算式为 $f_{sp,k} = mf_{p,k} + (1-m)f_{s,k}$。在此将式（12-1）转化为

$$\begin{aligned} f_{sp,k} &= \frac{A_c}{A_0}f_{p,k} + \frac{A_0 - A_c}{A_0}f_{s,k} \\ f_{sp,k} &= mf_{p,k} + (1-m)f_{s,k} \end{aligned} \tag{12-2}$$

此式与规范所列完全相同。

假定压缩层范围内桩体是均匀侧向膨胀，且桩体底部坐落在硬土的下卧层上，则在 $f_{p,k}$ 和 $f_{s,k}$ 作用下，沿桩体侧边的水平应力增量为均布，其值为

$$\left.\begin{aligned}\Delta\sigma_c &= f_{p,k}K_c\\ \Delta\sigma_s &= f_{s,k}K_s\end{aligned}\right\} \tag{12-3}$$

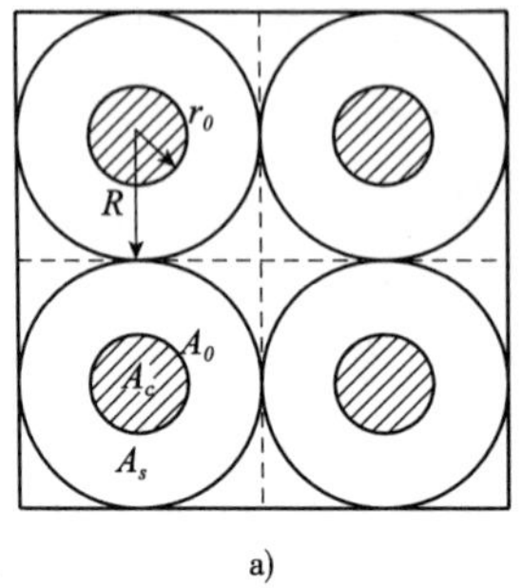


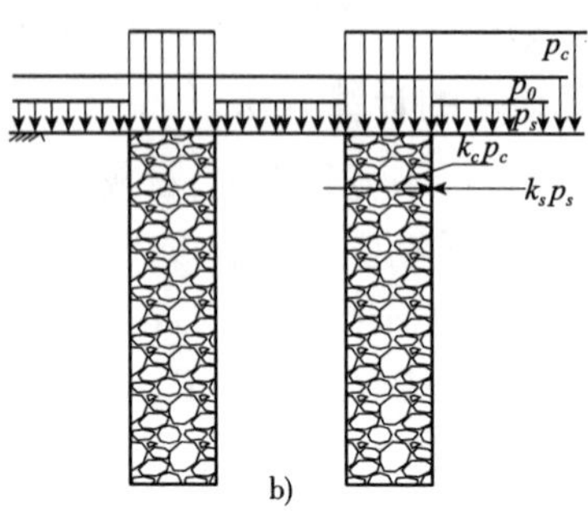


图 12-6 复合地基

式中：$K_c$ ——土的主动土压力系数；

$K_s$ ——土的被动土压力系数。

现在分析半无限体内嵌入一根均质柔性桩体，这是一个空间轴对称问题。当地面作用一个均布荷载时，由于桩体和土体竖向界面存在接触应力差，这个应力为

$$\Delta\sigma = \Delta\sigma_c - \Delta\sigma_s \tag{12-4}$$

假定 $\Delta\sigma$ 沿桩边随深度不变，对于浅层地基加固影响不大，则将命题化为轴对称平面问题

$$\left.\begin{aligned}\frac{1}{\gamma}\frac{\partial\sigma_\theta}{\partial\theta} + \frac{\partial\tau_{\gamma\theta}}{\partial\gamma} + \frac{\tau_{\gamma\theta}}{\gamma} = 0\\ \frac{\partial\sigma_\gamma}{\partial\gamma} + \frac{1}{\gamma}\frac{\partial\tau_{\theta\gamma}}{\partial\theta} + \frac{\sigma_\gamma - \sigma_\theta}{\gamma} = 0\end{aligned}\right\} \tag{12-5}$$

由于均布荷载，则 $\tau_{\gamma\theta} = \tau_{\theta\gamma} = 0$，假定不计 $\sigma_\theta$，则式(12-5)化为

$$\frac{\partial\sigma_\gamma}{\partial\gamma} + \frac{\sigma_\gamma}{\gamma} = 0 \tag{12-6}$$

边界条件为

$$\left.\begin{aligned}r = r_0, f(r) = \Delta\sigma\\ r = R, f(r) = 0\end{aligned}\right\} \tag{12-7}$$

如 $f(r)$ 沿径向为直线变化，则

$$f(r) = \Delta\sigma\left(\frac{R - r}{R - r_0}\right) \tag{12-8}$$

$$\varepsilon(r) = \int_\gamma^R f(r)\frac{\mathrm{d}r}{\gamma} = \Delta\sigma\left(\frac{R}{R - r_0}\ln\frac{R}{r_0} - 1\right) \tag{12-9}$$

再考察物理方程，由虎克定律得知

$$\varepsilon_r = \frac{\sigma_\gamma}{E_\gamma} \tag{12-10}$$

按照应变定义，即 $\varepsilon_r = \dfrac{\Delta\gamma}{r_0}$。此外，对桩体而言，$E_\gamma$ 就是 $E_c$，则

$$\Delta\gamma = \frac{r_0\Delta\sigma}{E_c}\left(\frac{R}{R - r_0}\ln\frac{R}{r_0} - 1\right) \tag{12-11}$$

进一步考察几何条件，桩体的初始体积为

$$V_1 = \pi r_0{}^2 L_1{}^2 \tag{12-12}$$

桩体受压后体积为

$$V_2 = \pi(r_0 + \Delta r_0)^2 L_2{}^2 \tag{12-13}$$

设桩体不可压缩，则

$$V_1 = V_2$$

$$\pi r_0{}^2 L_1{}^2 = \pi(^r_0 + \Delta r_0)2L_2{}^2 \tag{12-14}$$

整理式(12-14)得

$$L_1 - L_2 = \frac{2\Delta r L_2}{r_0} + \frac{\Delta r^2 L_2}{r_0{}^2} \tag{12-15}$$

将式(12-11)与式(12-14)合并，而 $S_c = L_1 - L_2$，即桩体的下沉量，再略去式中的高阶微量，最终得复合地基的沉降量计算公式：

$$S_c = \frac{2L\Delta\sigma}{E_c}\left(\frac{R}{R - r_0}\ln\frac{R}{r_0} - 1\right) \tag{12-16}$$

式中：$E_c$ ——桩体的变形模量；

$L$ ——桩的长度；

$R$——桩间距之半；

$r_0$ ——桩体半径；

$\Delta\sigma$——桩侧边界上的水平应力之差，它由式(12-3)计算，其中两个土压力系数如无法从试验中取得，则可从表 12-1 中查用。

对于刚性基础来讲，式(12-16)的桩体下沉量就是复合地基的下沉量。对于柔性基础，如公路路堤、河堤、海堤等，复合地基的下沉量大于式(12-16)计算的沉降量。

**$K_s$ 和 $K_c$ 值表**　　表 12-1

| 被加固土类 | $K_s$ | $K_c$ | $K_s/K_c$ |
|---|---|---|---|
| 松砂 | 1.0 | 0.4 | 2.5 |
| 中等密实砂 | 0.8 | 0.4 | 2.0 |
| 密实砂 | 1.2 | 0.4 | 2.0 |
| 软黏土 | 1.5 | 0.6 | 2.5 |
| 砂质淤泥 | 1.5 | 0.6 | 2.5 |
| 淤泥质黏土 | 1.3 | 0.75 | 1.7 |

2. 复合地基的极限承载力计算

假定在 $L$ 深度内半无限体的压缩量为

$$S_s = \frac{Lf_{s,k}}{E_s} \tag{12-17}$$

式中：$f_{s,k}$ ——土的承载力；

$L$——压缩层厚度；

$E_s$——土体变形模量。

对于刚性基础 $S_s = S_c$，则

$$\frac{2L\Delta\sigma}{E_c}\left(\frac{R}{R-r_0}\ln\frac{R}{r_0}-1\right)=\frac{Lf_{s,k}}{E_s} \tag{12-18}$$

$$\frac{2(f_{p,k}K_c - f_{s,k}K_s)}{E_c}\left(\frac{R}{R-r_0}\ln\frac{R}{r_0}-1\right)=\frac{f_{s,k}}{E_s} \tag{12-19}$$

按桩土应力分配比的定义，$n = f_{p,k}/f_{s,k}$，将式(12-19)整理成桩土应力分配比，则得

$$n=\frac{f_{p,k}}{f_{s,k}}=K_R+\frac{E_R}{2K_c\left(\frac{R}{R-r_0}\ln\frac{R}{r_0}-1\right)} \tag{12-20}$$

式中：$E_R = \dfrac{E_c}{E_s}$；

$K_R = \dfrac{K_s}{K_c}$

$E_c$ 和 $E_s$ 可以通过试验得到，$K_R$ 可查表 12-1 得到。

由式(12-20)可知，桩土应力分配比 $n$ 与桩的长度无关，与桩直径、桩间距、桩和土的性质有关。当土愈软，则 $n$ 值愈大，当桩间距增大，则 $n$ 值降低。桩土应力分配比是控制复合地基加固效果的关键因素。$n$ 值能体现一个设计者的水平，在相同条件下，能将 $n$ 值调高，则加固效果愈佳。此外，$n$ 值是时间的函数，随着时间的推移，土体在固结，$n$ 值也在变动，因此设计者应根据工程具体条件，正确掌握 $n$ 值。

一般认为，复合地基的破坏机理：首先是被加固的土体进入极限平衡状态，接着是桩体进入极限平衡状态，最后导致复合地基进入极限平衡状态，由此来分析复合地基的极限承载力。因为是浅层加固，所以土的承载力标准值为

$$f_{s,f} = S_u N(1+0.2B/L)(1+0.2D/L) \tag{12-21}$$

式中：$N$——承载力因素；

$S_u$——土的十字板抗剪强度；

$B$——基础宽度；

$D$——基础砌置深度；

$L$——基础长度。

而依据式(12-20)有

$$f_{p,k} = nf_{s,k} = nN'S_u \tag{12-22}$$

式中：$N' = N(1+0.2B/L)(1+0.2D/L)$。

复合地基承载力标准值可以通过式(12-1)得

$$f_{sp,k}=\frac{A_c}{A_0}f_{p,k}+\frac{A_s}{A_0}f_{s,k}=[1+(n-1)m]f_{s,k}=[1+(n-1)m]N'S_u \tag{12-23}$$

式中：$m = \dfrac{A_c}{A_0}$ 为置换率。

### 四、算例——广东新会天马港

广东省新会市天马港在现场做了大型综合试验，计有 3 组单桩、3 组复合桩体，前者直径 1m，后者直径 1.5m，共 6 组直剪试验，此外还做了天然地基、2 组单桩和 2 组复合地基，共 5 组荷载试验。同时，还做了现场滑坡试验。从试验中得到的基本资料是：$L=21\text{m}$，$\gamma_o=50\text{cm}$，$R=75\text{cm}$，$E_c=7689\text{kPa}$，$f_{p,k}=190\text{kPa}$，$f_{s,k}=58.7\text{kPa}$，取 $K_s=1.25$，$K_c=0.75$。计算步骤如下；

(1)首先用式(12-3)和式(12-4)计算 $\Delta\sigma=\Delta\sigma_c-\Delta\sigma_s=f_{p,k}-f_{s,k}$，$\Delta\sigma=190\times0.75-58.7\times1.25=69.1\text{kPa}$。

(2)其次计算 $\ln R/r_0=\ln75/50=0.405$。

(3)将上述计算结果，及 $L$、$E_c$ 代入式(12-16)中计算沉降值，$s_0==8.12\text{cm}$，这就是说天马港加固后可能有 8.12cm 的沉降量。实际测出约 12cm 左右的沉降量。实测值大于计算值，因为桩顶上部尚有 4m 填土，虽然主要填的是砂土一类的土料，也会有一些沉降量，再说测量还会有误差，总之这种计算方法尚属合理。

## 第四节　振冲法施工技术

### 一、综述

振动水冲法的施工工艺是简单的，但是地基土变化复杂，各种土性质差异很大，而且每个工程的设计要求也不一样，如果简单地搬用某种施工方法或某个工程的经验，就可能保证不了施工质量。地基加固乃是隐蔽工程，没有经验的人会一时察觉不了施工造成的一些隐患，给工后带来一系列的困难和事故，因此施工时不抓住质量的控制和施工监测，待施工完了再进行补救，那是得不偿失的，甚至是不可能的。为此，真正能掌握振动水冲法的施工要领，把住施工质量和检验的重要关卡，才能满足设计的要求，达到预期的加固效果。

### 二、施工前的准备工作

施工前的准备工作，是保证整个工程施工顺利进行的重要一环，因此必须重视。大中型工程的加固在开工前必须择区进行试验，内容包括地质钻探、实地制桩、荷载试验等。通过制桩试验，可以掌握制桩工艺，如填料量、用水用电指标、制桩时间等。同时可以结合荷载试验、剪切试验、滑坡试验等其他试验一并进行。一般试桩工作应在工程施工前进行，也可称为领先施工，可以节省经费。

1. 施工组织设计

(1)施工顺序和施工方法。施工顺序一般采用“由里向外”打桩或“由一边向另一边”的顺序进行，特殊情况下需对某个部位专门施工。如果采用“由外向里”的包围式施工时，外围的桩先打好，再加固里面，会出现挤振困难，给施工带来麻烦。如遇较软的淤泥，这样的施工还会把淤泥包裹在中间，出现中间加固的薄弱区。而“由里向外”的施工就可以避免这些情况。

上海南市区法院需用振冲法加固一座房屋地基，该工程紧靠居民旧住宅房，有一边遇到一垛山墙，墙高 10m，单砖墙，结构单薄，施工时有可能振坏该房。为此，采用间隔跳打，振冲机组垂直墙面,打一根跳4根,打完一条边再插入一根跳4根,这样分4次打完一排,再打第二排,以后开始全面铺开打,确保施工安全。在南京山西路百货大厦施工时遇到粉细砂地基,要加固的大厦紧靠原有百货大楼,为确保施工时原有大楼照常营业,也采用跳打法。这里的跳打是沿旧有墙脚并行施工,打桩时打一根跳3根,打完一边退回来再打第二次,同样跳法,直到打完三排。这种方法也确保了该工程顺利施工。

施工方法主要是填料方式,一般使用的是把振冲器提出孔口,再往孔内加料,然后再放下振冲器进行振密。也有一种是振冲器不提出孔口,而只是往上提一段距离,使振冲器离开原来振密过的地方,然后往下倒料,再放下振冲器进行振密,只要某个深度上振密达到规定的标准后,振冲器就可以上提继续做上面一段桩。还有一种方法是往振冲孔内连续加料,即振冲器只管振密,而填料是连续不断往孔口添加,只要每个深度处达到振密要求的标准后,就算整个制桩完成。这三种填料方式的选用,主要由加固地基的目的和性质而定。在软黏土地基中,孔壁的软土较容易坍塌,与石料混合后会堵住孔道,所以施工过程中应经常将振冲器上下提升进行清孔,这样就不允许采用连续加料法施工。有时土质特别软弱时,还必须采用“先护壁后制桩”的办法进行施工。这种方法对于加固深度大的软土,还得分成几段处理,一般每段4~5m。开孔时先开第一段,第一段开完孔,洗孔后就开始加料,进行初步振挤,将这些料挤入这段孔壁四周,将孔壁护好,随即做下一段的护壁。一段一段往下做好护壁开始做桩。做桩前整个孔内要洗孔一两次,将孔道清除畅通才能从下往上逐段做桩。这就是“先护壁后做桩”的原理和技术。

(2)施工所需的机具设备和耗用的水、电和填料的计算。所需的机具设备,要根据工程量和施工期来确定。施工期的长短一方面与工程大小有关,某些地区与气候条件也相关。例如北方地区振冲法不宜在严寒冰冻期间进行施工,以免将水管冻裂而无法施工。在宁夏大武口电厂施工时,10月中下旬就开始停工,至来年4月底才开工。在江苏南通天生港电厂做试桩时恰逢春节附近,水管冻了,每天上午用热水池将水管解冻后才能开始打试桩,这是振冲法必须注意之点。

①所需配备的施工机组用下式计算

$$Q = \frac{Nt}{T_2 T_1} \tag{12-24}$$

式中:$Q$——所需配备的机组(台);

$T_1$——施工期(d);

$T_2$——每天的工作时间(h/d);

$t$——制一根桩所需时间(h/根);

$N$——整个工程中需加固的桩总数(根)。

②所耗石料量的计算

$$\Delta = N \times V \times H \tag{12-25}$$

式中:$\Delta$——整个工程所耗用的料量($m^3$);

$V$——每根碎石桩单位深度所需填料量($m^3/m$);

$H$——加固深度或桩长度(m)。

$V$值可从试桩中统计算出;在无试桩时可根据设计要求的桩直径来计算。此外,这个数值与土质条件相关,还与上部荷载及设计要求有关,土质松软者、上部荷载较大和设计指高程时,则要求 $V$ 值大些。

③施工用水消耗量计算

$$W = Q \times T_2 \times w \tag{12-26}$$

式中:$W$——每天所需耗用的水量($m^3$);

$w$——每个机组每小时所耗用的水量($m^3/h$)。

④施工用电量计算

$$E = Q \times e \tag{12-27}$$

式中:$E$——每天所用的电量(kW);

$e$——每个机组所耗用的电量(kW)。

此外,关于施工平面布置、计划安排等,应视具体工地条件而定。但必须注意材料堆放场地、泥浆排除安排等。

2. 施工现场的"三通一平"

所谓施工现场"三通一平"指的是"水通"、"电通"、"料通"和"平整场地"。在熟悉加固场地并做出了施工平面图设计后,即可着手进行施工。

(1)水通。"振动水冲法"顾名思义,水也就是这种加固方法的一个必不可少的用料。"水通"的含意包括二部分内容:一是要保证在加固施工过程中,有足够压力的水供施工使用;二是要将从振冲孔内排出的泥浆水及时引出加固区外,作合理的处治,确保施工场地环境不被污染。所以这里要布置两条"水道",压力水通常由抽水机供水,用橡胶管引入振冲器的中心水管,从振冲器端部射出。振冲器出口的水压力要求达到 40 ~ 60N/$m^2$,需通过特殊硬土时水压力还要高,水量为 20 ~ 30$m^3$/h。在水管的管道设置阀门,以便根据现场施工情况,随时可以调节水压和水量。泥浆水的处理是目前振冲法的一大缺陷,处理不好会造成很大困难,甚之否决此加固方法。通常是在现场布置一些沟渠,让泥浆水自流式从沟渠中流入泥浆池进行集中处理,然后用泥浆泵送往指定地点。

(2)电通。施工中需用三相和单相电流,所以要设置三相电源和单相电源的线路和配电箱。三相电源主要供振冲器使用,其电压务必保证 380V,变化范围应在 ±20V 之间。如电压过小,会使振冲器输出功率大大减小,工程加固达不到目的,甚至而出现事故,同时还会烧坏振冲器。ZCQ - 30 型振冲器的功率为 30kW,如果起吊机具和水泵为电动的,则需另行计入用电功能。一般通用机组每台需总功率为 47. 5kW。

(3)料通。现场设置的料场,要能较方便地输送到施工的每个地方,还要照顾到进料运输方便。运料道路要防止与施工作业路线相干扰,从料场到加固点的运输能力视加固深度与加固土质而定,通常加固深度为 10m 左右的软土地基时,要保证 1h 内能输送 4 ~ 6$m^3$ 料到达加固点。砂质土地基单位时间的用料还要多。运料工具可以用小推车、自卸翻斗车或皮带运输机。

填料目前常用碎石,但也可用卵石、砾石、矿渣等,不能用已经风化的石料。石料一般不用级配石料,特殊需要可以用级配石料。各类用料含泥率均不得大于 10%。关于填料粒径,原规定为满足振冲器能在 2 万米的施工记录中不被磨损坏,故定出石料粒径一般为 5cm,最大不超过 8cm。随着加固技术的发展,被加固的软土愈来愈软,至今已发展到在淤泥地基中采用大粒径碎石桩,石料粒径已用到 15cm。在广东省新会市天马港用大粒径碎石桩加固时,15cm 粒径碎石占 50%,10cm 粒径碎石占 10%,实践证明加固效果很好。

(4)一平。场地平整包括加固区场地表面平整和加固区地基内障碍物的清除。在软弱地基区或原有鱼塘填平区施工时为防止机械行走时不方便或产生坍陷,需作简易浅层换土等处理。老地基或工矿区需注意地基中埋有大块石或混凝土块、工业废料等,这种障碍物损坏振冲器,必须进行清除工作。场地平整好,测得地面高程,按图放样施工。

### 三、振动水冲法施工——碎石桩法施工操作要点

碎石桩法的施工一般可分为成孔、清孔、加料和振密 4 个步骤。

成孔就是地基土在振冲器与高压水的作用下,从地表到加固深度范围内形成一个直径约 50cm 的孔洞,填料可以从这里灌入。在黏性土地基中制桩,孔内的泥浆太稠,会减慢石料在孔内下沉速度,影响制桩质量和施工速度,所以在成孔后要留有一定时间进行清孔,用振冲器射出的水清洗孔内泥浆。将振冲器上升下降 2 ~ 3 次,让孔内泥浆水溢出孔外,见到孔内流出的水已清为止。例如新会天马港有 21m 深淤泥,就用 3 次洗孔,使后面的做桩顺利,而且桩径可达 100 ~ 110cm。清孔完成后就是加料,加料要掌握"少吃多餐"的办法,每次往孔内倒入的填料数量约为堆积在孔内 1m 高(约 300 ~ 400kg)为宜。然后在填料内插入振冲器振密,边加料边振密,数次后才能达到这段桩的密实度。振冲器振密碎石桩的程度,以振冲器的潜水电机的电流来显示。潜水电机的电流值随着桩体的密实程度愈密愈大。因为桩体密实了,振冲器在桩体内振动时阻力也增大,也就是振冲器的潜水电机的负荷增大,这种负荷增大可从电机的电流值增大反映出来。当 ZCQ - 30 型振冲器的电流达到 50 ~ 55A 时,表示该振动点处桩体已经振密,这个电流称为制桩密实电流。振冲器在空振时有个空振电流,出厂的每个机器,由于零配件磨阻程度不一样,所以空振电流也不同,一般愈小愈好,通常空振电流为 25A 左右。制桩密实电流是空振电流加上工作电流,一般工作电流为 20 ~ 25A,由设计根据土质和工程情况来确定。

必须指出,振冲器的电流值有几种状态,可以为设计和施工者了解工程和地基情况提供参考:①在开孔时,振冲器下沉过程中沿深度反映出大大小小的电流值,这些电流值能够反映地基土质情况,电流大土质好;地基中出现硬层,软弱土层均能反映。②当振冲器制桩时,振到石料或大粒径石料,电流立即增大,有时达到 55A 或 60A。这是"瞬时电流",不代表制桩密实电流。在原位置停留 30s 时电流会下降。如果不下降,则表示这个电流就是制桩密实电流。③振冲器有个额定电流,对 30kW 电机,即 ZCQ - 30 型,它的额定电流就是 60A。超出额定电流工作时间不得超过 1 ~ 2min,否则电机会烧坏。每台振冲器出厂时都标定有额定电流。一般性能良好的电机,它的额定电流都是容量的一倍。一个振冲法加固地基的设计者和施工人员,必须对上述的各种电流如密实电流、空载电流、工作电流、瞬时电流和额定电流等的定义、概念和相互关系要了解和掌握,这也是掌握了振冲技术的关键。

整个加固的碎石桩施工完成以后,桩体顶部 1m 左右,由于上复压力和桩的密实度难以保证,应采取适当措施处理,如可以挖除,另做垫层或用机械碾压密实。

"碎石桩法"的一般施工程序如下:

(1)振冲器对准加固点,打开水源和电源,检查水压、电压和振冲器的空载电流,看是否正常。

(2)启动吊机,将振冲器以 1 ~ 2m/min 速度下沉,电流的最大值不得超过"额定电流"

值。一旦出现电流超过“额定电流”值时，必须减慢振冲器的下沉速度，有时甚至停止下沉，往上提升，借助高压水冲松土层，然后再继续下沉。在成孔时要记录随深度的“成孔电流”和时间，从中可以分析土质情况。

(3)当振冲器达到设计的加固深度以上 30 ~ 50cm 时，此时停留 1min，然后把振冲器上提至孔口，提升速度为 5 ~ 6m/min。

(4)重复步骤(2)、(3)一到二次；对于深厚淤泥，有时要三次，这叫洗孔或清孔。最后一次时振冲器停留在孔底 1min 让回水把泥浆带出孔外，待孔内水清时将振冲器提出孔口等待加料。

(5)加料和振密。往孔内倒入一次料后，用振冲器将沉入孔内的填料进行振密，由密实电流控制桩体密实情况。振冲器在振密过程中，当密实电流尚未达到规定值时，则继续提起振冲器加料，然后再沉下振冲器振密，直到该深度处的密实电流达到规定值为止。在每次填料振密时都必须记录倒料的数量、时间、振冲器电流等。

(6)重复上述步骤直至孔口，碎石桩由下往上逐段形成。

(7)关机、关水和移位，在另一根桩位上继续制桩。

(8)加固区碎石桩全部完工后，进行表层处理。

### 四、施工质量控制与检查施工质量的三要素

振冲法施工质量主要由水、电、料三者组成。这三者在施工过程中对不同的土质和不同的施工要求，有着不同的差异。就是在同一工程中，如果控制不当，也会出现不同的施工质量。所以振冲法施工质量的控制和施工质量的检查，也就是对水、电、料的控制和检查。

1. 施工中对水、电、料的控制

(1)水。在黏性土地基中，要利用水在地基中成孔，并用水流带走泥浆，便于填料沉落孔底，还可以置换掉一部分软土。

施工中要控制的水是指水量和水压。一般使用一台流量为 20 ~ 30$m^3$/h、水压为 600 ~ 800kPa 的高压水泵供水，并设一阀门控制和调节。黏性土地基如供水不足会使孔内泥浆洗不干净而造成堵孔现象，遇到较硬的土层就更需要水压来冲动。

(2)电。供电要注意几点：首先是电压，过低电压会造成振冲输出功率太小，所制碎石桩不密实，直径也小；其次是“密实电流”，没有经验的机长往往把“瞬间电流”误作“密实电流”，因此要用留振时间来控制“密实电流”。

(3)料。以往限制料的直径不大于 8cm，如今已扩大到 15cm。一般来讲，被加固的软土愈软，使用的石料粒径可以愈大，目前还不能超过 15cm。

2. 检验施工质量的三要素

水、电、料是施工中质量控制的具体对象，而检验施工质量时就要掌握施工所用的填料量及掌握施工的“密实电流”和留振时间。所以填料量、密实电流、留振时间这三者是检验振冲法施工质量的三大要素。对设计来讲，这三者要有明确要求，对施工来说，在每一个深度都必须做到三个方面的指标达到规定值，且缺一不可。

### 五、振动水冲法加固软基质量控制要点

1979 年 2 月，交通部组织的“振动水冲法加固软基技术鉴定会”上提出，“振动水冲法加固软基质量控制要点”全文如下：

1. 试制桩

本方法的原理是在软基中制造一系列桩体，桩体与原地基土共同组成“复合地基”。复合地基的承载力高，压缩性低。既然要在地基中制桩，天然地基土必须要有一定的天然强度。在决定采用本法以前，宜先通过现场试制桩试验，进行方案比较和技术经济分析，确定设计参数。通过试验还可以定出制桩合适的水压、水量、填料方法及填料用量、制桩时间等。

2. 成孔

用振冲器开孔后，若土层上部有硬壳层，应适当进行通孔。对加固黏性土层，为便于下料起见，宜使振冲器在孔底附近适当停留，以便将稠泥浆靠回水带出地面，降低孔内泥浆密度（或数次洗孔）。

3. 制桩

制桩时，宜将水量关小。填料方法或者将振冲器提出孔口加料，或者边振边填，视土质而定。

加料不宜过猛，原则上要“少吃多餐”。每次加料，以堆积在孔底约1m左右为宜。填料可用碎石、砾石、粗砂等（原文规定最大粒径不大于5cm，现在已发展到15cm）。

4. 桩体密实标准

桩体密实程度由振冲器电机的工作电流显示，必须保证各个深度上振实桩体达到的最大电流量均超过振冲器空振电流以上15～20A。

5. 基底高程和垫层

桩体顶部1m左右一段，由于上复压力小，桩的密实程度难以保证，故宜予挖除。为此，要求建筑物基础底面高程至少要低于桩顶高程1m。至于是否铺设碎石垫层，可按土质和建筑物要求而定。

6. 砂基加密

对松砂地基，可按其疏松程度和建筑物对承载力、变形要求而用“碎石桩法”，或者用“振冲挤密法”，后者不用填料。振冲挤密的做法是在振冲器到达设计挤密深度后，由下而上地分段振密，每段长度约50cm，留振时间30～60s。振密各段桩体达到的最大电流量应超过振冲器空振电流以上10～15A。

7. 加固效果检验

振动水冲法加固软基是项隐蔽工程，要重视施工质量，注意加固效果检验。首先，施工时要详细记录各孔的填料用量和各深度达到的最大电流量。加固后，应尽可能进行加固效果检验。检验方法是：对黏性土地基，常用荷载试验。除了荷载试验，还可进行标准贯入试验，静力触探试验，建筑物完成后，要进行沉降、变形和动荷载作用等观测（对于防滑工程可以现场大型剪切试验）。

## 第五节　振冲法加固松软地基的试验与检验

### 一、试验与检验原则

1. 试验与检验的目的

这里所谓试验是指设计前所确定的设计要求是否能达到，带用试验来证实，或称之为可行性试验。而检验是指施工后的质量检验，同时进一步论证是否已达到设计和工程要求。

2. 试验场地的选择与检验标准的确定

试验规模的大小及试验手段的选择视工程规模而定,对于一般中小型工程采用小型而且简单方法来进行试验;对于大型工程或特殊工程,则需要设计大型试验方案,组织大型试验。

试验场地选择原则是:

(1)小型试验就在加固区范围内选择土质较差的地区进行试验;

(2)大型试验区可以在加固区外择地而做,但试验区土质必须是属于加固区内最具代表性的土质。

## 二、静荷载试验

1. 单桩荷载试验

单桩荷载试验板为圆形的,应与实际制成的碎石桩面积相同,用钢板制成或钢筋混凝土制成。在碎石桩顶端抄平后铺设 10 ~ 20cm 厚的砂层,然后放置荷载板并抄平。

根据实践经验,砂性土地基的单桩总荷载可以加到 400 ~ 500kN,而黏性土地基的单桩总荷载只能加到 200 ~ 300kN,淤泥地基总荷载数为 150 ~ 200kN。每级荷载的数量应为总荷载的 1/8 ~ 1/12,即分 8 ~ 12 级加载。可以是等量加载,也可以是前 1/3 适当加大,后 1/3 适当减小。沉降测读可以设 3 个标点,分成 120°,用百分表测读。表架需离开桩边缘线 1.5m 以外,表架入土深度 1.5m 以上,可以用角铁做成。表架固定好后装上百分表,表与荷载板接触点处放置一小块玻璃,这样接触点就平整,然后检查表架,荷载量等,调整各表至零点开始加载。加载有两种方式:一种是直接堆载法,则需在荷载板上设置放大的荷载台,否则荷载量无法在小直径荷载板上堆放;另一种是用千斤顶加载,即在试桩上架设荷载台,堆放荷载,荷载台与荷载板之间设置千斤顶,注意千斤顶位置对中。当荷载施加后立即测读百分表,每隔 30min 测读一次。当读数变化小时,也可延长至每小时测读一次。每级荷载的稳定标准为 1 小时沉降量小于或等于 0.25mm。每级荷载的累计沉降量取用三个标点读数的算术平均值。

将试验所得的资料整理成 $P-S$ 表格(表 12-2),由表内资料再绘制成 $P-S$ 曲线(图 12-7)。单桩承载力的确定方法有三种:①与荷载板宽度或直径的 1% ~2% 相应沉降的荷载值,即(0.01 ~ 0.02)$D$ 相应沉降的荷载值为单桩承载力标准值,或称允许单桩承载力;②在 $P-S$ 曲线出现明显转折时,在此转折点向前移一级的荷载定为单桩极限荷载;但是碎石桩由散粒体组成,往往在 $P-S$ 曲线上很难找出明显的转折点;③设计确定的单桩标准承载力值并附有沉降要求。工程上一般采用第一和第三种方法。

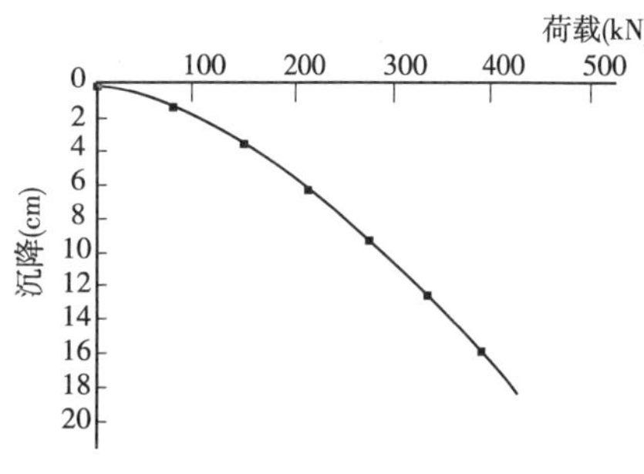


图 12-7　复合地基应力集中

宁夏大武口电厂工程碎石桩单桩荷载试验　表 12-2

| 桩号 / 加荷级数 | 第 855 号 桩 | | | | | | | | | | |
|---|---|---|---|---|---|---|---|---|---|---|---|
| | 1 | 2 | 3 | 4 | 5 | 6 | 7 | 8 | 9 | 10 | 11 |
| 累计荷载(kN) | 57 | 113 | 170 | 227 | 284 | 311 | 339 | 369 | 390 | 425 | 453 |
| 累计沉降(mm) | 0.37 | 1.8 | 3.29 | 4.97 | 5.44 | 7.21 | 9.74 | 11.5 | 12.8 | 14.9 | 16.6 |

2. 大型荷载试验

我国首次将振冲法用于加固大型工程中是江苏南通天生港电厂,在这项工程开工前总计做了6组复合地基大型荷载试验。每组由16根碎石桩组成正方形排列,桩间距1.5m,桩径0.8m。荷载板为3m×3m的正方形厚钢板,中间需加强板的刚度,荷载板压在16根桩的中心位置的4根桩为承载试验桩。为了统一规格,便于资料统一分析,以后十几年的大型工程都采用这种大型荷载试验。后来进一步发展了复合地基加固工程,开始用一根桩做复合地基荷载试验。但这种单桩复合地基试验成果应用时必须小心,它与群桩复合地基有较大差别。大型荷载试验的操作规程如下:

(1)试验总荷载可由三种方法选定:

①估计的复合地基或天然地基的破坏荷载;

②设计荷载二倍;

③特殊要求的荷载。

一般采用第二种方法,这样所决定的总荷载如能达到,则安全系数不小于2。

(2)每级荷载取用总荷载的1/8~1/12。

(3)沉降测读是当荷载施加前测读沉降标;当本级荷载加完后,立即测读一次沉降标,以后每隔半小时测读一次,当沉降读数变化幅度较小时也可以改为间隔一小时测读一次。

(4)每级荷载的稳定标准为相邻两次读数的累计沉降量达到每小时小于或等于0.25mm时为止。

(5)终止试验条件为下述条件之一:

①荷载板突然下沉,地面出现裂缝;

②某级荷载施加后经24h沉降尚达不到稳定标准,沉降速率无明显减小趋势;

③总沉降量超过荷载板宽度的10%;

④荷载或沉降量已达到设计要求。

(6)试验操作时的注意事项:

①荷载板就位前地面需抄平,并在地表面铺设10~20cm厚的砂层,如需埋设压力盒,则可埋在砂层中;

②荷载板四个角点设置4只沉降标,标杆必须离荷载板边缘外1.5m,入土1.5m;

③标杆上设置百分表或游标卡尺测读沉降,也可用位移传感器接单板机,用电脑测读;

④4个标杆一次读数,取用平均值为沉降值;

⑤每级加荷时可以考虑调整荷载板的倾斜,使荷载板在整个试验期间始终保持平稳;

⑥每级试验必须连续进行,不允许中途停顿。

这里举南通天生港电厂复合地基大型荷载试验为例。碎石桩长7m,桩间距1.5m,正方形布置,荷载板3m×3m。荷载板中心部位压4根碎石桩,四周12根碎石桩。总荷载设计为2700kN,即荷载为300kN/$m^2$,分9级加载,最终测得沉降量为52.53mm。荷载板用50mm厚钢板制成,板面上架30号工字钢两层,每层5根作加强肋。钢梁长5m,将荷载板放大至5m×5m,使荷载堆高降低,重心下降。荷载板四个角点外距1.5m处用角钢做表架,用百分表测读沉降。地坪抄平后铺砂 20cm，在砂面上埋有土压力盒 9 只，其中 4 只在桩顶，5 只在桩间及中心点，这些压力盒可以测定桩土应力分配情况。

试验成果列入表 12-3 内，表中列有荷载、沉降、基床系数及变形模量。基床系数和变形模量用下式计算

$$C = \frac{p}{S} \tag{12-28}$$

$$E_0 = (1-\mu^2)\frac{P}{SD} \tag{12-29}$$

式中：$p$——荷载板上压力（kPa）；

$S$——沉降量（cm）；

$C$——复合地基的基床系数（$kg/m^3$）；

$P$——荷载板上的荷载（kN）；

$\mu$——复合地基的泊松比；

$E_0$——复合地基的变形模量（kPa）。

天生港电厂大型荷载试验成果　　表 12-3

| 加荷级数 \ 编号 | 第 4 组 7m 长碎石桩复合地基 | | | | | | | | |
|---|---|---|---|---|---|---|---|---|---|
| | 1 | 2 | 3 | 4 | 5 | 6 | 7 | 8 | 9 |
| 累计荷载（kN） | 360 | 720 | 1080 | 1440 | 1800 | 2160 | 2040 | 2520 | 2700 |
| 累计沉降（mm） | 0.406 | 0.106 | 0.193 | 0.253 | 0.316 | 0.402 | 0.444 | 0.479 | 0.505 |
| 基床系数（$kg/cm^3$） | 85.9 | 75.5 | 62.4 | 63.3 | 63.5 | 57.6 | 58.5 | 58.4 | 57 |
| 变形模量（kPa） | 20000 | 17600 | 14500 | 14750 | 14800 | 14000 | 13650 | 13650 | 13300 |

## 三、施工检验

### 1. 抽样检验

对于黏性土地基可以用单桩静荷载试验来检验单桩承载力。一般来讲，无特殊要求的中小工程已能满足设计要求。如有特殊要求可用大型荷载试验。用Ⅱ型动力触探测试，其探头贯入量：10cm 时击数不小于 15 次。还可以用专门为测定碎石桩体密实情况的大型静力触探，该仪器由南科院研制。

有关检验数量问题，鉴于复合地基变化较大，难于控制，故规范要求抽查量较大，例如："公路软土地基路堤设计与施工技术规范"（JTJ017－96）要求抽查 5%，这样数量太多，费用大。应首先对地基情况了解清楚，制订明确的制桩工艺要求，施工监督严格，在此基础上选择地基薄弱地区随意抽查，其量以黏性土地基 400～600 根抽查一个样本，小工程总的样本不得少于 3 个。

### 2. 交工验收

加固施工完毕后，应按施工合同进行施工质量检验，编写施工的交工报告。在交工报告中应详细说明加固设计和加固施工中的各个环节，以及加固前后的各项技术指标。施工期间的各次现场检验的技术资料，论证实际加固后地基所达到的加固效果，同时应交验全套施工现场原始资料作为隐蔽工程的验收依据之一。

## 第六节　振冲法加固工程实例

1. 工程概况

1988 年 11 月 6 日，云南西部地区的澜沧、耿马发生 7.6 级地震，该强地震波及十多个县市。其中施甸县位于耿马之北，偏西约 10°，距震中直线距离约 130km，由于强地震波及施甸，城区地震烈度大于 7 度。这次地震使施甸县许多建筑物遭到不同程度的破坏，而经振动水冲法加固地基的施甸县邮电大楼却安然无恙，它显示出振动水冲法加固地基的抗震效果。

施甸县邮电大楼位于城南，建筑物呈 L 形布置，转角处为营业大厅，框架结构，两翼为砖混结构，高度为 10 ~ 16m，内设邮电机房，荷载为 80MPa。该建筑物用振动水冲法加固地基。

2. 地质概况

该房屋的地基土层可分为 8 层：

(1)耕植土，厚 2.2m，褐色，软塑，高压缩性；

(2)泥炭土，厚 5.5m，黑褐色，泥炭与淤泥互层，含水率 206%，孔隙比 4.61，天然密度 $1.18g/cm^3$，流塑状；

(3)亚黏土，厚 0.6 ~ 2.0m，褐灰色，含腐殖物及贝壳碎片、软塑；

(4)亚黏土夹砾砂，厚 1.1 ~ 2.5m，紫色，软塑；

(5)有机质黏土，厚 0.6 ~ 5.0m，黑色，软塑；

(6)砾砂层，厚 0.6 ~ 8.1m，圆砾，充填物为亚黏土，稍密状；

(7)黏土，厚 1.1 ~ 1.5m，黄灰色，软塑；

(8)泥炭，厚 2.4 ~ 3.7m，黑色，流塑。

3. 振动水冲法设计与施工

框架结构地基梁宽为 3.5m，在梁的纵向按 1.8m 间距布桩，横断面 3 排，按 1.2m 间距，将中间一排错位成等腰三角形。砖混结构地基梁宽 2.1m，在梁的纵向按 1.65m，横向按 1.05 间距，外边两排在地基梁边沿线上，中间一排错位后成等腰三角形布桩。

施工时要求密实电流达到 55 ~ 60A，石料用 5 ~ 8cm 碎石，ZCQ – 30 型振冲器施工，共使用 $2546m^3$ 石料，施工后挖开检查桩径为 90cm。

4. 变形观测

1987 年 11 月 24 日开始进行沉降和倾斜观测，1988 年 11 月 29 日地震后再次进行观测，观测结果列入表 12-4 和表 12-5 中。

**1987 年 11 月 24 日至 1988 年 11 月 29 日沉降观测结果**　　表 12-4

| 点　号 | *B* | 5 | 6 | 9 | 11 | 13 | 13 | 11 | 9 |
|---|---|---|---|---|---|---|---|---|---|
| 沉降量(mm) | 148 | 140 | 140 | 144 | 153 | 153 | 125 | 120 | 133 |
| 点　号 | 5 | *H* | *L* | *Q* | *Q* | *L* | *H* | *F* | *D* |
| 沉降量(mm) | 135 | 130 | 105 | 99 | 92 | 107 | 131 | 145 | 146 |

1988 年 11 月 29 日倾斜观测结果　　表 12-5

| 点号 | B | 5 | 11 | 13 | 13 | Q | Q | H |
|---|---|---|---|---|---|---|---|---|
| 方向 | W | EW | E | E | E | E | E | E |
| 倾斜量(mm) | 23 | 0 | 10 | 25 | 17 | 30 | 25 | 0 |
| 方向 | S | S | S | S | S | S | N | SN |
| 倾斜量(mm) | 20 | 23 | 8 | 25 | 15 | 5 | 10 | 0 |

表 12-4 中为 1987 年 11 月 24 日至震后 1988 年 11 月 29 日的沉降观测结果，最大差异沉降发生在 13 - 1 与 13 - 2 两点之间，两者仅差 28mm 沉降量，倾斜观测结果仅 Q - Q 轴有 25 ~ 30mm 倾斜量，其余均小于此值。

5. 震后调查

施甸县在澜沧、耿马大地震中震害较大，大量房屋结构破坏，一些老建筑物南北向屋面开裂，在近几年新建筑物中以县医药公司和县政府招待所破坏较典型。

县医药公司，4 层框架结构大楼，地震后部分梁柱开裂，东西两端山墙严重破坏，墙体错位，砖块松散跌落。

县政府招待所，四层框架 L 形结构，主楼附楼设计时留有抗震缝，楼梯间设在主楼内，楼梯休息平台伸出与附楼相接，中间留有抗震缝，地震时主附楼碰撞挤压，造成休息室平台开裂，震后主附楼差异沉降量达 180mm。

县邮电大楼分别距医药公司 200m 和县招待所 300m，在这次大地震中前者完好，后两者均发生结构破坏，可见振动水冲法加固地基的抗震效果是理想的。

## 第七节　振动置换法

### 一、振动置换法加固原理(大粒径碎石桩)

振动置换法，顾名思义就是置换，通过振冲器用碎石去置换淤泥。既然是置换法，就有个置换量的问题。振动置换法用于加固不排水强度小于 10kPa 的淤泥，它的置换率一般均需大于 30%，小于这个置换率，加固效果大大降低。振动置换法加固后由碎石和流动状的淤泥组成振动置换体，这种置换体如果没有足够的碎石骨架，它就无法处于稳定状态。前面讨论的碎石桩，它是依赖于四周土体支撑的散粒体桩，因此要求四周土体有足够的强度，当土体强度逐渐降低，则碎石桩的体积就逐步增大。但桩体积的增大有一定限度，所以当加固的土体强度小于 10kPa，桩体直径增大到 100cm 以上时，必须考虑碎石桩的石料粒径。众所周知，碎石粒径愈大，则碎石桩的力学性能愈佳。举个极端事例，当碎石粒径大到用一块石头做桩，就是混凝土桩，因此碎石粒径增大有利于提高复合地基的承载力和抗滑稳定性。必须指出，目前规范规定的 2 ~ 5cm 的碎石粒径，最大不超过 8cm 的粒径，这是由两个原因产生的：①当初设计振冲器时，要求达到施工 2 万延米桩的寿命，如果碎石粒径太大，造成振冲器外壳磨损较快，达不到振冲器设计指标，为此商定此粒径指标。②当 1976 年开发、建立振冲法技术时，加固黏性土地基规定地基土不排水强度必须大于 20kPa，后来逐步向小于 20kPa 发展，甚至如天津长芦盐场的化工厂，最低仅为 16.4kPa。自 1988 年在广东珠江三角洲一带遇到了淤泥地基，这种地基不排水强度都小于10kPa，由此提出大粒径碎石桩的振动置换法，要求碎石粒径以15cm为主体，它应占总量的50%，其次是10cm和8cm。在理论方面，碎石粒径的质量评判指标可以用Brown1977年提出的计算方法，该计算式为

$$f = 1.7\sqrt{\frac{3}{{D_{50}}^2}+\frac{1}{{D_{20}}^2}+\frac{1}{{D_{10}}^2}} \tag{12-30}$$

式中：$D_{50}$、$D_{20}$和$D_{10}$——分别为筛分通过量50%、20%和10%的骨料粒径；

$f$——质量评判指标。

当$f=0\sim10$时为优质，$f=20\sim30$时为一般，$f>50$时已不宜采用。这个质量评判公式认为散粒体桩的粒径愈大，散粒体桩的质量愈好。目前在珠江三角洲一带使用大粒径碎石桩效果比较理想，近几年在新会天马港、荷塘码头、东莞华润水泥厂三万吨级码头、中山小榄江边油库、莲花山码头、广珠东线高速公路灵山试验路段、莲花山集装箱厂、珠江电厂以及西江整治的横塘河堤地基加固等，都获得了较好的加固效果。

**二、振动置换法设计**

*1. 复合地基稳定分析*

复合地基的稳定计算式目前尚无理想的理论和计算方法，只能采用通常的总应力圆弧滑动法，按平面问题计算。计算中的强度指标的取用，以往常用桩间土和桩体两者强度指标的加权复合来取得复合地基的强度指标，这种方法在计算时有一些计算指标无法确定，例如碎石桩的强度指标就只能凭经验来选用，对于重大工程就难以控制。自1995年在广东新会市天马港做了“大粒径碎石桩现场大型综合试验”，这个试验用大型直剪法取得直径100cm的碎石桩和150cm的复合体的强度指标，为稳定计算取得复合地基强度指标开辟了新途径。1999年广东省航道局开展珠江的西江整治工程，用大粒径碎石桩加固河堤的淤泥地基，又在横坑做了“大粒径碎石桩大型直剪试验”，该试验做了直径2m的复合体剪切试验，又将复合地基的稳定分析技术向前推进了一步。笔者建议复合地基的稳定分析指标，有条件的大中型工程，都应在现场做大型直剪试验，以取得真实指标供设计应用。

目前尚没有考虑两种材料复合的常用计算式，只有用各种方法将两种材料通过各种假定组合成复合材料的强度指标，然后用总应力法计算稳定。现分别介绍取得复合地基稳定计算指标的三种方法。

(1)复合地基和碎石桩大型现场剪切试验。广东省新会市天马港大型碎石桩复合地基剪切试验，碎石桩直径1m，复合体直径1.5m。每组剪切三根，加压剪切过程为：先加上垂直压力，待垂直位移小于0.25mm/h时开始剪切，水平力设计分为10级，每级剪力下达到水平位移小于0.1mm/min时施加下一级剪力，当水平位移量达到20%的试样直径或水平位移不稳定时，认为试样已剪坏，终止试验。通过试验得知，每级水平剪力的加载时间约10min。资料整理为先将平均剪应力$S$和剪切位移$L$绘制成$S-L$曲线，从曲线中分析试验的可靠性，同时获取剪损时的$\tau$值与相应的$P$值，再绘制$\tau-P$曲线，从而得到强度指标。这些强度指标如表12-6所示。即碎石桩的$c_p=28$kPa，$\phi_p=47°$；复合体$C_{sp}=10$kPa，$\phi_{sp}=42°$。

碎石桩、复合地基剪切试验成果统计表　　表 12-6

| 类别 | 桩体直径（cm） | 垂直应力（kPa） | 极限剪应力（kPa） | 摩擦角（°） | 抗剪强度指标 | |
|---|---|---|---|---|---|---|
| | | | | | $c_p$（kPa） | $\phi_p$（°） |
| 单桩 | 100 | 74.5 | 114.7 | 56.3 | 28 | 47 |
| | | 127.3 | 165.6 | 52.4 | | |
| | | 178.3 | 217.7 | 50.7 | | |
| 复合体 | 150 | 50.9 | 55.9 | 47.7 | 10 | 42 |
| | | 70.4 | 84.6 | 46.9 | | |
| | | 101.9 | 93.4 | 42.5 | | |

（2）Aboshi 复合方法。振动置换法用来提高流动状态淤泥地基的抗滑稳定性，例如码头岸坡、路堤地基等是很有效的，近年来这类工程的加固愈来愈多。加固的复合地基的稳定分析需采用复合土层的抗剪强度指标。复合土层抗剪强度分别由桩体和桩间土体产生的两部分强度组成（图 12-8）。Aboshi 等 4 人于 1979 年提出按平面面积加权计算的方法，计算式为

$$S_{sp,k} = (1 - m)c_u + mS_{pk}\cos\alpha \tag{12-31}$$

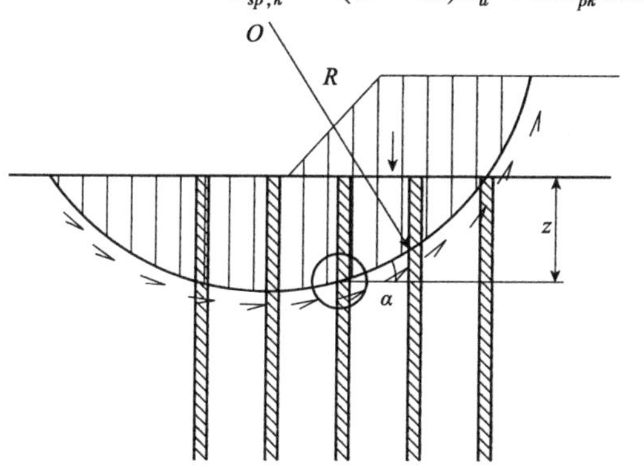


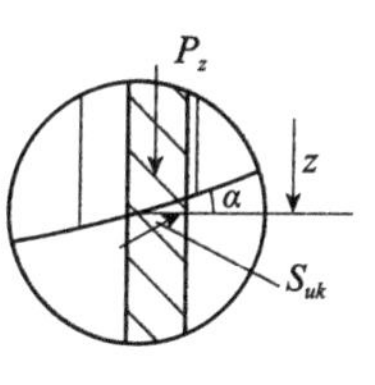


图 12-8　复合地基稳定分析图

式中：$S_{pk}$——桩体的抗剪强度；

$\alpha$——滑弧切线与水平线的夹角，见图 12-8。

桩体抗剪强度由下式计算

$$S_{p,k} = P_z\tan\phi_p\cos\alpha \tag{12-32}$$

式中：$P_z$——作用在滑弧面的垂直应力，可按下式计算

$$P_z = \gamma'_p Z + \mu_P\sigma_z \tag{12-33}$$

其中：$\mu_p$——应力集中系数，

$$\mu_P = \frac{n}{1 + (n - 1)m} \tag{12-34}$$

$S_{sp,k}$——复合地基抗剪强度标准值（kPa）；

$S_{p,k}$——桩体抗剪强度标准值（kPa）；

$S_{uk}$——桩间土不排水剪强度标准值，可取现场十字板强度小值平均值（kPa）；

$\phi_p$——桩体内摩擦角（°）；

$\gamma_p$ ——桩体重度标准值,水下用浮重度($kN/m^3$);

$Z$ ——桩顶至滑弧上计算点的垂直距离(m);

$\sigma_z$ ——桩顶平面上的荷载引起的计算点垂直附加应力标准值(kPa);

$m$ ——面积置换率,$m = d^2/d_e^2$;

$d$ ——桩直径(m);

$d_e$ ——桩的等效影响直径(m);

$n$ ——桩土应力比,砂土取1~3,软土取3~6,土愈软取值愈大。

(3)Priebe的复合方法[10]

1978年Pviebe提出一种加权复合法,设桩间土的不排水强度为$S_{uk}$,摩擦角为$\phi_{uk}$,桩体的抗剪强度$S_{pk}=0$,摩擦角为$\phi_p$,复合土地基的抗剪强度指标为

$$S_{sp,k} = (1 - \omega)S_{uK} \tag{12-35}$$

$$\tan\phi_{sp,k} = \omega\tan\phi_p + (1 - \omega)\tan\phi_{uK} \tag{12-36}$$

式中:$\omega$ ——参数,它与桩土应力比,面积置换率有关,它的定义为

$$\omega = \frac{m\sigma_p}{\sigma_Z} \tag{12-37}$$

本方法使用时要注意,假定$S_{uK}=0$是不可能的,在软土地基中设置碎石桩,碎石中间必定有软土进入,因此$S_{uK}$是不可能等于0的。其次是桩土应力比在珠江三角洲的软土地基一般可达6,而$m$值又大于0.3,因此对于大粒径碎石振动置换法$\omega$可以大于0.6。实践结果许多工程加固效果较好。

从上述3种方法分析可见,目前国内已具备开展大型直剪试验,直接从现场试验中取得资料,建议大中型工程或重要的抗滑工程必须做现场试验。

2. 振动置换法复合地基的沉降分析

复合地基的沉降分析由两部分组成,一部分是加固区的沉降;另一部分为加固区下面的下卧层的沉降,下卧层沉降用一般的分层总和法计算。加固区的沉降计算有几种方法:

(1)用弹性理论方法,按轴对称问题计算,则在刚性基础下可用前述的式(12-16)计算;

(2)可以通过现场复合地基的荷载试验来获得复合地基的变形模量,计算式为

$$E_{sp} = \frac{(1 - \mu^2)P}{SD} \tag{12-38}$$

式中:$P$ ——荷载(kN);

$S$ ——沉降量,一般取0.02$B$时的沉降,$B$为荷载板宽度(cm);

$D$ ——圆形板的直径,其他形状的板需换算成当量圆板直径(cm);

$\mu$ ——复合材料的泊松比,一般碎石取0.25,黏土取0.35,复合材料取0.31;

$E_{sp}$ ——为复合地基变形模量(kPa)。

得到了复合地基变形模量后就可通过下式计算压缩模量$E_{sp}$

$$E_0 = E_{sp}\left(1 - \frac{2\mu^2}{1 - \mu}\right) \tag{12-39}$$

例如新会市天马港10m长和21m长桩的复合地基荷载试验得到的变形模量分别为4735kPa和8094kPa,用式(12-39)计算,分别获得的压缩模量为3416kPa和5839kPa。有了

压缩模量就可用分层总和法计算复合地基的沉降。

(3)平均刚度模数法。该法适用于刚性基础。首先考虑基底接触应力的平衡方程为

$$f_{sp,k}A_0 = f_{p,k}A_p + f_{s,k}A_s \tag{12-40}$$

式中：$A_0$、$A_p$ 和 $A_s$——分别为复合地基面积、桩顶面积和桩间土的面积($cm^2$)；

$f_{sp,k}$、$f_{p,k}$ 和 $f_{s,k}$——分别为复合地基、桩顶和桩间土顶面上的承载力标准值($kN/m^2$)。

假定复合地基中的应变协调方程式为

$$\lambda_0 = \lambda_p = \lambda_s \tag{12-41}$$

且有

$$\lambda_0 = \frac{f_{sp,k}}{E_0}, \lambda_p = \frac{f_{p,k}}{E_p}, \lambda_s = \frac{f_{s,k}}{E_s} \tag{12-42}$$

将式(12-40)和式(12-42)合并，最后得

$$E_0 = [(n-1)m+1]E_s \tag{12-43}$$

或

$$E_0 = \eta E_s \tag{12-44}$$

式中：$E_0$——复合地基变形模量(kPa)；

$\eta$——平均刚度模数；

$E_s$——桩间土的变形模量(kPa)。

平均刚度模数法使用时要注意：假定应力分配和应变分配是一致的，实际情况可能不完全如此，例如以天马港现场试验为例，天然地基的变形模量为2170kPa，复合地基为8094kPa，桩径1m，桩间距1.5m，当桩土应力比达到6时，因为天马港的淤泥特别软弱故$n$取用6尚合理，则按(12-41)式计算，$E_0$ =6992kPa，与实测值相差13.6%。如果$n$取5，则两者差25.5%。可见使用平均刚度模数法要考虑多方面的因素。

## 三、振动置换法施工工艺

振动置换法的施工工艺与前述振动水冲法施工技术大致相同。由于被加固的土质更软、强度小、含水率高、置换量大、用的石料粒径大、制的桩径粗大，所以在施工工艺上必须注意如下几点：

(1)电流和水量不宜超过前述的上限，电流一般在空振电流的基础上加上15~20A的制桩电流即可。如果要求制成1.1m直径的桩，则制桩电流需达20~25A，总的电流可能达到50~55A、水压在600kPa就能满足。

(2)开孔需注意孔的垂直度，否则超过8~10m深度桩的倾斜度会较大。一般用吊机施工难于控制桩的垂直度，除非采用尼日利亚导向架，用专用平车台做桩不会出现偏斜。

(3)开孔后必须进行清洗孔内泥浆，要求进行2~3次洗孔才能达到孔内水清，制桩时就容易控制各项指标。

(4)制桩时注意桩的底部1m要做好，由于灌入孔内的石料部分被孔壁吸纳，而起了护壁的作用，所以孔底1m的用料较多，做孔底一段桩用电流严格控制，一旦孔底段桩做好，逐段做上来就比较容易，质量也容易控制。

(5)用振动置换法加固的试制桩很重要，因为土质软，制桩难度大，又是大粒径，所以如何达到设计指标必须通过试制桩来完成。

## 四、振动水冲置换法的试验和检验

振动水冲置换法的试验。有几种方法，单桩和复合地基静荷载试验，与前述方法相同。此外，尚有3种试验：一种是重型动力触探试验，第二种是大型剪切试验，第三种是大型静力触探试验。

(1)重型触探试验。锤重63.5kg，重锤落距76cm，每贯入10cm时击数超过10~15击时为合格。通过重型触探可以了解碎石桩体沿深度的质量。

(2)大型直剪试验。当大粒径碎石桩制成后，将设计好的钢环套上，随即将四周土挖除，边挖除边将钢环下沉。将上端碎石除去1.5m，此时钢环停止下沉，将试验场地内做剪切试验的桩体和复合桩体钢环都套好，然后开挖整个场地至钢环底以下32cm。场地浇制混凝土底板，底板厚30cm，板与钢环底之间留空2cm。至此场地已准备完毕。每根试桩在钢环上盖上专用盖，盖中心留有千斤顶位置。搭设荷载台时，在台架两侧放置槽钢，槽内放滚珠，盖上盖板后用点焊锁住，再开始铺型钢搭台及堆放重物。剪切开始前在钢环外套上加强肋环，先施加垂直荷载，开锁后进行剪切。

(3)大型静力触探。该仪器是南京水利科学研究院专用于检验碎石桩质量而研制的。探头和钻杆都仿制于动力触探，在钻杆外套上一个大型荷载台，该台可堆放80t重物作为反力，进行触探时通过马达进钻。

# 第八节　振动置换法工程实例

## 一、工程实例一：天马港深厚淤泥加固工程

(一)现场大型碎石桩直剪试验

自1978年江苏南通天生港电厂做3m×3m大型荷载试验以来，各类地基加固方法都采用荷载试验获得复合地基的承载力，但复合的强度指标却一直未能从实际工程中得到。这是由于试验技术比荷载试验难，且费用大的缘故。新会市天马港有机会做直剪试验，环绕直剪试验，还做了滑坡试验和荷载试验，实际上是为解决天马港的软基加固而做了一个大型综合试验。

1. 场地和土质情况

天马港区分为前方区和后方区，前方区位于原有堤防线外的水域内，水深3m，面积2万平方米；堤防线内为陆域，约13万平方米。前方区淤泥深21m，后方区最深达30m。试验区选在靠近堤防线，土质情况见表12-7，第一层为耕植土，厚1m；第二层为厚8.6m的高含水率淤泥；第三层为1m厚的贝壳粉砂层；第四层厚7.4m的高含水率淤泥；第五层是土质稍好的黏土夹粉砂。

2. 试验区的设计

设计的试验区为40m×30m，分成两块，见图12-9。一块为振动置换区，其中设80根大粒径碎石桩，直径均为1m，间距1.5m，桩长21m的有16根，10m的有64根。另一块为滑坡试验区，基坑深3m，边坡为1:2.7，在坡上设5m长碎石桩3根，坡顶为加载区，模拟未来的岸坡。边坡上设置9根监测表面位移的木桩，坡脚和坡中间设三根10m深的测斜

管,监测加载过程中边坡侧向位移情况。

天马港土质资料汇总 表 12-7

| 土 质 描 述 | | 耕 植 土 | 深灰色淤泥流塑状 | 贝壳、砂、粉砂 | 深灰色淤泥质土流塑状 | 黏土夹粉砂 |
|---|---|---|---|---|---|---|
| 深度(m) | | 0~1 | 1~9.6 | 9.6~10.4 | 10.4~18 | 18~21 |
| 含水率(%) | | | 80.41~85.7 | | 63.23~84.6 | |
| <0.005 细颗粒含量(%) | | | 47.5 | | 57 | |
| 压缩系数($MPa^{-1}$) | | | 0.31~4.6 | | 4.1 | |
| 固结系数($10^{-3}cm^2/s$) | | | 0.56 | | 1.12 | |
| 十字板强度(kPa) | | | 5.8 | | 8.25 | |
| 无侧限强度(kPa) | | | 14.2~26 | | 40.9 | |
| 快剪强度 | $c_p$(kPa) | | 10.2 | | 13.35 | |
| | $\phi$(°) | | 1.1 | | 2.4 | |

3. 现场大型直剪试验

(1)试样制作。剪切的试样由 $\phi$100cm 的碎石桩体和 $\phi$150cm 的复合体各三根组成。首先将 $\phi$100cm 和 $\phi$150cm 的钢环套上,然后开挖,下沉钢环,至环顶上露出 1.5m 时停止开挖。整平地面,浇制混凝土底板,板厚 30cm,板与钢环底留空 2cm。然后削去桩顶 1.5m 桩体,盖上桩盖。再搭设两个相连的专用荷载台,注意台两侧边墙顶上必须锁住导轨。

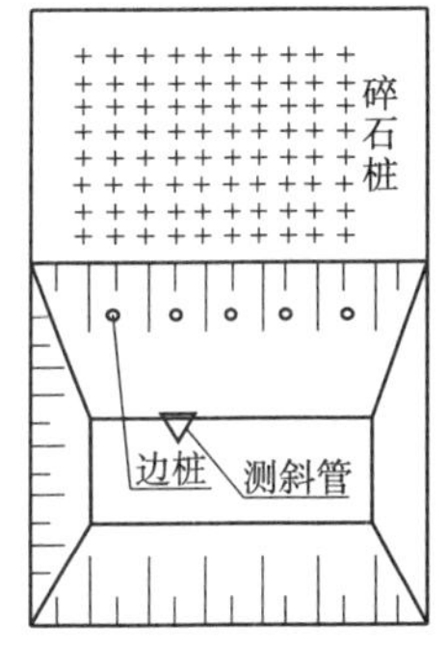


图 12-9 试验区平面图

(2)试验操作规程

①钢环的直径 100cm 和 150cm,高 50cm,试样最大粒径为 15cm,因此 $D/d_{max}=10$ 和 6.67,$H/d_{max}=3.33$,均在 SDS01－79 规程所规定的 $D/d_{max}=5\sim14.2$ 和 $H/d_{max}=2.5\sim14.3$ 的范围内。加载设备为 WV－300 型液压加载器,可以自动补偿稳压。变形测量用大量程位移传感器,通过应变仪可以远距离量测。

②加压过程为:先加上垂直压力,待垂直位移速率小于 0.25mm/min 后开始施加水平剪力,进行剪切。

③水平剪力设计分 10 级,每级剪力在达到位移速率小于 0.1mm/min 时施加下一级剪力。

④当水平位移量达到试样直径的 20%,或水平位移不能稳定时,认为试样已经剪坏,终止试验。

通过本试验得知每级水平加荷时间约为 10min。

(3)水平位移装置。本试验的核心装置是由两个荷载台组成(图 12-10),每个台上堆放 600kN 荷载,剪切时一个台作为固定荷载台,另一个是跟随剪切过程需进行水平移动 30cm 以上。要求该装置在整个剪切移动过程中,千斤顶一边上面顶着 600kN 荷载,一边不断稳定地水平移动,千斤顶不能倾斜和倾倒,始终保持垂直。为达到上述目标,在荷载台两侧边墙顶设计了一套用槽钢和盖板组成,中间设有钢珠的导轨。试验前务必锁住导轨,开锁后再行剪切。通

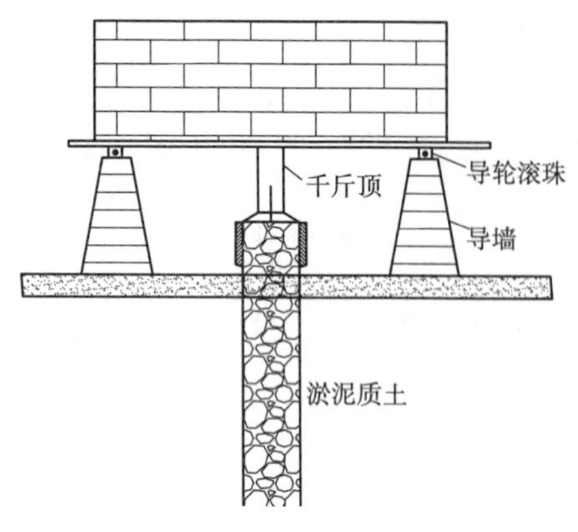


图 12-10　剪切试验装置图

过试验得知,这套装置简便灵活,使用过程中比较理想,确保了试验成功(图 12-10)。

(4)试验结果。试验资料按平均剪应力 $S$ 和剪切位移 $L$ 整理并绘制成图 12-11 的曲线,从曲线图中可以看出,除个别点的剪切速率未能控制好之外,大部分试验的变形规律性较强,曲线光滑,结果正确。再从 $S-L$ 曲线中取得剪损时的 $\tau$ 值与相应的 $P$ 值,可绘制成 $\tau-P$ 曲线,如图 12-12,由图中得到碎石桩抗剪强度指标 $c=28\text{kPa}$, $\phi=47°$;复合体的 $c=10\text{kPa}$, $\phi=42°$。这些指标是国内首次从现场取得,可以为设计采用。

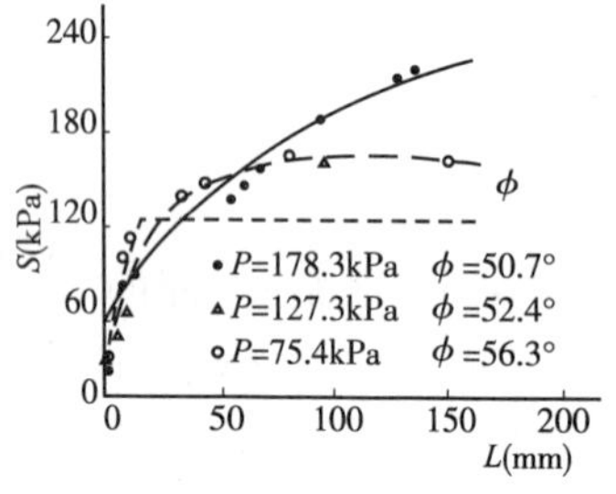


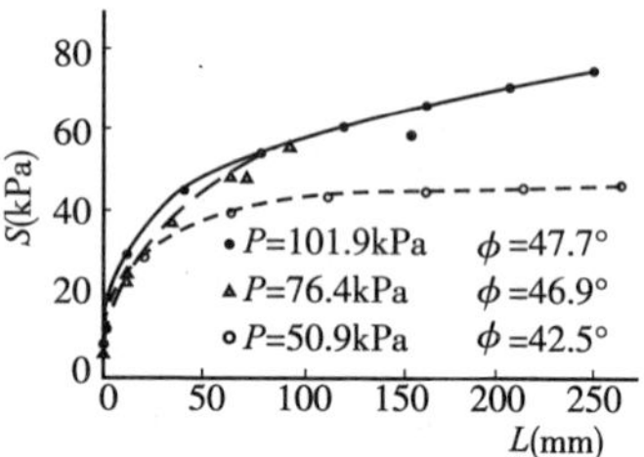


图 12-11　剪切试验结果

(二)现场滑坡试验

1. 滑坡试验的布置

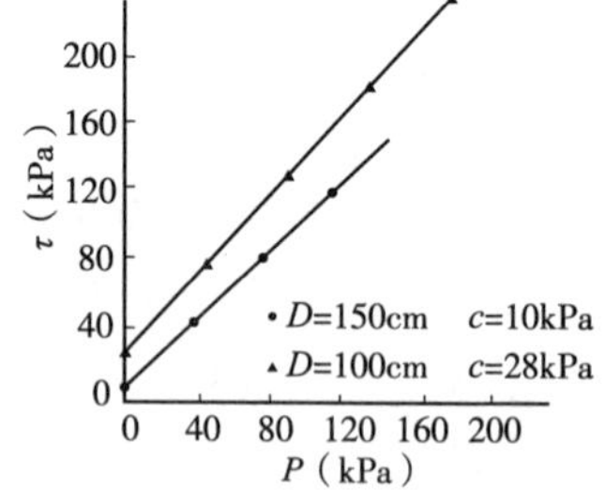


图 12-12　剪切试验结果

在 80 根碎石桩中,有 16 根 21m 长桩,分别设置在距滑坡边沿线 3m 处,边缘线 16m 的中间 15m 布置 11 根桩,其中间 4 根为 21m,设 4 排,其余都为 10m 长桩。此外,在坡面上设三根 5m 长桩,桩顶埋在坡面下。试坑上口为 20m×16m,下口为 11m×3m。边坡上设 9 根木桩监测边坡表面移动,坡脚处设 3 根 10m 深的测斜管,监测深层土的侧向移动。上口坡顶边缘处设 6m×3m 的堆载区,分两次堆载,总计为 60kPa 的荷载。因为码头设计荷载为 40kPa,试验采用 1.5 倍。

2. 滑坡试验过程

首先开挖试坑,坑深 3m。开挖过程中无碎石桩的三个面均有坍塌,只能放缓边坡,保持稳定。有碎石桩一边挖成 1:2.7 后开始试验。滑坡试验在全部其他试验结束后进行。荷载分两次施加,第一次施加 40kPa,停歇一天,测得坡脚处最大位移 18mm,影响深度 6.2m;第二次加至 60kPa,测得坡脚处最大位移 30mm,影响深度 10m。天马港岸坡 1:3,要求荷载 40kPa,本试验边坡 1:2.7,荷载 60kPa,最大位移 30mm。实际码头在施工过程中发生 8~12cm 的位移量。试验过程见图 12-13 所示。

(三)大型荷载试验

荷载试验共做 5 组,按前述的操作规程做试验。荷载板为 1.5m×1.5m,板厚 30cm,为含钢率加大的钢筋混凝土板。试验分天然地基、10m 长单桩、21m 长单桩、10m 桩长的复合地基和 21m 桩长复合地基。单桩试验在桩头上放一块 100cm 厚的钢筋混凝土板，上搁 1.5m×1.5m 荷载板。试验结果见图 12-14 和表 12-8，从表中资料可知，复合地基可达 200kPa 的承载力，完全可以满足工程要求。

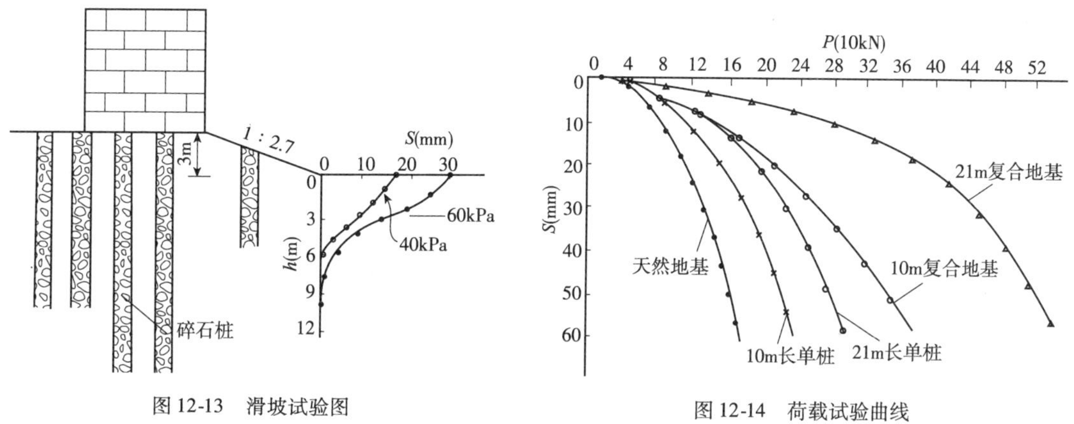


图 12-13　滑坡试验图

图 12-14　荷载试验曲线

**荷载试验成果汇总表**　　表 12-8

| 组别 | 类别 | 桩长（m） | 荷载板面积（$m^2$） | 承载力（kPa） | | 变形模量（kPa） | |
|---|---|---|---|---|---|---|---|
| | | | | 0.02$B$ | 0.03$B$ | 0.02$B$ | 0.03$B$ |
| Ⅰ | 天然地基 | | 2.25 | 58.7 | 69.3 | 2170 | 1821 |
| Ⅱ | 单桩 | 10 | 1.0 | 150 | 174 | 6070 | 4695 |
| Ⅲ | 单桩 | 21 | 1.0 | 190 | 226 | 7689 | 6097 |
| Ⅳ | 复合地基 | 10 | 2.25 | 117 | 147 | 4735 | 3966 |
| Ⅴ | 复合地基 | 21 | 2.25 | 200 | 222 | 8094 | 5990 |

（四）工程应用

1. 天马港软基加固工程

新会市天马港位于珠江下游，距崖门出海口 80km。该工程码头位于 21m 深厚的强度仅 5.8kPa 的地基上。原设计为 1:6 的边坡，后方设钢筋混凝土板桩阻挡淤泥，经组织专家会审认为板桩无法阻挡淤泥，用大粒径碎石振动置换法能达到将边坡减为 1:3。码头面由原设计 30m 宽改为 19m 宽方案。由此决定采用试验所取得三项成果：①复合体的 $c=10$kPa，$\phi=42°$，单桩 $c=18$kPa，$\phi=47°$；②滑坡试验为 1:2.7，设计用 1:3，可以满足稳定要求；③荷载试验承载力为 200kPa，已超出工程要求的 40kPa。为此由上述指标进行设计和施工，设计为 8 排 $\phi$100cm 间距 150cm 的大粒径碎石桩，边坡为 1:3，码头面为 19m 宽。码头后方分为两个区，老堤后方为 13 万平方米，用 20～24m 长袋装砂井加固；老堤前方 1.6 万平方米用 20m 袋装砂井加固，所有砂井间距 1.5m。加固时从后向前推进，待后方加固完成后再施工碎石桩。码头长 260m，两端侧转 90°各长 60m。一端为工作码头，按 1.5m 间距布桩，桩长 21m，直径 100cm，共 8 排，排与排之间交叉成等腰三角形，总的加固宽度为 12m，共计 2133 根大粒径碎石桩，用石量约 3.5 万立方米。1995 年 3 月份开工，碎石桩施工完成后，按 1:3坡度前方削坡，再开始打桩做码头，至 1996 年中全部竣工，整个施工期岸坡处于稳定状态。天马港已投产运营近十多年,情况良好。必须指出,在本工程施工期间,天马港对岸的双水电厂码头(栈桥式结构)左右两侧堆场后方堆有4m高的砂,在一次落潮时数分钟内一侧堆场长约100m、宽50m、1.5万立方米以上的土方量滑入江中,停放在场地的汽车、挖掘机、摩托车等均滑入江内。其后另一侧也发生同样大小的滑动,可见这一带地基很软弱。

2. 华润水泥厂3万吨级码头

该工程位于广东省东莞市沙田镇,在南沙港区附近。设计3万吨级泊位两个,码头总长360m,结构形式与天马港相似。地基土质因夹有部分薄砂层,略好于天马港。本工程不另进行现场试验,直接应用天马港的试验资料进行设计。码头岸坡设计为1:4的边坡,后方用砂井施工,碎石桩直径100cm,间距150cm,共12排,加固宽度16m,共计2800根碎石桩,用石量约4万立方米,1995年5月开工,1996年4月完工。施工期曾在岸边堆有6m高的砂堆,岸坡依然稳定,工程投产使用多年,情况良好。

## 二、工程实例二:京珠高速公路广珠段灵山试验路段

1. 工程概况

本工程简称广珠东线,途经广州番禺、中山、珠海,全长131km,处于珠江三角洲河网地区。全线除桥梁外,90%以上路段建在深厚软土上,淤泥最厚达41.8m,含水率最高100.8%,孔隙比为2.736,压缩系数为4.4$\text{MPa}^{-1}$,十字板强度仅有6~15kPa,且河流水道纵横交错,平均150m长有一个建筑物。在这种地质地貌条件下,决定先在番禺灵山镇做个工程领先的试验路段。

2. 试验路段地质概况

试验段设在K23+612.85~K23+966.28,共计长353.43m。分成8种情况,第一段为30m长的水泥粉喷桩,该段位于桥台过渡段;第二至第五段4段为袋装砂井加固段,第六段为涵洞地基加固,第七段为袋装砂井加固段,第八段为25m长的碎石桩加固桥台过渡段。本试验路段土层自上而下分布为:①耕植土,1m厚;②淤泥,厚8.4~16m,$w=70.7\%$,$e=1.88$,$I_p=21.9$,$\alpha_{1-2}=2.2\text{MPa}^{-1}$;③淤泥质黏土夹大量中细砂,碎石桩加固区位于此土质上,刚好有一个大的中细砂透镜体,作为碎石桩下端搁置地层。

3. 施工情况

碎石桩用15m长,间距用1.5m(靠近桥端15m长)和1.8m(靠近砂井加固区长10m)两种,共长25m,桩径0.9m。施工用大粒径碎石,10~15cm粒径用量57%,15~17cm粒径14%,大于17cm有13%,小于10cm粒径占16%。施工用ZCQ-30型振冲器,成孔水压300kPa,供水量20$\text{m}^3$/h,振密电流45A,留振时间10~20s,每次灌料不超过0.5$\text{m}^3$。

4. 碎石桩处理桥头跳车的技术问题

按照汽车动力方程计算,当车速为80~120km/h时,桥头缓冲区长度应为25~30m,车辆跳高为1~2cm,最大水平跳距<2m。为此设计在靠近桥头15m内碎石柱为1.5m间距,靠路基边10m为1.8m间距,共25m长。承载力计算按前面介绍的方法,天然地基承载力标准值取40kPa,桩土应力比取$n=5$,计算得1.5m间距承载力标准值为120kPa,1.8m间距为94kPa,都能满足填土要求。用平均刚度模数法计算碎石桩区沉降量,用分层总和法计算砂层和下卧层区沉降量,计算结果如表12-9。

碎石桩加固区沉降算　　表 12-9

| 区域 | 桩间距（m） | 碎石桩区沉降（mm） | 砂层区沉降（mm） | 下卧层区沉降（mm） | 总沉降（mm） |
|---|---|---|---|---|---|
| Ⅰ | 1.5 | 458 | 133 | 660 | 1251 |
| Ⅱ | 1.8 | 589 | 133 | 660 | 1382 |

现场检验时，单桩荷载试验承载力标准值 210kPa，复合地基为 160kPa，都比计算值大，对于 5m 填土已能满足。实测沉降量与相邻的砂井区相比较见表 12-10。

砂井与碎石桩加固区沉降对比　　表 12-10

| 断面号 | 处理形式 | 间距（m） | 深度（m） | 最终沉降（cm） | 最大沉降速率（mm/d） | 减少沉降的百分率（%） |
|---|---|---|---|---|---|---|
| F | 袋装砂井 | 1.0 | 15 | 258.35 | 24.5 | |
| G | 碎石桩 | 1.5 | 15 | 157.0 | 12.5 | 41% |

从表 12-10 中资料可看出，碎石桩加固区比砂井区减少沉降量 41%，工后沉降量较小。工程 1999 年底投产，目前尚未发现有过大的差异沉降，很好地解决了桥头跳车问题。

## 第九节　目前几个规范中有关振冲法的条例分析

（1）振动水冲法适用于什么土质，以往规定适用于砂土。对于黏性土地基必须十字板强度大于 20kPa，后来又发展到 15kPa，目前已发展到应用于 6～8kPa。近年用于 10kPa 以下的工程规模都较大，用途也多起来，但主要用在抗滑稳定方面的工程。因此适用于什么性质的土，强度的限制已没有必要。尤其在沉降方面不敏感的工程，例如高速公路、码头岸坡和江河堤防等不必有所限制。

（2）对于碎石桩的桩径，目前有些设计者将振冲法视为与钢筋混凝土桩相类似，认为桩径大小可以用桩距来调整，还有充允系数等，这是错误的。目前还出现一些工程用 60cm 桩径。设计者不了解碎石桩是用振冲器来做成的，是散粒体桩，它的力学效应取决桩体的密实和嵌固于四周的土体的作用。ZCQ－30 型振冲器直径 351mm，成孔后的孔径一般在 50～60cm，如果做成 60cm 的桩径，则施工都只需将石料倒入孔中，稍加振动就能达到设计要求，至于留振时间和密实电流都无法记录，所制成的碎石桩力学性能很差。因此当初笔者研究振冲法时所规定 80cm 直径的桩是依据土的不排水强度大于 20kPa 为前提，至于桩的间距，ZCQ－30 型振冲器钻孔，经测定以 1.5～2.5m 为最佳状态，这是由振动能量传递所决定的。

（3）有关振冲器型号的选用。自 1976 年研制 ZCQ－13 型，后来定型为 ZCQ－30 型，近年又研制了 ZCQ－55 型、ZCQ－75 型和 ZCQ－125 型的系列产品，它们的参数见表 12-11。这里必需指出，ZCQ－30 型振冲器是定型研制，配套生产，当初确定这些参数，例如起吊设备，抗扭矩、用水量、水压力，甚之通水的胶管，各种接头，均全面考虑，因此多年来在工程使用中情况反映良好，起到了及时推广应用的积极作用。近年由于某些工程的特殊要求，例如抗震要求加固砂壳坝体或某埋层较深的可液化土层加固，ZCQ－30 型振冲器满足不了这方面要求，因此研究了其他型号。但是其他型号尚未考虑系统匹配，使用起来有不方便之处。现举南通天生港电厂1978年第一期工程和1993年第二期工程[12]，分别使用ZCQ－30型ZCQ－75型，两者比较结果汇总于表12-12。从表中资料可见，当置换率相同时，用ZCQ－30型加固的地基变形模量较ZCQ－75型的还大，这就说明ZCQ－30型加固的地基效果好。因此，在一般工程中，无特殊要求者使用ZCQ－30型振冲器已足够。必须指出，对深厚的中细砂地基就需要用大功率、大水量进行振密加固。此外，为加快施工速度，有的工程将两只振冲器用一根横梁吊挂同时振密浅层地基，这样施工能加大振密地基的功能，提高加固效果，又加快施工速度，节省能量。这种方法在20世纪50年代加拿大就用过，效果也是很好的。由此可见，不同的工程和地条件，应采用更合理的施工工艺，取得理想的效果。

**振冲器系列参数** 表12-11

| 项目 \ 型号 | ZCQ－13 | ZCQ－30 | ZCQ－55 | ZCQ－75 | ZCQ－125 |
|---|---|---|---|---|---|
| 功率(kW) | 13 | 30 | 55 | 75 | 125 |
| 转速(r/min) | 1450 | 1450 | 1450 | 1450 | 1480 |
| 额定电流(A) | 25.5 | 60 | 100 | 150 | 230 |
| 激振力(kN) | 35 | 90 | 130 | 160 | 250 |
| 偏心力矩(N·m) | 16.1 | 37.2 | 55.4 | 66.7 | 102 |
| 振幅(mm) | 2 | 4.2 | 5.6 | 10 | 10 |
| 长度(cm) | 200 | 215 | 272.2 | 290 | 297 |
| 直径(cm) | 27.4 | 35.1 | 35.1 | 35.1 | 40.2 |
| 重量(kg) | 780 | 900 | 1155 | 1265 | 1848 |

**南通天生港电厂用两种振冲器加固效果比较** 表12-12

<table>
<tr><td>序　　号</td><td>1</td><td>2</td><td>3</td><td>4</td><td>5</td><td>6</td></tr>
<tr><td>振冲器型号</td><td colspan="3">ZCQ－30</td><td colspan="3">ZCQ－75</td></tr>
<tr><td>桩间距(m)</td><td>1.5</td><td colspan="2">1.41</td><td>2.0</td><td colspan="2">2.2</td></tr>
<tr><td>桩长(m)</td><td>4</td><td>7</td><td>9</td><td>10.3</td><td colspan="2">10.5</td></tr>
<tr><td>桩直径(m)</td><td colspan="3">0.8</td><td>1.16</td><td colspan="2">1.15</td></tr>
<tr><td>置换率</td><td>0.222</td><td colspan="2">0.25</td><td>0.305</td><td colspan="2">0.248</td></tr>
<tr><td>布桩形式</td><td colspan="3">正方形</td><td colspan="3">三角形</td></tr>
<tr><td>碎石规格(mm)</td><td colspan="3">20～50</td><td colspan="3">20～100</td></tr>
<tr><td>密实电流(A)</td><td colspan="3">60</td><td colspan="3">80</td></tr>
<tr><td>留振时间(s)</td><td colspan="3">15</td><td>8</td><td colspan="2">8～10</td></tr>
<tr><td>复合地基比例极限(kPa)</td><td>260</td><td>340</td><td>380</td><td>400</td><td>280</td><td>265</td></tr>
<tr><td>复合地基变形模量(MPa)</td><td>12.0</td><td>17.0</td><td>18.4</td><td>22.0</td><td>14.6</td><td>12.0</td></tr>
<tr><td>桩土应力比</td><td>1.6</td><td colspan="2">2.3</td><td>2.0</td><td>2.9</td><td>3.0</td></tr>
<tr><td>桩间土提高系数β</td><td>2.3</td><td>2.6</td><td>2.9</td><td>3.1</td><td>1.9</td><td>1.8</td></tr>
</table>

# 第十三章　深层搅拌法

## 第一节　概　　述

### 一、深层搅拌法

本工法是属于胶结法类。它是通过搅拌机械将胶结材料与地基的软土搅拌成桩柱体，这种桩柱体称为水泥黏土桩、石灰黏土桩或某胶结物黏土桩。它具有一定的强度和水稳性。由搅拌桩柱体与四周软土组成复合地基，这类搅拌桩复合地基能够提高承载力、提高地基的强度、增大地基变形模量。因此经搅拌法加固的软弱地基能提高地基的承载力，减少地基沉降，阻止土体流动，增强地基的稳定性。此外，还能阻止地下水的渗透，起到隔水墙的作用。

二次大战后美国首先开发出用水泥浆就地搅拌的桩，称为 MIP。它的直径仅为 30～40cm，桩长 10～12m。1953 年日本引进这种施工方法，1967 年日本港湾研究所土工部参照 MIP 工法研制出石灰搅拌机械。直至 1974 年日本港湾所成功地研制了水泥搅拌工法，正式命名为 CMC 法，用于加固钢铁厂矿石堆场大型工程，加固深度已能达到 32m。接着日本各大施工企业陆续开发出类似的方法，计有 DCM 法、DMIC 法、DCCM 法、DLM 法和 DIM 法等。这些方法所用的材料不外乎两种，即水泥和石灰。送料都是通过轴管或专门的送料管，胶结材料有浆状或粉状。必须指出，1977 年日本九州大学吉田信夫提出一种浆材从叶片中喷出的方法，据初步试验成果较好，认为这种喷浆法能搅拌充分。但因浆液中有颗粒造成喷浆口堵塞而带来施工困难，后来未能推广。因此我国决定采用港湾所竹中工务店的 DCM 法。虽说深层搅拌法在美国开发，在日本发展和推广应用，但瑞典 1967 年就提出这类加固方法，1971 年首先制成石灰搅拌桩，并于 1972 年用于斯德哥尔摩城郊的 Hudding 路堤的软基加固，接着用于深层基坑支护的加固，加固深度均能达到 15m，目前在瑞典广泛使用。日本目前主要用于海边的工程，因此港湾所是重点发展这项技术的单位，最深已能加固至 60m 深。

在我国深层搅拌法技术发展分成两个阶段：第一阶段为 1977 年 10 月由冶金部建筑研究总院和交通部水运规划设计院联合研制该工法，首先做室内试验和机械研制。1978 年底由江阴振冲器厂试制成了我国第一台 STB－1 型双头搅拌机。该机专门在双轴中间设一输浆管。这台机是陆上型的，1979 年在天津新港试机和施工，1980 年初于上海宝山钢铁厂的卷管设备厂的软基加固中应用，1980 年 11 月由冶金部基建局组织专家进行鉴定，在会上通过了“饱和软黏土深层搅拌加固技术”，从而开发出深层搅拌法加固软土技术并广泛应用于各类工程。第二阶段是从 1983 年初开始，由铁道部第四勘测设计院研究粉状喷射搅拌法，该法起初使用石灰粉喷射制造石灰黏土桩。1984 年 7 月首次应用于广东省云浮硫铁矿铁路专用线上，打设了桩长 8m、直径 50cm 的石灰黏土桩。该工程使用成功后于 1985 年 4 月铁道部组织技术鉴定，并建议粉喷桩逐步推广使用。水上搅拌法由我国第一航务工程局开发，配备有大型搅拌船和各种监测仪表，这套系统较全面，有一定技术水平，1993 年用于加固烟台港取得成功并作了鉴定。

### 二、深层搅拌法适用范围

深层搅拌法在我国陆上工程应用可分为浆喷和粉喷两个大类，胶结材料主要是水泥和石灰。由于石灰生产量不多，且多是散装料，运输、计量、粉碎都很困难，所以目前绝大部分用水泥，因此这里主要讨论水泥深层搅拌法。

我国土木工程界20世纪70年代开始研究各种松软地基的加固技术，当时将天然地基的承载力以40kPa和80kPa为两个分界线。地基承载力80kPa以上的可以用振冲法、强夯法、桩基等技术来处理地基，也可以作为一般地基来应用，因此规定振冲法适用于软土不排水强度20kPa以上的地基，80kPa承载力以下，尤其是40kPa承载力以下的地基只能用深层搅拌法和排水固结法。现今各项技术均发展很快，加固技术适用范围也已拓宽，各种加固方法互相交叉，互相渗透。水泥深层搅拌法需要考虑地下水和土质成分对水泥是否有害，如果地下水质对水泥有侵蚀性则不能应用。从室内试验成果来看，含有高岭石、多水高岭石、蒙脱石等黏土矿物的软土加固效果较好；含有伊利石、氯化物和水铝石英矿物的软土效果较差；对于有机质含量高，酸碱度（pH值）较低的软土更差，要引起注意。我国沿海软土大部分为伊里土类型，含蒙脱石的土不多，因此在使用水泥深层搅拌法加固软土地基时水泥含量不能太少。

水泥深层搅拌法目前有浆喷（湿法）和粉喷（干法）之分，曾经对此两法进行过研讨。认为高含水率的软土以干法为好，低含水率的软土以湿法较佳。含水率高低并无明确的分界线，我国珠江三角洲软土的含水率均在60%～100%，这应当定为高含水率土，因此前几年在佛开高速公路、广佛高速公路、深汕高速公路和京珠高速公路广珠段中大量应用水泥粉喷桩。佛开高速公路在122个桥涵台背中使用水泥粉喷桩，总计约3km路段，工程造价约4千万元，水泥掺入比为17%，使用效果较好。广佛高速公路，由4车道宽拓成8车道，软基路段采用了水泥粉喷桩。为了消除差异沉降，水泥黏土桩顶端设置CE131土工网，施工结束以后，交付营运数年，从检验结果来看，效果较好，尚能满足工程要求。

此外，对于高液限土不宜用深层搅拌法，尤其不能用水泥粉喷搅拌法。海南岛海口至洋浦一级公路，因是旧路加宽，旧路已处于稳定状态，新路采用水泥粉喷桩加固。因该路的地基为高液限软土，液限高达90%～100%，天然土含水率虽高，达70%时，但还是低于液限，尚处于可塑状态，无法搅动，所以水泥粉喷桩使用失败。后来改用加筋土，使用了湖北宜昌力特厂生产的CE131土工网，使用效果较好。

## 第二节　水泥深层搅拌法

### 一、加固原理

水泥黏土的固化过程的物理化学机理与混凝土的硬化机理有所不同。混凝土的硬化作用主要由砂石等骨料与水泥的水解和水化作用下进行固化，由于水泥用量多，所以它的凝结速度快，凝结强度高。而水泥黏土在固化过程中由于水泥掺入量很少，它是由黏土包围水泥，水泥黏土的固化速度慢，强度也低，并随黏土含水率的变化而改变。

*1. 水泥的水解和水化化学反应*

普通硅酸盐水泥由氧化钙、二氧化硅、三氧化二铝、三氧化二铁及三氧化硫等组成，由这些不同的氧化物可以分别组成不同的水泥矿物，它们是硅酸三钙、硅酸二钙、铝酸三钙、铁铝酸四钙及硫酸钙等。

当黏土与水泥相接触时，水泥颗粒与黏土中的水发生水解和水化反应，生成氢氧化钙、含水硅酸钙、含水铝酸钙及含水铁酸钙等钙化物。这些钙化物是坚硬的固体，是促使水泥黏土具有一定强度而达到加固软土的核心物质。它们的化学反应过程如下：

(1)硅酸三钙($3Ca \cdot SiO_2$)：在水泥中硅酸三钙含量最高，一般约占总重量的50%，它是产生强度的主要物质。

$$2(3CaO \cdot SiO_2) + 6H_2O \rightarrow 3(CaO \cdot 2SiO_2) \cdot 3H_2O + 3Ca(OH)_2$$

(2)硅酸二钙($2CaO \cdot SiO_2$)：在水泥中占第二位，约为硅酸三钙的一半，它主要能产生后期强度，它的化学反应式为

$$2(2CaO \cdot SiO_2) + 4H_2O \rightarrow 3CaO \cdot 2SiO_2 \cdot 3H_2O + Ca(OH)_2$$

(3)铝酸三钙($3CaO \cdot Al_2O_3$)：这种物质仅占水泥重量的10%左右，它的水化速度最快，能促进早期凝固，它的化学反应式为

$$3CaO \cdot Al_2O_3 + 6H_2O \rightarrow 3CaO \cdot Al_2O_3 \cdot 6H_2O$$

(4)铁铝酸四钙($4CaO \cdot Al_2O_3 \cdot Fe_2O_3$)：它也占水泥重量的10%左右，它的化学反应也能促进早期强度增长，它的化学反应式为

$$4CaO \cdot Al_2O_3 \cdot Fe_2O_3 + 2Ca(OH)_2 + 10H_2O \rightarrow 3CaO \cdot Al_2O_3 \cdot 6H_2O + 3CaO \cdot Fe_2O_3 \cdot 6H_2O$$

(5)硫酸钙($CaSO_4$)：这种物质在水泥中仅占总重量的3%左右，但是它与铝酸三钙一起与水反应后能生成一种针状结晶物质，称为“水泥杆菌”。它的生成化学反应式为

$$3CaSO_4 + 3CaO \cdot Al_2O_3 + 32H_2O \rightarrow 3CaO \cdot Al_2O_3 \cdot 3CaSO \cdot 32H_2O$$

这种“水泥杆菌”由电子显微镜可以看到。“水泥杆菌”最初是以针状结晶物形式在短时间内析出，其生成的数量随水泥掺入量的多少和龄期的长短而定。也可以从X射线衍射来分析，它的这种析出反应很迅速，化学反应的结果是大量的软土中的自由水被吸收成结晶水的形式固定下来。众所周知，饱和软黏土用排水固结法和胶结法进行加固处理的目的就是减少土中的自由水，排水固结法是促使自由水排出，胶结法是促使自由水固化。可见“水泥杆菌”能令自由水结晶，这对于软黏土强度增长有特殊意义。这种化学反应能使土中自由水的减少量达到“水泥杆菌”生成重量的46%左右。必须指出，硫酸钙的掺入量不能太多，过量会适得其反，因为“水泥杆菌”的针状结晶会使水泥发生膨胀，从而使水泥遭到破坏。所以必须使用适当，合理利用这种膨胀势能来增加地基加固的效果。

从以上的化学反应可以看出，所生成的氢氧化钙、含水硅酸钙能迅速溶于水中，促使水泥颗粒表面重新暴露出来，再与水发生反应，从而使得周围的水溶液逐渐达到饱和。当溶液达到饱和后，水分子虽然继续深入颗粒内部，但新生成物已不能再溶解，只能以细分散状态的胶体状析出，悬浮在溶液中，形成胶体。

由上述化学反应可以归纳成几点：

①由于水泥在固化过程中吸纳大量的自由水体，因此这些自由水体必须是无害的，例如pH值不能太低，如果太低就会影响加固效果；

②为使水泥尽量与软黏土中的自由水增加接触面，促使化学反应充分发生，所以水泥应与黏土充分拌和，因此在水泥搅拌法中循环搅拌不得少于两次，否则部分水泥会失去效用；

③为达到水泥吸水固化的效果，要求水泥是新鲜的、不能存放太久，一般不超过 3 周，否则水泥在仓库里会吸收空气中的水分，结成小块状，妨害充分搅拌，不利于化学反应。

2. 水泥水化物与黏土颗粒的化学作用

当水泥的各种水化物生成后，有的自身继续硬化，形成水泥骨架；有的则与其周围的黏土颗粒发生一系列的反应：

（1）离子交换和团粒化作用。软土中的水起着各种力学和化学的关键作用，而水尤指结合水，它是黏土颗粒与水或水溶液相互作用的产物，具有复杂的物理和化学性质。结合水是控制形成黏性土的稠度、塑性、膨胀、收缩等水理性质的主要因素。黏粒在盐水中沉淀时，由于结合水膜薄，当黏粒在水中无定向运动时，一旦互相接触，在净引力作用下，结合成团而下沉。但是这种成团作用在海水中沉积，团粒间是无定向的，在淡水中沉积是定向排列，这种团粒表现出较大的胶体特征。例如土中含量最多的二氧化硅，遇水后形成硅酸胶体微粒，在其表面带有一价的正离子 $Na^+$ 和 $K^+$，它们能和水泥的水化生成物氢氧化钙中的二价钙离子 $Ca^{++}$ 进行当量吸附交换，结果使较小的土团粒形成较大的土团粒，从而使土体强度增大。此外，水泥水化生成的凝胶粒子，它的比表面积比原有的水泥颗粒大 1000 倍，因而产生了很大的表面能，具有强烈的吸附活性，能使较大的土团粒进一步结合扩大，形成较大的水泥黏土团粒，并能封闭各土团之间的空隙，形成坚固的水泥黏土。

（2）硬化反应。随着水泥水化反应的进一步发展，溶液中析出了大量的钙离子，当其数量超过上述离子交换所需要的量后，则在碱性的环境中，能使组成黏土矿物的二氧化硅及三氧化二铝的一部分或大部分与钙离子进行化学反应。反应的结果是生成不溶于水的稳定状态的结晶化合物。

$$\begin{array}{lcl} SiO_2 + Ca(OH)_2 + nH_2O & \rightarrow & CaO \cdot SiO_2 \cdot (n+1)H_2O \\ (Al_2O_3) & & (CaO \cdot Al_2O_3 \cdot (n+1)H_2O) \end{array}$$

由电子显微镜、X 射线衍射和差热分析得知，这些结晶物大致是：

①属于铝酸钙水化物的 CAH 系的有：$4CaO \cdot Al_2O_3 \cdot 13H_2O$、$3CaO \cdot Al_2O_3 \cdot 6H_2O$、$CaOAl_2O_3 \cdot 10H_2O$等；

②属于硅酸钙水化物的 GSH 系的有：$4CaO \cdot 5SiO_2 \cdot 5H_2O$；

③钙黄石水化物：$2CaO \cdot Al_2O_3 \cdot SiO_2 \cdot 6H_2O$。

这些新生成的化合物在水中和空气中会逐渐硬化，这就增大了水泥黏土的强度。而且这些物质的结构比较密实，水分不易浸入，使水泥黏土具有防水性能。

水泥黏土在电子显微镜中扫描可见到如下情况：龄期 7 天时，可见到水泥凝胶体，并伴有少量水泥水化物结晶的萌芽。30 天时水泥黏土中生成大量纤维状结晶，并不断延伸而充填到颗粒之间的孔隙中，形成网状构造。5 个月后，纤维状结晶向外辐射伸展，产生分叉，并相互联结而构成空间网状结构，水泥生成物和黏土颗粒骨架之间互相胶结而不能分辨出来。这就是黏土中掺入水泥后的硬化反应过程。

（3）碳酸化作用。水泥水化物中游离的氢氧化钙能吸收水中和空气中的二氧化碳，发生碳酸化反应，生成不溶于水的碳酸钙。其反应如下

$$Ca(OH)_2 + CO_2 \rightarrow CaCO_3 \downarrow + H_2O$$

这种反应也能使水泥土增加强度，但它增长的速度较慢，增长的是后期强度，其增长的

幅度也小。

从水泥黏土的加固机理分析可知，由于搅拌机械在切割搅拌过程中不可避免地会有一些黏土没有被粉碎，留下一部分土团，这些土团被拌入的水泥粉或水泥浆包裹起来，成为外包水泥浆的内部核心黏土团，而团与团之间被水泥浆胶结起来。所以被加固后的水泥黏土会留有一些微小的水泥浆黏土团。这种团内部没有水泥，性质改变缓慢。由此可见，搅拌是否充分，搅拌机械的搅拌功能，对水泥搅拌加固法的加固效果起着重要的作用。必须指出，对于粉喷的水泥搅拌法，能否充分搅拌，实际上是一个值得讨论的问题。目前一些出事故的工程，大都是发生在不能充分搅拌这一环节。而且粉喷水泥搅拌法，由于机械结构是水平向片状叶片，造成水泥黏土桩是片状结构，它的抗剪能力很低，一般 3m 垂直的坑，坑壁就有倒塌的可能。因此使用该法抗滑时务必重视这一点。

## 二、水泥黏土室内外试验

### （一）水泥黏土室内试验

#### 1. 试验方法

（1）试验目的。了解所用水泥在加固中的作用，以及水泥的性质、掺入量、水灰比、最佳外掺剂对水泥黏土强度的影响，水泥黏土的力学性质与龄期的关系，从而为设计和制订施工工艺提供相应的参数。

（2）试验设备。目前将水泥黏土视作土样对待，因此，可以使用常用土工试验仪器和操作规程。

（3）试样的制备。对于饱和软土，常用原状土样，取样后保持湿度，开样后立即制备样品。对于某些非饱和土或某种特殊原因也可先烘干或风干后再碾碎，通过 2～5mm 筛选成粉状样品。

（4）固化剂。目前以水泥为主，也可用石灰。水泥务必使用工程确定的水泥品种和厂家，所用水泥应以不超过 3 周的新鲜水泥为好，不能使用长途运输而来的水泥。水泥的掺入比，一般为事前设计初步确定的掺入比，再取前后各二级，共 5 组为宜，每级相差 2%。例如设计初步确定掺入比为 15%，则试验用 11%、13%、15%、17% 和 19% 共 5 组。掺入比 $\alpha_w$ 的定义为

$$\alpha_w = \frac{\text{掺入的水泥重量}}{\text{被加固土的湿重量}} \times 100\%$$

（5）外加剂。掺入外加剂的目的是改善水泥性能，提高强度。与混凝土掺外加剂相类似，可以用木质素碳酸钙、石膏、三乙醇胺、氯化钠、氯化钙和硫酸钠等。此外，也可掺入粉煤灰。

（6）试件的制作和养护。按设计的配方，将原状土样与水泥在容器内直接拌和均匀，然后装入试模中，并在振动台上振动 1min，再将模顶上试件刮平，随后在试验室标准养护条件下进行养护。对干的土样，则需喷水拌和。

#### 2. 试验结果

水泥黏土的物理力学性质可以从两个方面得到：一方面是室内试验；另一方面也可从现场试验中得到。室内试验主要可得到水泥黏土的含水率、重度、比重、压缩模量、强度指标等。

现将珠江三角洲高含水率黏土的两个工程实例的室内资料列入表 13-1 中。

表 13-1

京珠高速公路和宝安新城区水泥土室内试验资料

| 工程名称 | 水泥掺入比 (%) | 试样成型时含水率 (%) | 土与水泥土含水率 (%) | 成型时密度 (g/cm$^3$) | 土与水泥土密度差 (g/cm$^3$) | 龄期 (d) | 试验时试样含水率 (%) | 成型时与试验时含水率差 (%) | 试验时试样度 (g/cm$^3$) | 成型时与试验时密度差 (g/cm$^3$) | 压缩模量 (MPa) | 原状土与水泥土压缩模量之差 (MPa) | 直剪指标 | | 原状土与水泥土直剪指标差 | |
|---|---|---|---|---|---|---|---|---|---|---|---|---|---|---|---|---|
| | | | | | | | | | | | | | $c$ (MPa) | $\phi$ (°) | $c$ (MPa) | $\phi$ (°) |
| 京珠高速公路广珠段灵山试验路堤 | 原状土 | 55.8 | | 1.70 | | | | | | | 1.84 | | 3.16 | 7.0 | | |
| | 7 | 48.0 | 7.8 | 1.72 | 0.02 | 28 | 50.2 | -2.2 | 1.73 | 0.01 | 5.16 | 3.32 | 31.3 | 26.6 | 28.14 | 19.6 |
| | 13 | 47.6 | 8.2 | 1.73 | 0.03 | 28 | 47.6 | 0 | 1.75 | 0.02 | 17.50 | 15.66 | 61.7 | 26.8 | 58.54 | 19.8 |
| | 15 | 44.7 | 11.1 | 1.75 | 0.05 | 28 | 44.2 | 0.5 | 1.76 | 0.01 | 22.0 | 20.16 | 110.0 | 48.7 | 106.84 | 41.7 |
| | 17 | 43.2 | 12.6 | 1.76 | 0.06 | 7 | 42.8 | 0.4 | 1.78 | 0.02 | | | 131.8 | 13.6 | 128.64 | 6.6 |
| | 17 | 43.2 | 12.6 | 1.76 | 0.06 | 14 | 42.3 | 0.9 | 1.78 | 0.02 | 33.1 | 31.26 | 151.0 | 10.8 | 147.84 | 3.8 |
| | 17 | 42.3 | 12.6 | 1.76 | 0.06 | 28 | 41.8 | 1.4 | 1.78 | 0.02 | 35.9 | 34.06 | 258.5 | 32.0 | 255.34 | 25.0 |
| | 17 | 43.2 | 12.6 | 1.76 | 0.06 | 60 | 42.6 | 0.6 | 1.78 | 0.02 | 36.0 | 34.16 | | | | |
| 深圳宝安新城区 | 原状土 | 111.3 | | 1.48 | | | 111.3 | | 1.48 | | | | | | | |
| | 10 | | | | | 28 | 85.7 | | 1.49 | 0.01 | 20.7 | | | | | |
| | 15 | | | | | 28 | 76.4 | | 1.54 | 0.06 | 25.7 | | 105.5 | 28.2 | | |
| | 20 | | | | | 28 | 67.3 | | 1.57 | 0.09 | 32.4 | | | | | |

从表 13-1 中资料可见:①淤泥中掺入水泥粉后水泥土的含水率有所降低,随着水泥粉掺入量增加,其含水率降低值由 7.8% 降至 12.6%,但水泥黏土成型后经龄期 7 天至 60 天含水率变化不大,最大为 1.4%,一般不超过 1%;②淤泥掺入水泥后成水泥黏土,它的密度有所增加,但增加不多,仅增加 0.05 ~ 0.06g/cm$^3$,比原状土增加 3%;随龄期增长也仅增加 0.02 ~ 0.06g/cm$^3$,与原状土比仅增长 1%;③不同的水泥掺入比,其压缩模量也不同,当掺入比为 13%、15% 和 17% 时,水泥黏土的模量比原状土模量分别增大 9.5 倍、11.9 倍和 19 倍。同样 $c$、$\phi$ 值也增长很大,$c$ 值最大增长 81.4 倍,$\phi$ 值增长 4.6 倍。从上述分析可见,淤泥中掺入一定量的水泥后,成为水泥黏土,此时的材料性质发生了较大的变化,水泥黏土的力学性有很大改善。然而水泥黏土的物理性质却改变不大,基本上处于土的范畴。这就是说,水泥黏土仅仅是坚硬的土而已。此外,在京珠高速公路广珠段灵山试验路段中有个涵洞,用短密水泥搅拌桩加固,水泥粉掺入比按 17%,两次搅拌,经 140 天后开挖取整个桩段作为样品。将三段不同长度的工程桩取回室内,将桩体两端削平,四周削圆,所有外表用砂纸磨光后放入压力机上进行抗压试验,结果如表 13-2 所列。由该表资料可知:①桩体破坏时的轴向应变率为 1% ~ 1.5%,表明桩体刚度较大;②3 个试件的极限抗压强度平均为 1.85MPa,而室内同样条件 60 天龄期的 3 个小试样为 1.54MPa,28 天为 1.12MPa。假定工程实体桩 140 天抗压强度为最后标准值,则室内 60 天的强度为标准值的 83%,28 天的强度为标准值的 60%。这一结果与《建筑地基处理技术规范》(JCJ79—91)中的 30 天强度可达到标准强度的 60% ~ 70%,90 天的强度可达到 180 天强度的 80% 的结论是一致的。

灵山试验段工程实体桩与室内试验抗压强度　　表 13-2

| 试样编号 | 试样高度(cm) | 试样直径(cm) | 试样龄期(d) | 破坏荷载(kN) | 破坏时变形(mm) | 破坏时应变率(%) | 抗压强度(MPa) | 室内抗压强度(MPa) | |
|---|---|---|---|---|---|---|---|---|---|
| | | | | | | | | 28d | 60d |
| 1 | 86.0 | 53.88 | 140 | 420.0 | 10 | 1.16 | 1.842 | 1.12 | 1.54 |
| 2 | 71.4 | 52.56 | 140 | 419.5 | 6 | 0.84 | 1.933 | 1.12 | 1.54 |
| 3 | 48.4 | 53.52 | 140 | 404.0 | 7 | 1.45 | 1.796 | 1.12 | 1.54 |

3. 水泥黏土的渗透性

水泥黏土的渗透性质是一个重要的特性,当前许多深基坑采用水泥深层搅拌法作为临时性防水支护,有的水利工程也用作防渗墙体。表 13-3 中列入了 4 组水泥黏土的渗透试验结果。从表 13-3 中可以看出,水泥黏土的防渗性能比原状土好,它的渗透系数要降低一个数量级。在工程中用水泥黏土作深基坑防渗必须搅拌彻底,并且应有足够的厚度。

(二)荷载试验

目前各种地基加固后以荷载试验来获取各种计算参数为最理想的方法。荷载试验方法简便,可靠。现举京珠高速公路广珠段灵山试验路段的 3 根不同长度的水泥粉喷桩为例:荷载试验分为 4 种状态,它们是天然地基、4m 长、6m 长和 15m 长的水泥黏土桩。其中 4m 桩和 6m 桩为悬桩,15m 桩为穿过淤泥层进入砂土层 50cm 的桩。4m 桩的间距为 1.0m,6m 桩的间距为 1.2m,15m 桩的间距为 1.1m,桩径全部是 50cm,水泥掺入比均为 17%，龄期均超过 140 天。4m 桩用于加固涵洞底板下的地基，6m 桩用于涵洞两侧过渡段的地基。这样加固的目的是将深厚淤泥地基加固成双层地基，达到消除部分地基沉降量。两端用 6m 桩的目的是为与全段路堤平顺衔接协调沉降，适应和满足高速公路对沉降的要求。15m 桩用于加固桥头过渡段地基，为解决桥头跳车问题。所有的试验资料汇入表 13-4 中。从表中资料可知，悬挂式水泥粉喷桩和搁置于硬土上的水泥粉喷桩两者承载力相差一倍多，而悬挂桩比天然地基承载力高出一倍多。这些试验资料绘制成如图 13-1 所示 $P-S$ 曲线可以看出，当地基破坏时桩体尚处于完好状态，它们的抗压强度仅发挥 30% 左右，仅仅因桩端刺入下面土中而发生较大的变形，因此对于这类地基处理设计者应尽可能将桩体搁置于硬土层上为好，否则不能充分发挥水泥黏土桩的力学性能。

**水泥黏土的渗透系数** 表 13-3

| 原状土渗透系数 (cm/s) | 水泥掺入比 (%) | 水泥黏土渗透系数 (cm/s) | 龄期 (d) |
|---|---|---|---|
| $5.6\times10^{-5}$ | 7 | $1.01\times10^{-5}$ | — |
| | 10 | $7.25\times10^{-6}$ | |
| | 15 | $3.97\times10^{-8}$ | |
| | 20 | $8.92\times10^{-7}$ | |
| $2.53\times10^{-6}$ | 7 | $8.30\times10^{-7}$ | — |
| | 10 | $4.33\times10^{-7}$ | |
| | 15 | $2.09\times10^{-7}$ | |
| | 20 | $1.17\times10^{-7}$ | |
| — | 7 | $1.21\times10^{-7}$ | 7 |
| | 10 | $9.61\times10^{-8}$ | |
| | 15 | $8.45\times10^{-8}$ | |
| — | 7 | $9.06\times10^{-8}$ | 28 |
| | 10 | $5.65\times10^{-8}$ | |
| | 15 | $5.46\times10^{-8}$ | |

**广珠东线灵山试验路段荷载试验资料** 表 13-4

| 类别 | 单桩 | | | 复合地基 | | | | |
|---|---|---|---|---|---|---|---|---|
| 桩长 (m) | 极限承载力 (kN) | 对应沉降量 (mm) | 单桩承载力标准值 (kN) | 桩间距 (m) | 承载力标准值 (kPa) | 对应沉降量 (mm) | 变形模量 (MPa) | 荷载板 ($m^2$) |
| 4 | 50 | 6.75 | 25 | 1.2 | 80 | 12 | 5.28 | 1.2×1.2 |
| 6 | 50 | 6.65 | 25 | 1.0 | 95 | 10 | 4.56 | 1.0×1.0 |
| 15 | 130 | 12.73 | 65 | 1.1 | 185 | 10 | 9.85 | 1.0×1.0 |
| 天然地基 | | | | | 45 | 24 | 1.83 | 1.2×1.2 |

## 三、设计和计算方法

深层搅拌法加固的地基是由水泥黏土桩和原状地基土组成的复合地基,这种复合地基与振冲法碎石桩复合地基属同一类型,在计算方法上有雷同之处。

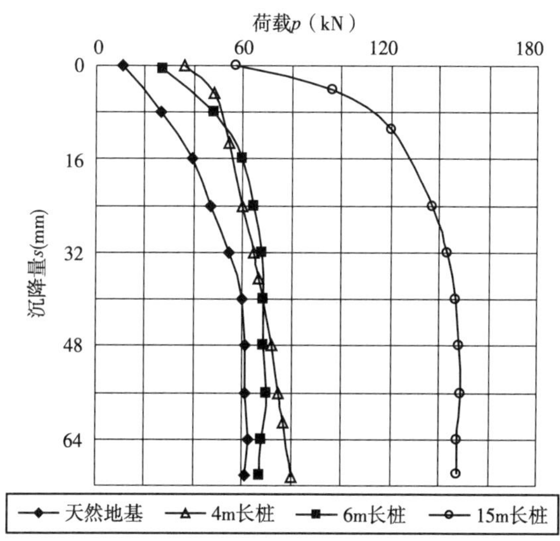


图 13-1　各种桩长荷载试验

1. 水泥黏土桩单桩承载力计算

当水泥黏土的强度标准值大于 500kPa 时,它的单桩承载力标准值可按下式计算

$$R_k = \eta f_{cu} A_p \tag{13-1}$$

$$R_k = \bar{q}_s U_p L + \alpha A_p q_p \tag{13-2}$$

式中:$f_{cu}$——与工程搅拌桩的水泥黏土配方相同的室内加固土试块,在标准养护条件下 90 天龄期的无测限抗压强度平均值(kPa);试块可用 70.7mm 边长的立方体,也可用 50mm 边长的立方体,或土工无侧限标准体;

$\eta$——桩身强度析减系数,粉喷水泥黏土桩取用 0.20 ~ 0.33,浆喷水泥黏土桩取用 0.25 ~ 0.33;

$A_p$——桩截面积($m^2$);

$U_p$——桩的周长(m);

$\bar{q}_s$——正常固结黏土桩周界面平均摩阻力,对于淤泥可取用 4 ~ 7kPa;对淤泥质土可用 6 ~ 12kPa,对于一般黏性土可取用 10 ~ 15kPa;

$L$——桩的长度(m);

$q_p$——桩端天然地基土的载承力标准值(kPa),可按现行国家标准《建筑地基基础设计规范》(GBJ7)的有关规定来确定:

$\alpha$——桩端天然地基土的承载力折减系数,可取 0 ~ 0.5。

现按式(13-1)用京珠高速公路广珠段灵山试验路段等数据为例计算如下:

(1)三项工程的水泥黏土无侧限抗压强度随龄期增长资料统计列入表 13-5 中,计算时 $f_{cu}$取用 1.60。

三项工程粉喷水泥黏土桩无侧限抗压强度　　表 13-5

| 工程名称 | 水泥掺入比（%） | 28 天强度（MPa） | 60 天强度（MPa） | 强度标准值（MPa） | $f_{cu28}/f_{cu}$ | $f_{cu60}/f_{cu}$ |
|---|---|---|---|---|---|---|
| 灵山试验段 | 17 | 1.12 | 1.54 | 1.60 | 0.700 | 0.962 |
| 佛开高速路 | 15 | 1.02 | 1.28 | 1.42 | 0.718 | 0.901 |
| 深圳宝安区 | 20 | 0.98 | 1.18 | 1.24 | 0.790 | 0.952 |

(2)水泥粉喷桩为 50cm 直径，所以 $A_p$ 为 0.196m²。

(3) $\eta$ 值取用 0.2，因为淤泥含水率高、土质强度很低，水泥粉喷桩搅拌施工质量难控制，因此取小值。将上述 3 个指标代入式(13-1)，可得到

$$R_k = 0.2 \times 1.6 \times 10^3 \times 0.196 = 62.72\text{kN}$$

再用式(13-2)进行计算，$\bar{q}_s$ 取十字板强度的 1/2，即 3.5kPa，桩长 4m，则 $U_p = 0.5 \times 3.1416 = 1.57$m，$A_p = 0.196\text{m}^2$，$q_p = 45$kPa，$\alpha$ 取用 0.2，则计算所得：$R_k = 21.98 + 4.41 = 26.39$kN。

同样用式(13-2)计算 6m 长桩和 15m 长桩，分别得 $R_k = 34.73$kN 和 $R_k = 86.84$kN。

从以上计算可知，悬在淤泥中的水泥粉喷桩的承载力很低，尤其是高含水率低强度淤泥，它的桩周和桩底的摩阻力极小，并受各种因素影响，设计者使用时务必谨慎。而桩端搁置在硬土层上的水泥粉喷桩计算结果与荷载试验结果较接近。

2. 水泥黏土桩复合地基承载力计算

水泥黏土桩复合地基的承载力一般是通过复合地基荷载试验来确定，在振冲法一章中已有详细讨论。水泥黏土桩复合地基承载力也可通过承载力计算式进行计算，还是采用力的平衡方程，即桩上的力加土上的力等于复合地基的力，计算式为

$$f_{sp,k} = m\frac{R_k}{A_p} + \beta(1 - m)f_{s,k} \tag{13-3}$$

式中：$f_{sp,k}$——复合地基承载力标准值(kPa)；

$m$——桩土面积置换率；

$f_{s,k}$——桩间承载力标准值(kPa)；

$\beta$——桩间土强度发挥系数，一般碎石桩取用 1.0，由水泥粉煤灰碎石组成的 CFG 桩则取用 0.9；在水泥黏土桩加固的复合地基中，当桩端土承载力大于桩侧土承载力时，取 0.1～0.4，差值大时取低值；当桩端土的承载力小于或等于桩侧土的承载力时，取 0.5～1.0，若两者承载力差值大或桩顶端设有垫层时，则取高值。

式(13-3)中的 $\beta$ 值是反映桩间土的力学发挥的一个参数，它与设计和施工有密切关系，是反映设计和施工水平的一个系数。实际是一个能否充分发挥桩间土承载力的技术水平的问题，所以又可称它为桩间土承载力折减系数。

现举佛开高速公路某桥台过渡段长 20m、宽 45m 用水泥粉喷桩加固软基的处理结果。该桥台的土层为：①耕植土 0.5m；②淤泥厚 18m，含水率 71.4%，孔隙比 2.03，湿密度 1.58g/cm³，压缩系数 $\alpha_{1-2} = 2.5\text{MPa}^{-1}$；③硬塑状亚黏土。设计用直径 50cm 的水泥粉喷桩，桩长 19m，间距 1.1m，水泥掺入比 17%，加固目的为消除桥头跳车的差异沉降。计算参数：

室内搅拌 28 天强度 1100kPa，现场荷载试验单桩承载力标准值 $R_k=120\text{kN}$；$m=0.21$，$A_p=0.196\text{m}^2$，桩间土承载力标准值 $f_{s,k}=45\text{kPa}$；$\beta$ 取用 0.3，则将上述参数代入式(13-3)，计算结果：$f_{sp,k}=141\text{kPa}$。工程观测和运营结果如下：当路堤加载至设计荷载 100kPa 时，测得累计沉降为 25cm，此时的沉降速率为 1.5mm/d，一年后累计沉降为 40cm，沉降速率已趋于零，投产运营效果比较理想。

再举深汕高速公路某桥台地基用水泥粉喷桩处理的效果。土质为①耕植土 1.0m；②淤泥，厚 17m，含水率 73%，孔隙比 1.98，湿密度 $1.6\text{g/cm}^3$；③硬塑状亚黏土。设计处理长度 20m，宽度 40m，水泥黏土桩长 18m，直径 50cm，间距 1.2m。荷载试验得到单桩承载力标准值为 130kN，复合地基为 120kPa。设计参数为 $m=0.173$，$R_k=130\text{kN}$，$A_p=0.196\text{m}^2$，$f_{s,k}=45\text{kPa}$，$\beta$ 取用 0.3，则代入式(13-3)计算得 $f_{sp,k}=114.7+10.4=125.1\text{kPa}$。工程投产后，当路堤加载至 120kPa 时测得累计沉降为 20cm，投产已超过 5 年，运营情况良好。

必须指出，以上两项工程都在桩顶设有填层，佛开高速公路的填层由 50cm 厚的碎石垫层组成，深汕高速公路用两层土工格栅，中间夹土，厚度为 70cm。

3. 水泥黏土桩复合地基沉降计算

两种不同材料组成的复合地基要进行地基沉降计算，首先要求复合地基的变形是协调的。为做到这一点，在水泥黏土桩复合地基的顶端应具有一个刚性基础，或做一个半刚性的基础。目前在高速公路的软基用水泥黏土桩加固后，都在顶端用两层土工网或土工格栅、中间夹亚黏土或碎石等总厚度为 50～70cm 的垫层，这样的垫层刚度较大，界于桩间土和水泥黏土桩的刚度之间，使垫层具有良好地传递接触应力并使应力趋于均匀分布的性能。珠江三角洲高含水率淤泥，呈流动状态，在水泥粉喷桩施工后的开挖过程中，曾见到桩间土仍处于流动状态，如果没有桩顶垫层，则在路堤填筑过程中必然有部分路堤土体进入桩头之间，进入桩间的土体会使水泥土桩的端部产生较大的侧向应力差，而水泥黏土桩的侧向抗力能力很差，这就会给工程的稳定性带来危害。

目前复合地基的沉降计算尚没有理想的公式，一般采用沉降折减系数法。所谓沉降折减系数，就是将原有地基分成两个部分，上部为加固区，下部为下卧层区。下卧层区一般按国家标准《建筑地基基础设计规范》(GBJ7)有关规定确定，上部加固区按加固前的状态用分层总和法计算沉降，然后乘上沉降折减系数。沉降折减系数是带有经验性质的。比较有一定理论水平的计算方法还是由振冲法一章中所介绍的计算式，即

$$S_c=\frac{2L\Delta\sigma}{E_c}\left(\frac{R}{R-r_0}\ln\frac{R}{r_0}-1\right)\tag{13-4}$$

式中：$L$——桩长；

$E_c$——桩体变形模量；

$R$——桩间距之半；

$r_0$——桩的半径。

$$\begin{aligned}\Delta\sigma&=\Delta\sigma_c-\Delta\sigma_s\\\Delta\sigma_c&=P_ck_c\\\Delta\sigma_s&=P_sk_s\end{aligned}\tag{13-5}$$

式中：$k_c$ 和 $k_s$——两个侧压力系数，前章中已列表供选用。

现举京珠高速公路广珠段灵山试验路段的水泥粉喷桩加固后进行观测的结果和计算比较。

灵山试验路段水泥粉喷桩加固区用15m长水泥黏土桩加固，桩搁置于10m厚砂透镜体上，砂透镜体下尚有10m厚淤泥质土。广珠段沿线30多公里软基路段沉降观测资料分析的结论是用排水固结法加固软基测得地基的软土压缩量为：淤泥的压缩量为土层厚度的10%；淤泥质土的压缩量为土层厚度的3%，则本段砂透镜体以下的淤泥质土的压缩量应为30cm。加固区沉降量计算指标如下：$L=15\text{m}$，$R=0.55\text{m}$，$r=0.25\text{m}$，从表13-1中查得$E_c=36\text{MPa}$，作用在桩上的$P_c=662\text{kPa}$，作用在土上的$P_s=45\text{kPa}$，$k_c$取0.75，$k_s$取1.25。将这些数据代入式(13-4)和式(13-5)，计算得到加固区的沉降量为163.45mm。这个沉降量相当于桩体压缩量的1.0%，此值与前面表13-2所测的桩体压缩量在破坏时为1%～1.5%比较相近。本段路在4.5m填土下测得最终沉降量为420mm，其中下卧层应占有300mm，加固区为120mm，而理论计算为163.45mm，两者尚比较相近。

4. 水泥黏土桩复合地基稳定分析

当前软弱地基加固技术在我国发展较快，尤其在交通工程软基处理中，可以说是一门新兴的学科。软弱地基加固技术大致按潘千里1981年提出的分类法可归纳为五个大类：置换法、排水固结法、振动法、胶结法和加筋法等，总计有近80种方法。这些加固方法在施工工艺、施工机具和加固效果检验等方面均有较快发展，但在理论分析方面尚处在初级阶段。问题的难点在于由两种不同性质的材料组成的复合地基，它的应力传递过程和应变协调难于分析。对于复合地基的承载力分析尚能建立平面力系平衡方程，再通过荷载试验校核，从而能暂时满足工程要求；而稳定分析就比较困难了。由于复合体的强度指标无法确定，造成计算上的很大困难，甚至出现工程事故。例如用碎石桩加固码头岸坡的稳定分析，以往笔者在分析时，碎石桩的强度指标$\phi$均采用38°～42°度。1994年通过现场大型复合体的直剪试验，试验体直径150cm，获得了正确的强度指标，结果节省工程费600万元，并且工程取得理想的效果。现在珠江下游整治河道，裁弯河道工程中设计用振冲碎石桩加固，又进行了现场2m直径的复合体直剪试验，将现场大型直剪试验向前发展了。水泥黏土桩加固工程中有大量工程需要取得水泥黏土桩复合体的强度指标，也应当做大型剪切试验，以便获取正确的水泥黏土桩复合体的强度指标。

水泥黏土桩复合地基的稳定分析应以总应力法计算为宜。在高速公路上可以按下式计算：

$$F=\frac{\sum S_i+\sum(S_i+P_j)}{P_T} \tag{13-6}$$

式中：$i,j$——表示区分土条底部的滑裂面是在地基土层内或在路堤填土内的分条编号，见图13-2，即按地基滑裂面及路堤滑裂面而分别设定的土条编号；

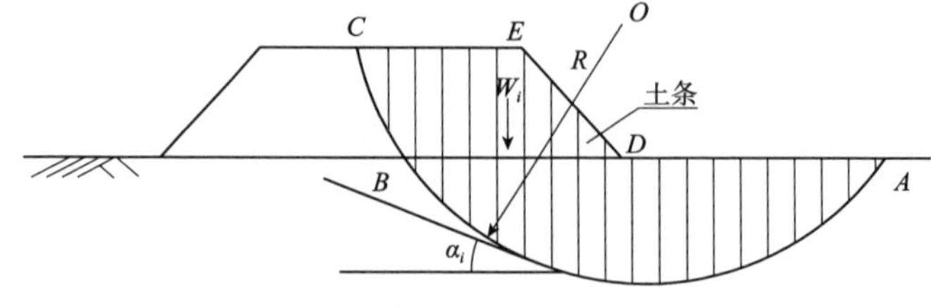


图13-2 稳定分析示意图

$P_T$——各土条在滑弧切线方向的下滑力的总和；

$$P_T = \sum(W_i \sin\alpha) + \sum(W_j \sin\alpha_j) + M/R$$

$S_i$——地基土内($AB$)抗剪力，$S_i = W_i \cos\alpha_i \tan\phi_{qi} + c_{qi} L_i$；

$S_j$——路堤内($BC$)抗剪力，$S_j = W_j \cos\alpha_j \tan\phi_{qj} + c_{qj} L_j$；

$W$——滑裂体某一土条(下标可为 $i$ 或 $j$)的总重力，$W_i = W_{oi} + W_{li}$ (kN)；

$\alpha$——土条底部滑裂面与水平面的夹角；

$L$——土条底部滑弧长(m)；

$R$——滑裂面半径(m)；

$c_{qi}$、$\phi_{qi}$——当第 $i$ 土条的滑裂面处于地基内($AB$)时，分别为该土条所在复合体的黏聚力 $c_{q.s}$ (kPa)和内摩擦角 $\phi_{p.s}$；

$c_{qj}$、$\phi_{qj}$——当第 $j$ 土条的滑裂面在路堤填料内($BC$)时，分别是该土条滑裂面所处路堤填料的黏聚力 $c$ (kPa)和内摩擦角 $\phi$；

$P_j$——当第 $i$ 土条的滑裂面在路堤填料内时，若该土条滑裂面与设置的土工织物相交，则 $P$ 为该层土工织物每延米宽(沿路线方向)的设计拉力；

$M$——其他外力(如地震力等)。

式(13-6)中复合体的强度指标 $c_{q.s}$ 和 $\phi_{p.s}$ 的确定，对于水泥黏土桩组成的复合地基，可以参照振冲碎石桩复合地基的试验方法取得。其他的指标可参阅《公路软土地基路堤设计与施工技术规范》(JTJ－96)的 4.2.1.1 取值。

如果没有现场大型剪切指标，也可用 Priebe(1978)提出的复合体抗剪强度指标，其计算方法如下

$$c_{sp} = w_{c_p} + (1 - w)c_s \tag{13-7}$$

$$\tan\phi_{sp} = w\tan\phi_p + (1 + w)\tan\phi_s \tag{13-8}$$

式中：$c_p$——水泥黏土桩的黏聚力(kPa)；

$c_s$——水泥黏土桩的桩间土的黏聚力(kPa)；

$\phi_p$——水泥黏土桩的摩擦角(°)；

$\phi_s$——水泥黏土桩的桩间土的摩擦角(°)；

$c_{sp}$——水泥黏土桩复合体的黏聚力(kPa)；

$\phi_{sp}$——水泥黏土桩复合体的摩擦角(°)。

$w$——参数，可以用式(13-9)计算

$$w = m\mu_p = \frac{mn}{1 + (n - 1)m} \tag{13-9}$$

式中：$n$——桩土应力分配比；

$m$——平面置换率。

举例：假定桩土应力比 $n = 6$，粉喷桩的直径为 0.5m，桩间距 1.1m，则 $m = 0.21$，将这些参数代入式(13-9)，计算得 $w = 0.61$。按表 13-1 得知 $c_p = 258.5$kPa，$\phi = 32°$，$c_s = 3.16$kPa，$\phi_s = 7$，将这些参数代入式(13-7)和式(13-8)计算，得到粉喷水泥黏土桩复合体的 $c_{sp} = 158.65$kPa，$\phi_{sp} = 24.7$。

5. *码头岸壁状加固地基的计算*

在港口工程中，有采用水泥黏土挡墙支挡岸坡淤泥，这种挡土墙需将水泥黏土桩互相搭

接，组成一道水泥黏土挡墙，如图 13-3 所示。水泥黏土挡墙可仿照一般重力式挡墙进行设计和计算。水泥黏土挡墙的厚度、深度可用试算法进行，经几次反复验算后最后确定。试算中包括稳定性验算、倾覆验算及墙身强度验算。鉴于码头岸壁是非承重式挡墙，因此可以不作地基土承载力的验算。其他三个方面的验算如下：

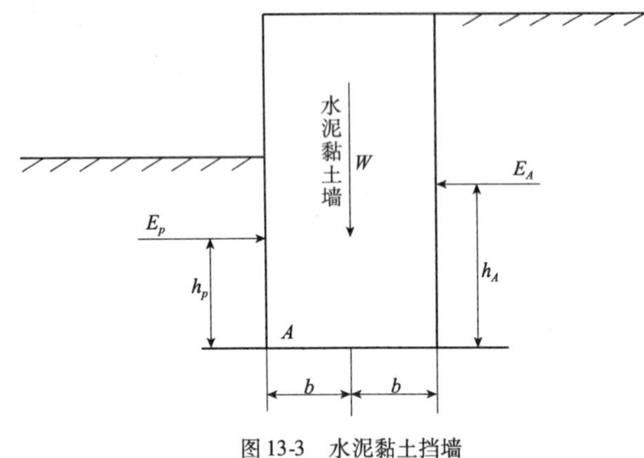


图 13-3 水泥黏土挡墙

(1)滑动稳定性验算

$$K_n = \frac{\mu W + E_p}{E_A} \tag{13-10}$$

式中：$K_n$——抗滑稳定安全系数，$K_n \geq 1.3$；

$W$——挡墙的墙体自重力(kN/m)；

$\mu$——基底摩擦系数；

$E_p$——被动土压力(kN/m)；

$E_A$——主动土压力(kN/m)。

(2)倾覆稳定性验算

$$K_q = \frac{Wb + E_p h_p}{E_A h_A} \tag{13-11}$$

式中：$K_q$——抗倾覆稳定安全系数，一般 $K_q \geq 1.5$；

$b$、$h_p$、$h_A$——分别是 $W$、$E_p$ 和 $E_A$ 对墙趾 $A$ 点的力臂(m)。

(3)墙身应力的验算

$$\sigma = \frac{W_1}{2b} < \frac{q_u}{2k} \tag{13-12}$$

$$\tau = \frac{E_A - W_1\mu}{2b} < \frac{\sigma\tan\phi - c}{K} \tag{13-13}$$

式中：$\sigma$、$\tau$——所验算截面处的法向应力和剪切应力(kPa)；

$W_1$——验算截面以上部分的墙身重力(kN/m)；

$q_u$、$\phi$、$c$——水泥黏土的抗压强度、内摩擦角和黏聚力(kPa)；

$K$——水泥黏土的强度安全系数，取 1.5。

6. 置换率和桩数的计算

依据设计要求的复合地基承载力标准值和单桩竖向承载力标准值可以计算水泥黏土桩的置换率 $m$ 和桩数 $n$：

$$m = \frac{f_{sp,k} - \beta f_{s,k}}{\dfrac{R_k}{A_p} - \beta f_{s,k}} \tag{13-14}$$

$$n = \frac{mA}{A_p} \tag{13-15}$$

式中：$A$——地面被加固的面积($m^2$)；

$A_p$——水泥黏土单桩截面积($m^2$)。

在得到 $n$ 值后，根据上部结构的特点和地基土质的变化，可以作适当调整。桩的布置形式可以采用柱状，壁状、格栅状、块状或均匀分布等形式。桩可以只在基础平面范围内或可超出此范围内布桩，例如高速公路中涵洞和通道一般均要求在两端过渡区布桩。

必须指出，桩长目前一般要求穿过软土层而搁置在硬土层上。目前发生的水泥黏土桩加固工程事故中有一大部分为悬桩造成的。

7. 高速公路桥头软基连接处地基加固长度的计算

高速公路桥头软基通常会由于桥台产生差异沉降而引起桥头跳车，这个跳车问题是高速公路软基处理中的一大难题。因为桥台采用钢筋混凝土桩基，它的沉降只是几毫米，而连接桥台的软基路段的沉降往往几十厘米，甚至更大。桥台连接路段存在几个方面的困难问题：①因紧临河边，土质相当软弱，通常软土深厚；②桥台填土比路堤高，因为通过它与桥梁连接，在比较短的连接路段填土高度变化又比较大；③施工场地狭窄，一般是桥台施工完成后开始填土，填土区紧挨着桥台，无法碾压密实，由此给这个连接路段带来许多困难问题。这里要解决两个问题，一个是软基处理问题，一个是填土密度问题。

(1)桥台的台背填土以中粗砂为好，地面趾端应有大于5m的距离，按1:2的坡度在中间充填中粗砂，充填时务必灌水并用振捣器振捣密实。振捣时水必须高出砂面，每层厚度不宜大于1m，这样处理的砂体比较密实，施工又方便。按此方法填筑桥台背面路堤，填土部分基本上不再产生沉降，余下的问题是软基问题(图13-4)。

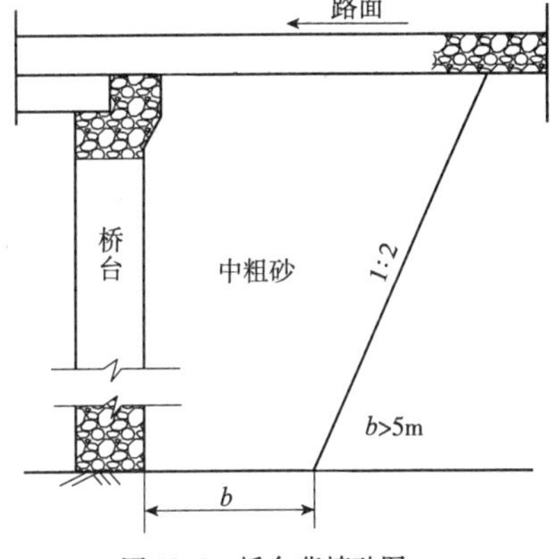

图13-4 桥台背填砂图

(2)桥台过渡路段连接处的软基处理，目前有几种方法可供选择：

①水泥搅拌法，但要求软土厚度不宜大于12m；

②振冲置换碎石桩法，可以加固深度达20m，但施工时泥浆处理困难较大；

③真空预压联合堆载法，这实际上是在路堤荷载基础上再加真空堆载的超载预压法；

④排水固结堆载预压法，这种方法要求有足够的固结时间；

⑤路堤改用轻质材料，例如粉煤灰、膨胀性聚苯乙烯(EPS法)。

以上所有方法，都有一个要求确定过渡段连接长度的问题。

(3)桥台过渡路段连接处加固长度计算

高速公路按规范要求桥台与路堤相邻处的工后沉降为10cm，涵洞或箱形通道处的工后沉降为20cm，而一般路段的工后沉降为30cm。按这个要求进行计算来确定桥台连接处软基处理的长度。

①假定车辆运行的阻力为 $F_v$、速度 $v$，$F_v$ 与 $v$ 成正比，则车辆运动的轨迹方程为

$$F_v = ma \tag{13-16}$$

$$F_x = m\frac{\mathrm{d}v_x}{\mathrm{d}t} = -\mu v_x \tag{13-17}$$

$$F_y = m\frac{\mathrm{d}v_y}{\mathrm{d}t} = -mg - \mu v_y \tag{13-18}$$

解:由式(13-17)可得

$$\frac{\mathrm{d}v_x}{\mathrm{d}t} = -\frac{\mu v_x}{m} \tag{13-19}$$

设

$$n = \frac{\mu}{m}$$

则

$$\frac{\mathrm{d}v_x}{v_x} = -n\mathrm{d}t \tag{13-20}$$

将式(13-20)积分可得

$$X = -\frac{v_0}{n}\cos a(e^{-nt} - 1) \tag{13-21}$$

式中:$\mu$——阻力系数;

$v_0$——初始速度;

$a$——桥头地面坡度。

同样将式(13-18)处理后得

$$Y = -\frac{B}{n}(e^{-nt} - 1) - At \tag{13-22}$$

设 $A = g/n$,$B = A - v_{y0}$,$v_{y0}$为竖直方向初始速度。

则

$$\mathrm{v}_y = Be^{-nt} - A \tag{13-23}$$

②现在需求出在不均匀沉降下车辆跳动的最大高度和最大水平距离。

令 $v_y = 0$,即式(13-23)为零,即竖直方向无速度时,得

$$t = -\frac{1}{n}\ln\frac{A}{B} \tag{13-24}$$

代入式(13-20)和式(13-22)得

$$X_{\max} = 2\left[-\frac{V_0}{n}\cos a\left(\frac{A}{B} - 1\right)\right] \tag{13-25}$$

$$Y_{\max} = \frac{1}{n}\left[B - A\left(1 - \ln\frac{A}{B}\right)\right] \tag{13-26}$$

上述两式就是可以求得跳车的跳高和跳出水平距离的计算式。

③求过渡路段长度。假定一般路堤许可 30cm 沉降,从这里进入过渡路段,当车速为 120km/h,过渡段长度为 5m、10m、15m 时,计算结果见表 13-6。

**过渡路段长度计算** 表 13-6

| 过渡段长度 | | $L=5$m | | $L=10$m | | $L=15$m | |
|---|---|---|---|---|---|---|---|
| $X$ 与 $Y$ | | Xmax (cm) | Ymax (cm) | Xmax (cm) | Ymax (cm) | Xmax (cm) | Ymax (cm) |
| 车速 | 100km/h | 9.12 | 14 | 4.60 | 4.0 | 3.07 | 2 |
| | 120km/h | 13.10 | 20 | 6.61 | 5 | 4.42 | 2 |

由上述计算可知，当车速为120km/h，过渡段长为15m时，车辆跳出的最大水平距离为4.42cm。车辆跳高为2.0cm。如果过渡段为20m，车辆跳出水平距离为3.30cm，跳高小于2.0cm；如果过渡段设计长为30m时，跳出的最大水平距离为2.20cm，跳高小于1.5cm。为此建议采用过渡段长为20~30m。广东省佛开高速公路共计桥台、涵洞、通道有61座，需处理的过渡段为122个，都采用20~30m长，处理效果比较理想。必须指出，从车辆行速的轨迹方程来计算过渡路段的长度仅是一种方法，对地基软土的厚度、土质的性状、加固方法及路堤填土的状况等因素，也应给予充分的重视。佛开高速公路涉及软基桥台、涵洞、通道等过渡段加固由20m、22m、24m至30m不等。京珠高速公路广珠东线灵山试验路段横历桥台的加固长度为25m。以上加固方法为水泥粉喷桩，桩径50cm，桩间距为1.1m、1.4m和1.8m。将过渡段均分为3段，靠桥段为1.1m，中间段为1.4m，远离段为1.8m。所有的桩尖均搁置在硬土层上，因此桩长有12m、15m不等。水泥掺入比17%，两次搅拌。加固后用$N_{10}$动力触探、抽芯、荷载试验检验表明，满足设计要求，目前公路运营状况良好。

## 第三节 水泥深层搅拌法的施工工艺

### 一、综述

水泥深层搅拌法的施工工艺包括施工机械和施工方法两个部分。我国的施工机械起初是用由冶金部建筑总院和交通部水运规划设计院合作研制的SJB－1型机械，它为双头式，设计专门的送浆管，为喷浆机械，由江阴振冲器厂定点生产。不久，天津机械施工公司利用进口钻机改装成一台单轴叶片喷浆搅拌机，命名为CIB－600型搅拌机。后来又研制出粉体喷射搅拌法，主要有两种机械：一种是GPP－5型，由步履式移位机架、电动机、卷扬机、液压泵、转盘、变速器等组成，加固深度为12.5m，成桩直径50cm。另一种为YP－1型，它的成桩直径为50~70cm。本文仅介绍两种机械：一种为浆喷的SJB－1型（图13-5）；另一种为粉喷的GPP－5型。

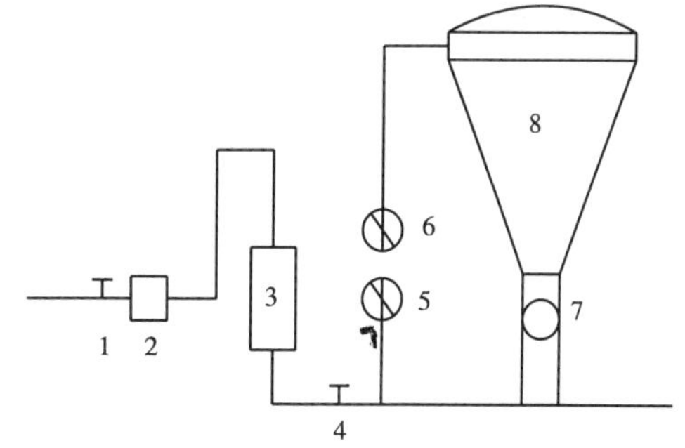

图13-5 粉体输送设备

1-节流阀；2-流量升；3-分离器；4-安全阀；5-管道压力表；6-灰罐压力表；7-转鼓；8-灰罐

### 二、SJB－1型深层浆喷搅拌机

它是双头搅拌，另专门设管输送水泥浆。它的主要机件为①2×30kW潜水电机，各自连接一台2级2K－H行星齿轮减速器；②搅拌装置：$L$搅拌轴，每节长2.45m，直径127mm；搅拌头，是带有硬合金齿的上下两片，每片长0.8m和0.7m；③输浆部分装置，位于两根搅拌轴中间，设计一直径为140mm的中心钢管，每节管长2.45m。中心管中间穿一根输浆管，直径为68mm，在端部装一个单向球阀，球直径为120mm。中心管和两根搅拌轴由横板联成整体。

## 三、GPP－5型粉体喷射搅拌机

GPP－5型粉喷搅拌机由三部分组成；第一部分为步履式钻机，由电动机、钻架、卷扬机、液压泵、转盘、钻杆、传动链条、变速箱等机件组成；第二部分为固定在场地上的粉体输送设备，由空气压缩机、节流阀、流量计、分离器、安全阀、灰罐等组成，见图13-5。

这种机型的技术指标如下：

加固深度：12.5m；

成桩直径：500mm；

转速：28、50、92r/min；

扭矩：4.9kN · m；

提升速度：0.48、0.8、1.47m/min

井架高度：14m；

液压步履纵向单步步距：1.2m；

液压步履横向单步步距：0.5m；

接地压力：34kPa；

主机质量：9233kg。

## 四、施工工艺

1. 浆喷水泥搅拌法施工工艺

施工工艺流程图见图13-6。

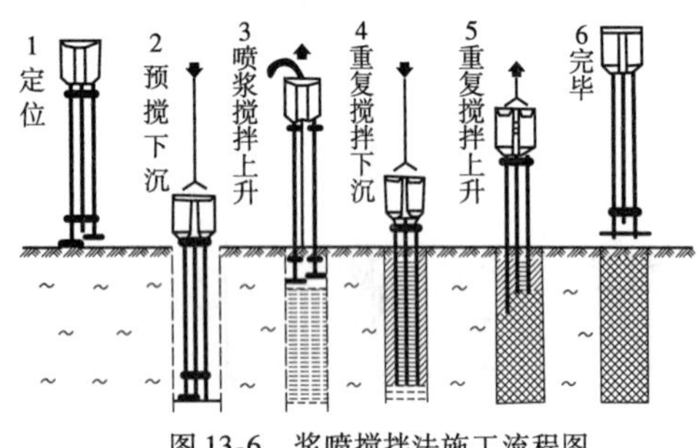

图13-6　浆喷搅拌法施工流程图

(1)定位。塔架式起重机悬吊搅拌机到达施工的桩位后对中，并抄平塔加平台，使搅拌钻杆铅垂地面；

(2)预搅拌将搅拌头下沉。待搅拌机的冷却水循环正常后才能启动搅拌机，搅拌头运转正常后放松起重钢绳，搅拌杆沿导向架切土徐徐下沉，下沉速度应由电机的电流表监测，工作电流不得超过60A。如果下沉速度太慢，阻力太大，可通过输浆管送水稀释土体，以利钻进。

(3)制备水泥浆。按设计要求的配比制备水泥浆，将制好的水泥浆存放在集料斗中。

(4)提升喷浆搅拌。当搅拌头抵达设计深度时，将搅拌头反转，同时喷浆提升搅拌，严格控制搅拌速度，边喷浆边搅拌边提升，将所喷浆液与黏土充分拌和均匀。

(5)重复下沉，上升搅拌。进行第二次复搅，以达到充分搅拌的要求。

(6)洗管。向集料斗中注入清水，用灰浆泵送水清洗管路和搅拌头。

(7)移位。重复上述(1)～(6)的步骤，制作下一根桩。

2. 粉喷水泥搅拌法施工工艺

(1)放样定位。将搅拌机移位至施工桩位处后定位，孔位误差不得大于50mm。

(2)调平钻机平台。使用4个支腿调整平台，使钻机钻杆垂直度误差不大于1%。

(3)开机搅拌。以1、2、3挡逐级加速,将钻头顺转钻进至设计深度。如遇硬土难以钻进时可以降挡钻进,放慢速度。在钻进时始终保持连续送压缩空气,以保证喷灰口不被堵塞,钻杆内不进水,保证下一道工序送灰时顺利通畅。

(4)提升钻杆喷粉搅拌。用反转法边搅拌边提升边喷粉。按0.5m/min速度提升,提升到设计停灰面时,应慢速原地搅拌2~3min。

(5)重复搅拌。为保证充分将粉体搅拌均匀,需将搅拌头再次下沉搅拌到原设计深度,再提升搅拌,速度控制在0.5~0.8m/min。

(6)为防止施工污染环境,在喷粉提升距地面0.5m处时,应停止喷粉。在通管路时应在孔口设置防灰保护装置。

(7)粉喷桩施工机具应有专门的自动计量装置,能自动记录沿深度的喷粉量和时间等。

(8)当一根桩施工完毕后,移机接着重复上述方法逐根施工。

### 五、施工注意事项

(1)深层搅拌法目前因机械自动控制设备不完善,大部分依赖于人工控制,因此造成施工质量不稳定,甚至出现工程事故。为此必须加强总体控制。水泥用量应总体控制和分区、分段甚至分桩控制,务必达到设计要求的水泥用量。其次是施工时间控制。在开工时先做工程试桩,不得少于10根。通过试桩制订出该工程的完整的施工工艺,包括用灰量、耗时、耗电量。设计者依据这些能耗制订出施工工艺、检验标准,将能耗与工耗分开承包,以达到避免偷工减料造成不必要的工程质量低下的事故。

(2)加强施工检验。主要是用$N_{10}$轻型动力触探24h内抽查,抽查量按2%~3%。此外,荷载试验和抽芯检验必不可少。

## 第四节 深层搅拌法的试验与检验

### 一、综述

水泥黏土搅拌法是地基处理的重要方法之一,被广泛应用于各类建筑物的软土地基。近年在交通工程软基加固中也大量应用,例如沪宁高速公路、杭甬高速公路、广佛高速公路、佛开高速公路等。在大量应用中暴露出一些技术问题。在设计方面存在着悬桩承载力和沉降计算问题。设计存在对施工机械性能尚未掌握而造成设计桩长超出施工机械能力的问题,以及水泥黏土桩加固后的复合地基稳定分析问题。在施工方面存在的问题是施工质量无法控制。目前施工机械无自动质量控制装置,超过机械能力如超直径、超桩长的设计,造成超能量盲目施工,有些土质不适宜用水泥粉喷桩加固,也在艰难地搅拌施工。例如海南岛海口至洋浦一级公路,地基为高液限黏土,土体处于可塑状态,设计采用粉喷桩加固,无法施工搅拌,这说明设计和施工人员对土质的土性及机械性能没有掌握。

鉴于上述情况,水泥黏土搅拌桩的质量检验和控制应贯穿在整个设计和施工的全过程,并应坚持采用全面质量控制的施工监理。施工过程中必须随时检查施工记录和计量记录，并对照设计规定的施工工艺对工程桩进行质量评定。检查重点有固化剂质量和用量，桩长、制桩过程中有无断桩，桩体均匀，搅拌的转速，提升时间，复搅次数和长度，补桩和补搅等。

### 二、施工期轻便触探 $N_{10}$ 的检验

用 $N_{10}$ 轻便触探有两种检验方法：

（1）按规范规定 $N_{10}$ 的有效检验深度为 4m。为加大检验深度，可在做完 4m 后，用钢管压入 4m 后继续再做 4m，一般可做到 8m 深。

（2）每延米钻孔 0.7m，用 $N_{10}$ 做 0.3m 进行检验，如此可做全桩长度。

用轻便触探 $N_{10}$ 检验水泥黏土桩身的强度要求是：

①1d 龄期成桩的 $N_{10}$ 击数大于 15 击时为满足设计要求；

②7d 龄期成桩的 $N_{10}$ 击数大于原天然地基的 $N_{10}$ 击数 1 倍以上者亦为满足设计要求。但淤泥太软者不能用此标准。

### 三、桩身抽芯取样检验

成桩 28d 龄期后取桩身样品检验，有两种方法：

①在桩头截取试样，制成标准试块 50mm × 50mm × 50mm 做抗压试验；

②用大管径钻机取芯样，管径不宜小于 108mm，沿桩身的长度内取芯样后，制成 50mm 立方块做抗压试验。

用取芯办法检验，在数量上一般不少于总桩数的 1% 或不少于 3 根。取芯做抗压试验外，尚可以沿桩身的长度进行外观检查水泥含量和搅拌均匀性。

### 四、荷载试验

荷载试验分为两种：一种为单桩荷载试验；另一种为复合地基荷载试验。复合地基可以做单根桩的复合地基、4 根桩的复合地基或两根桩的复合地基，这由上部结构传递给地基的力学条件所决定。荷载试验一般在成桩 28d 龄期后进行。荷载试验应按试验操作规程进行。一般要求每个场地的试验点不少于 3 个，有的按特殊要求应加做试验点。

单桩荷载试验，一般情况下要做桩帽，以使受力均匀。所谓桩帽可以在桩顶开挖后，修理平整。如果是几根桩或单桩复合地基，荷载板必须在同一平面上。

如用堆载法做荷载试验，尤其是多根桩复合地基，在加载过程中会出现四个角沉降不均匀，当差异沉降过大时，使荷载板倾斜从而造成加载困难。此时，可以用堆放的荷载来调整，使荷载板始终保持水平，确保试验顺利进行。

### 五、水平荷载拖板试验

到目前为止碎石桩复合地基已做了三个大型复合体的剪切试验，最大直径从 1.5m 做到 2.0m，得到了珠江三角洲淤泥地基复合体的强度指标。对于水泥搅拌桩复合地基尚未见到做大型剪切试验。但是安徽省水利科学研究院和淮河水利委员会于 1998 年在天井湖引河闸首次做了水泥粉喷桩复合地基水平荷载原型试验，研究了水泥粉喷桩复合地基抗水平推力的性能，这是我国首家做这种试验，对了解和掌握水泥粉喷桩复合地基与混凝土底板间的摩擦滑动的机理、荷载传递过程等很有意义，可以认为是开创性的研究，对今后推动水泥搅

拌法复合地基的设计和应用可以起较好的作用。

1. 试验场地的地质和平面布置

场地的土质，第一层为粉质黏土，厚度约4m，含水率为39.7%，呈可塑状态；第二层为淤泥和淤泥质土，厚度为7.5m，含水率为50.9%，呈软塑到流塑状态；第三层为灰黄色淤泥质土，层厚2m左右，含水率35.6%，呈软塑到可塑状态；第四层为5m厚的粉质黏土，含水率24.2%，呈可塑至硬塑状态。有关土质资料汇总于表13-7中。

天井湖引河闸土质资料　　表13-7

| 土层分层 | 土层名称 | 层顶高程(m) | 层底高程(m) | 状态 | 含水率(%) | 压缩系数($MPa^{-1}$) | 标贯击数 | 承载力(kPa) |
|---|---|---|---|---|---|---|---|---|
| 1 | 粉质黏土 | 15.5～14.0 | 11.4～10.2 | 可塑 | 39.7 | 0.47 | 4～6 | 100 |
| 2－1 | 淤泥、淤泥质黏土 | 11.4～10.2 | 4.0～2.8 | 软～流塑 | 50.9 | 1.13 | 1.5～2.5 | 55 |
| 2－2 | 灰黄色淤泥质黏土 | 4.0～2.8 | －2.0～－2.8 | 软～可塑 | 35.6 | 0.49 | 2～5 | 90 |
| 3 | 粉质黏土 | －2.0～－2.8 | －6.8～－7.6 | 可～硬塑 | 24.2 | 0.29 | 7～12 | 160 |

试验桩长6.1m，桩顶高程为9.0m，桩体大部分处于第二层淤泥和淤泥质土层。试验桩的平面布置见图13-7，桩体内设置了一些传感器，传感器的位置见图13-8。

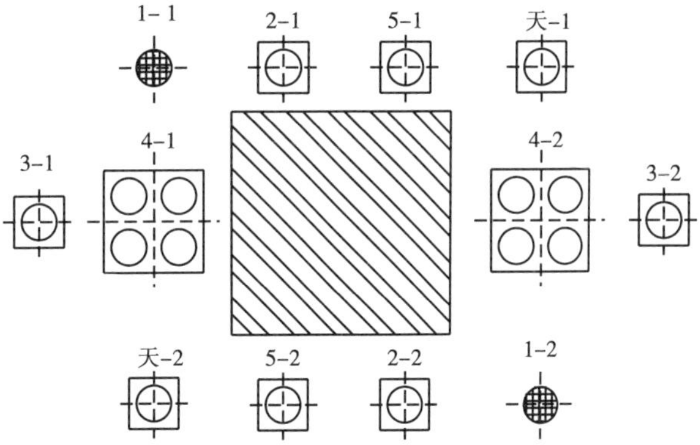

图13-7　试验场地平面布置图

图13-7中天－1、天－2为天然地基；2－1、2－2、3－1、3－2、5－1、5－2为单桩复合地基，它们的区别仅是垂直加载量不同。其中5－1、5－2为桩头嵌入荷载板；4－1和4－2为两组4根桩的复合地基。

2. 试验资料分析

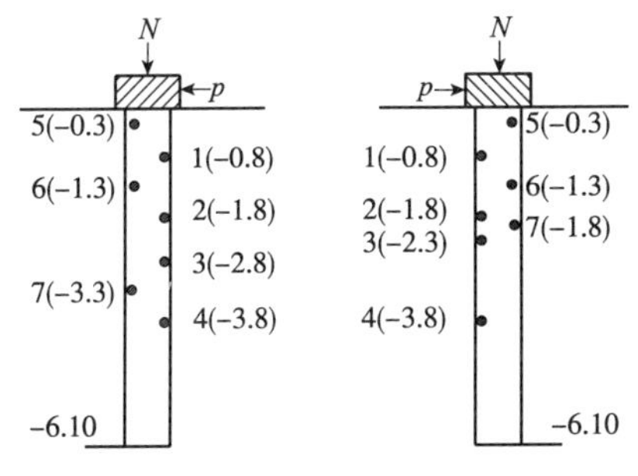

图13-8　传感器布置图(尺寸单位：m)

以上各组试验的资料经整理后归纳入表13-8内。从表中资料可以看出：

(1)经水泥粉喷桩加固的复合地基，其水平抗力均有所提高，平均约增长一倍。

(2)多桩复合地基与单桩复合地基两者的$c$、$\phi$值比较接近。

(3)第二组2－1、2为垂直荷载加到极限状态后再做水平荷载试验，因此它的复合地基中$c$值降低约30%，而$\phi$值增长27%，说明土在复合地基中发挥的作用最终比较接近。

(4)水泥粉喷桩嵌固于底板内或不嵌固两者受力条件完全不同。

基于上述分析可知，水泥粉喷桩加固后的地基其强度值已能提高一倍，这个加固效果是明显的，可以为某些抗水平推力的工程所应用。但是，在试验后进行了开挖，发现桩体中存在有层状结构现象，这就大大降低水平力抵抗能力；还出现漏喷、缺损，这就造成桩身不均匀，带来了被加固后的水泥黏土桩复合地基的不均匀性。无论是地基的不均匀或抵抗水平推力能力的降低均会给工程带来危害。最近某高速公路两个标段就是由于上述原因，在路堤填筑完一个月后，路堤顶面出现开裂，造成损失。目前水泥搅拌法加固工程中水泥粉喷桩的不均匀性比起双头浆喷质量更差，应引起重视。这是由于施工机械尚处在落后状态，必须进一步改进，否则水泥粉喷桩将会逐渐被淘汰。

**复合地基现场试验中 $c$、$\phi$ 值统计表**　　表 13-8

| 试验编号 | 天-1 | 天-2 | 2-1 | 2-2 | 3-1 | 3-2 | 4-1 | 4-2 |
|---|---|---|---|---|---|---|---|---|
| $c$(kPa)<br>$\phi$(°) | 12<br>11.3 | 15<br>10.2 | 23<br>30.1 | 29<br>28.8 | 36<br>21.8 | 38<br>21.8 | 35<br>22.3 | 35<br>22.8 |
| $K=\tan\phi$ | 0.20 | 0.18 | 0.58 | 0.55 | 0.40 | 0.40 | 0.41 | 0.42 |

# 第五节　工 程 实 录

## 一、深汕高速公路第四合同段建筑物两端水泥粉喷桩加固

### 1. 工程概况

深汕高速公路第四合同段 K120+800～K129+960 软基路段西接后门隧道，东接长沙湾大桥，全长 9.16km，均为软基。该公路按行车速度 100km/h 设计，为广东省第一条按 FIDIC 条款管理设计施工。路段内淤泥厚度为 8～22m，含水率高达 70%，孔隙比 2.0，十字板强度最小仅 4.9kPa，压缩系数为 1.5～2.0$MPa^{-1}$，地基极为软弱，是全线工程地质最差的路段。

该路段软基加固以排水固结法为主，辅以土工织物、反压护道。对路段内桥头、涵洞结构物两端高填土连接段，采用水泥粉喷桩复合地基加固（图 13-9），共设计粉喷桩 4655 根，总长 70479 延米。

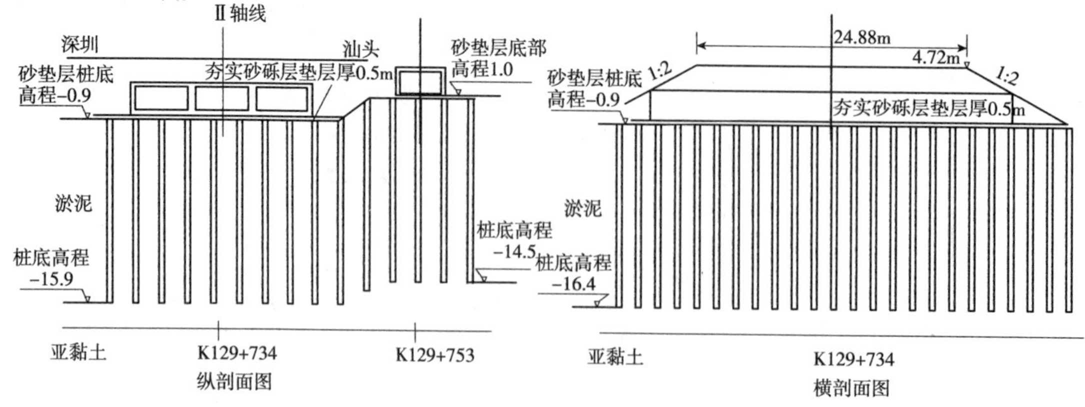


图 13-9　涵洞地基粉喷桩加固

2. 工程地质情况

第一层土为耕植土，黄灰色可塑，含少许腐殖质，厚0.7～1.2m；第二层淤泥，灰黑色、饱和、软塑至流塑状，含有机物，层厚8.8～21m；第三层亚黏土，软塑状，层厚7.5m，以下为砂性土。

3. 设计计算

（1）荷载。作用在高速公路地基上的荷载由路堤重和车辆重两部分组成。车辆重力换算为土柱高 $h_0 = nG/\gamma BL$，其中 $n$ 为横向分布的车辆数，$G$ 为每辆车重、$\gamma$ 为路堤填料重度、$L$ 和 $B$ 为车辆纵向和横向分布长宽、宽度。$h_0$ 应取车道布满车时等效土柱高的70%或路面半幅布满车时的等效土柱高两者的大值。

（2）承载力。水泥粉喷桩复合地基承载力标准值可通过现场复合地基荷载试验确定，也可用式（13-3）计算而得。

（3）沉降计算。水泥粉喷桩复合地基的沉降量包括两部分：即桩长范围内复合地基的压缩变形 $S_1$，和桩端下不处理土层的压缩变形 $S_2$。$S_1 = \frac{P_0 + P_{oz}}{2EPS}L$，$S_2$ 按分层总和法计算。设计时按规范要求，建筑物端部相邻处工后沉降小于10cm，一般路段小于30cm。为将这两个不同沉降量衔接起来，过渡加固区设计为20～30m长，水泥粉喷桩间距设计成变桩距。现以K129+722～K129+745处三孔箱涵为例，$h_0 = 0.8$m，路堤填土4.29m，所以地基上覆荷载为 $(0.8+4.29)\times2.0=101.8$kN/m²。涵洞底的地基上覆荷载为1.5倍，即152.7kN/m²。设计水泥粉喷桩直径500mm，桩长15.5m，进入持力层50cm，采用42.5级普通硅酸盐水泥，每延米桩体掺入50kg水泥，掺入比为17%。

（4）验算

①按承载力要求的置换率为：单桩承载力为100kN，路堤下 $f_{sp} = m_1 f_p + \beta(1 - m_1)f_s$，则 $m_1 = 13.4\%$；涵洞基础下 $m_2 = 22.1\%$。而 $f_{sp} = 51.2\text{kN} < 100\text{kN}$；

②按沉降要求的置换率 $S_2 = \sum_{i=1}^{n}\frac{P_z}{E_{ai}}(Z_i a_i - Z_{i-1}a_{i-1}) = 13.314$cm，$S_1 = 20 - 13.314 = 6.69$cm，而 $m = \frac{E_{sp} - E_s}{E_p - E_s} = 16.15\%$。按计算结果，路堤下采用 $m_1 = 17\%$，涵洞下采用 $m_2 = 23\%$，按正方形布桩，采用间距为1.2m和1.0m，工后两个月进行沉降观测，截止1999年3月，总计发生沉降21.5cm，且左右两端沉降均匀，以后沉降速度小于0.02mm/d，情况良好。

## 二、广东省佛山开平高速公路深层搅拌法加固桥涵过渡段地基

1. 工程概况

佛开高速公路全长80km，位于珠江三角洲河网地区，范围广、软土深厚，含水率高，强度低，压缩系数大。全线软土地基扣除桥长后有16.839km长，约占路线长1/4，其中90%分布在佛山至九江镇的第一、二、三标段。由地质钻探揭露的资料来看，淤泥和淤泥质土的厚度变化在2～20m范围，埋藏深度较浅。现将淤泥和淤泥质土的典型的物理力学性指标统计于表13-9中。从表中指标可见，土的最高含水率为106.7%，孔隙比2.41，压缩系数1.71MPa$^{-1}$，压缩模量5.70MPa，快剪最小黏聚力为1.0kPa，摩擦角3.04°，在这样的超软弱地基上修建高速公路，将会带来一系列难于处理的工程问题。

软土物理力学性质主要指标统计表　　表 13-9

| 土层名称 | | 物理力学指标 | | | | | | | 快剪强度 | | 压缩指标 | |
|---|---|---|---|---|---|---|---|---|---|---|---|---|
| | | 含水率(%) | 孔隙比 | 重度(kN/m³) | | 密度 | 液限 | 塑限 | 黏聚力 | 摩擦角 | 压缩系数 | 压缩模量 |
| | | | | 湿 | 干 | (g/cm³) | (%) | (%) | (kPa) | (°) | (MPa⁻¹) | (MPa) |
| 淤泥 | 最大 | 106.7 | 1.680 | 21.3 | 12.7 | 2.78 | 60.8 | 41.8 | 33.0 | 33.57 | 1.71 | 5.70 |
| | 最小 | 15.77 | 0.414 | 16.3 | 11.2 | 2.48 | 23.5 | 13.7 | 1.0 | 3.04 | 0.26 | 0.82 |
| | 平均 | 89.56 | 1.903 | 18.4 | 11.8 | 2.59 | 42.7 | 27.8 | 17.8 | 20.50 | 0.98 | 3.72 |
| 淤泥质土 | 最大 | 79.23 | 2.410 | 19.6 | 15.1 | 2.72 | 71.1 | 33.5 | 39.0 | 44.32 | 3.80 | 9.03 |
| | 最小 | 2.50 | 0.642 | 13.9 | 6.5 | 2.54 | 29.0 | 13.5 | 0.0 | 0.00 | 0.18 | 0.80 |
| | 平均 | 58.60 | 1.588 | 17.8 | 10.2 | 2.68 | 45.9 | 23.0 | 28.0 | 28.0 | 1.78 | 4.50 |

佛开高速公路的软土地基设计采用堆载预压、塑料板排水固结法，但该工法的固结时间较长，难以满足要求，尤其是桥路交接处所产生的差异沉降，不能满足要求。为此决定采用水泥粉喷桩加固桥头过渡段，用水泥黏土桩复合地基将桥台与软土地基路段衔接起来，以解决两者差异沉降。

佛开高速公路一、二、三标软基路段共有桥、涵和通道 61 座，需加固 122 处过渡地段，设计量为 593682 延米的水泥粉喷桩。从 1994 年 12 月开工至 1995 年 5 月施工结束，共计 6 个月的施工检查期。自 1995 年 8 月开始进入工后监测期，至 1997 年 10 月观测结束，历时 27 个月的监测。路堤填筑期每月 3 次观测，竣工通车前每月观测 2 次，竣工通车后每 3 个月观测 1 次。

2. 设计计算

佛开高速公路与其他建在软土地基上的高速公路相似，桥台基础通常采用桩基，路堤软基采用排水固结法。由于桥台桩基的总沉降量为几毫米，且在短时间内完成，而路堤沉降均超过 1.5m，有的超过 2m，完成沉降的时间较长，造成公路投产运营后桥台与路堤之间有较大的差异沉降。这个差异沉降是动态发生，给行车带来的跳车弊端，这就是桥头跳车，是目前软基上建造高速公路的通病问题之一。当前解决桥头跳车的方法有几类：方法之一是等待地基沉降稳定，这是在软基不厚、路堤不高的条件可以考虑。方法之二是桥头设置刚性踏板，将路堤与桥台之间的差异沉降通过踏板来协调，据以往使用经验看，差异沉降较大时并不理想。目前日本正在使用可以将踏板抬高，然后在板下喷砂，将差异沉降分次消除。方法之三是在桥头过渡路段改为填轻质材料，例如 EPS 材料，这种方法造价昂贵，在重型车辆行驶后材料发生疲劳而失去部分弹性。此外，尚有用各种快速加固法将软基改造成复合地基，这里有碎石桩复合地基、水泥黏土桩复合地基、真空预压联合堆载加固地基等。佛开高速公路 122 个桥台过渡段采用水泥粉喷桩加固。水泥粉喷桩设计采用桩径 50cm，桩长 7 ~ 14m。除个别桥头因软土较厚，无法将水泥黏土桩支承在硬土层，绝大部分粉喷桩为支承桩。水泥掺入比为 17%，桩间距按过渡路段纵向分为 2 ~ 3 个区间，分别为 0.9m、1.1m 和 1.3m 三种。过渡区加固长度按公式(13-15 ~ 13-25)计算，如图 13-10 所示布桩。图中所示为 3 种间距逐渐变化，从而将桥台与路堤连接起来。

3. 施工和检验

122 个过渡加固路段约 60 万延米桩长，分为五家施工，从 1994 年 12 月开始，历时 6 个月完成。施工方法采用两次搅拌法，每个加固段完成搅拌桩施工后开始检验，方法如下：

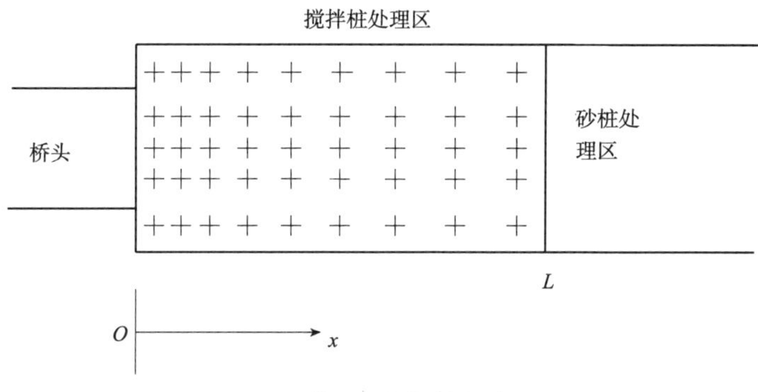


图 13-10 佛开高速公路桥头加固区

(1)施工完 1 ~ 2 天内用 $N_{10}$ 轻型动力触探检查施工质量，及时纠正部分不合理的施工工艺；

(2)施工后将场地开挖桩头露出 50cm，检查桩头质量和数量；

(3)钻孔取芯并结合标准贯入试验，检查桩长、桩身质量；

(4)单桩和单桩复合地基荷载试验检查复合地基和单桩承载力；

(5)进行工后沉降和侧向位移观测，检查加固效果。

全线共完成取芯 360 根桩，总进尺 421.10m，取芯率超过 80%，取芯时间为龄期 30 天，芯样做抗压试验。取芯时结合做标贯试验，建立标贯与抗压强度的关系。荷载试验选取 6 个工点，做复合地基荷载试验 6 组，单桩试验 3 组。

4. 加固效果

工程经加固后，从 122 个桥头加固段选取有代表性的地段 15 个，进行长达 27 个月(从 1995 年 8 月至 1997 年 10 月)的沉降和侧向位移观测，现将观测结果汇总于表 13 - 10 中。

(1)路堤填土期发生的最大沉降量为 377mm，最小沉降量为 61mm；

(2)二个悬桩地段的沉降为 232mm 和 237mm，一般均大于支承桩加固地段；

(3)工后一年期沉降量最大为 172mm，发生在潭州大桥佛台的悬桩地段，最小为 8mm，大部分在 30mm 以内；

(4)用双曲线法推算最终沉降量，由此得到以后可能发生的工后沉降在 60mm 以内；

(5)填筑期间测得的沉降速率为 0.25 ~ 5.77mm/d，通车一年后测得最大沉降速率为 0.31mm/d，发生在潭州大桥佛台段的悬桩加固区；

(6)几处设有侧斜管监测深层土侧向位移，曾在汾江大桥两端地面下 16m 和 9m 深处测得最大侧向位移，分别为 68.2mm 和 15.7mm，而它们的粉喷桩加固深度仅 10m，可见最大侧向位移量发生在桩体以下的未加固区。

从以上工程实录所得资料来看，佛开高速公路在 122 个桥、涵、通道过渡段用水泥粉喷桩加固是成功的，无论从工后沉降，沉降速率，位移速率等方面均能满足工程要求，过渡段用 15 ~ 25m 长，采用变桩距衔接沉降是可行的，目前公路运营情况良好。

## 三、广(州)佛(山)高速公路拓宽工程

### 1. 工程概况

广佛高速公路是联结广州、佛山两大城市,多年前建成的4车道高速公路。近年来随着经济的发展,交通运输量急剧增加,4个车道已不能适应,为此决定拓宽成8车道。线路经过4km软基路段,原路段采用砂井排水固结法处理软基,经10年运营后地基早已稳定,拓宽工程的主要技术难点是新拓宽路堤的稳定控制,新老路堤的差异沉降和施工期确保原道路能正常通车运营。

### 2. 地基土质情况

软基路段内主要土质情况如下:

(1)第一层素填土,厚度1.3~2.9m,土质情况较好;

(2)第二层淤泥,厚3.2~6m,灰黑色,流动状,含少量腐殖质,有薄层粉砂夹层,含水率大,压缩性高,强度低,是稳定和变形的控制土层;

(3)第三层为亚黏土,厚度3.5m,部分地段夹砂,为中等压缩性土;

(4)第四层为全风化砂岩,厚2.5m,可作为持力层。

典型的土质指标列入表13-10中。

**各主要土层物理、力学性质指标统计** 表13-10

| 土层 | 含水率(%) | 密度($g/cm^2$) | 孔隙比 $e$ | 塑限(%) | 液限(%) | 塑性指数(%) | 压缩系数($MPa^{-1}$) | 固结系数($10^{-3}cm/s$) | 渗透系数($10^{-6}cm/s$) | 快剪 | | 无侧限抗压强度(kPa) |
|---|---|---|---|---|---|---|---|---|---|---|---|---|
| | | | | | | | | | | $c$(kPa) | $\phi$(%) | |
| 淤泥/淤泥质土 | 57.7 | 1.62 | 1.54 | 27.69 | 44.05 | 16.36 | 1.157 | 3.55 | 6.74 | 17 | 10.7 | 61.5 |
| 亚黏土 | 22.2 | 2.09 | 0.57 | 13.02 | 24.68 | 11.7 | 0.282 | 1.36 | | 28.7 | 19.1 | 204.7 |

### 3. 试验路段的设计

施工前选取200m做工程试验,分成3种情况,设计方案见图13-11、图13-12,三个断面的地基处理技术参数汇集于表13-11中。此外,各断面中埋设了监测仪器,布置图见图13-12,每个断面各埋设2孔分层沉降仪、2孔测斜管、3只孔压计、2只土压力盒、4块沉降板。

**各断面地基处理设计一览表** 表13-11

| 试验区 | 起讫桩号 | 控制断面 | 粉喷桩 | | | 土工织物 | 垫层50cm | 超载高度 |
|---|---|---|---|---|---|---|---|---|
| | | | 桩间距 | 布置形式 | 桩长 | | | |
| 一区 | K7+916.586~K7+991.586 | (A) K7+966.568 | 1.2m | 正三角形 | 7.0~8.0m 打穿淤泥层 | 1层土工格栅+1层土工布 | 砂性土 | 1.5m |
| 二区 | K7+991.586~K8+063 | (B) K8+016.568 | 1.0m | 正三角形 | | 2层土工格栅 | 砂性土 | 1.5m |
| 三区 | K8+085~K8+160 | (C) K78+110 | 1.2m | 正三角形 | | 2层土工格栅 | 碎石 | 1.5m |

4. 施工情况

1997 年 7 月 15 日进场施工,11 月 1 日完成粉喷桩地基处理,12 月 15 日填土结束,其中包括超载 1.5m。地基处理共设计 8 排水泥粉喷桩,先做外侧 4 排,待外侧完成后,再开挖内侧并施工内侧 4 排,这样可以确保原有道路在施工期安全通车。各阶段施工程序为:①1997 年 7 月 25 日外侧边坡开挖,至 8 月 26 日完成;②8 月 26 日至 9 月 12 日完成粉喷桩施工;③9 月 27 日至 10 月 12 日内侧边坡开挖;④10 月 12 日至 11 月 1 日完成内侧粉喷桩施工;⑤11 月 1 日开始铺设化纤织物填土做加筋土,二周内完成,至 12 月 15 日路堤填筑,其中包括超载 1.5m;⑥1998 年 2 月修理边坡完毕,移交给路面施工。

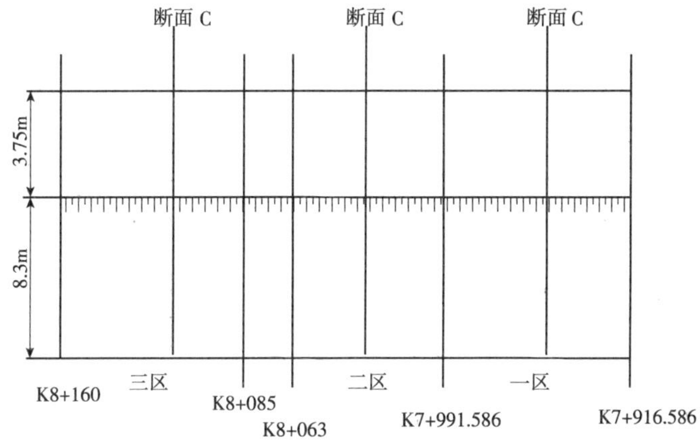


图 13-11 试验段平面布置示意图

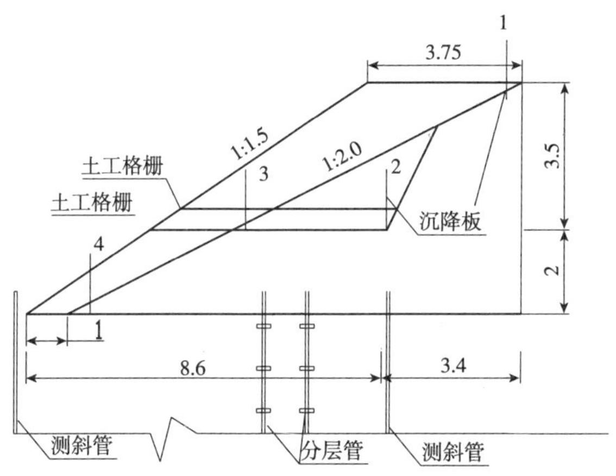


图 13-12 试验段加宽断面及仪器布置图(尺寸单位:m)

注:1、2、3、4 为沉降板编号。

5. 沉降观测情况

加载施工中进行了沉降观测,其观测资料汇集于表 13-12 中。预压期 3 个月的沉降量和沉降速率汇集于表 13-13、表 13-14 中。由上述两表中可见施工时情况正常,预压 3 个月后沉降基本稳定。该工程于 1999 年下半年投入使用,目前情况良好。

工后沉降观测统计　　表 13-12

| 序号 | 地　点 | 桩长 | 处理范围 $L \times B$ (m) | 桩距 (m) | 填土高度 (m) | 施工期间沉降 (mm) | 一年工后沉降 (mm) | 预估工后沉降 (mm) | 地 质 概 况 | 备注 |
|---|---|---|---|---|---|---|---|---|---|---|
| 1 | K4 +224.24 汾江大桥桥台 | 10.0 | 20×42 | 0.95~1.40 | 5.4 | 154 | 27 | 60 | 0~2.0m,表土及亚黏土;2.0~9.0m 淤泥;9.0~10.0m,淤泥质黏土;10.0~13.5m,黏土;13.5~17.5m 淤泥质黏土;17.5m 以下,亚黏土及砂土 | 支承桩 |
| 2 | K5 +445.83 张槎跨线桥桥台 | 10.5 | 20×42 | 0.95~1.40 | 4.6 | 61 | 14 | 34 | 0~4.0m,亚黏土;4.0~10.0m,淤泥质黏土;10.0~13.5m,砂土;13.5~16.5m,淤泥;16.5m 以下,亚黏土 | 支承桩 |
| 3 | K7 +680 季华路立交桥桥台 | 10.5 | 20×42 | 1.05~1.40 | | | | | 0~3.0m 亚黏土;3.0~8.0m,淤泥;10.0~13.5m,砂土;13.5~16.5m 淤泥;16.5m 以下,亚黏土 | 支承桩 |
| 4 | K8 +138.9 潭州大桥桥台 | 8.0 | 20×39 | 0.95~1.40 | 6.2 | 232 | 172 | 356 | 0~2.0m,亚黏土;2.0~11.0m,淤泥;11.0~14.5m,砂土;14.5~23.5m,淤泥质黏土;23.5m 以下,亚黏土 | 悬浮桩 |
| 5 | K9 +601.1 潭州大桥桥台 | 10 | 20×42 | 0.95~1.40 | 4.6 | 63 | 32 | 74 | 0~2.7m,亚黏土;2.7~9.3m,淤泥;9.3~12.5m,粗砂;12.5~15.0m;砂土 | 支承桩 |
| 6 | K10 +430 通道 | 7.5 | 16.1×26.8 | 1.15~1.35 | 0.7 | 66 | 16 | 35 | 0~2.0m,亚黏土;2.0~7.5m,淤泥质黏土;7.5~22.5m,亚黏土 | 支承桩 |
| 7 | K12 +770 通道 | 8.0 | 16×54.4 | 1.0 | 1.7 | 231 | 15 | 36 | 0~2.5m,亚黏土;2.5~6.6m,淤泥;6.6~14.4m,细砂;14.4~16.5m,亚黏土 | 支承桩 |

续上表

| 序号 | 地 点 | 桩长 | 处理范围 $L\times B$ (m) | 桩距 (m) | 填土高度 (m) | 施工期间沉降 (mm) | 一年工后沉降 (mm) | 预估工后沉降 (mm) | 地 质 概 况 | 备注 |
|---|---|---|---|---|---|---|---|---|---|---|
| 8 | K14 +594 新基田立交桥桥台 | 10.0 | 20×66 | 1.0~1.5 | 4.7 | 276 | 40 | 127 | 0 ~ 2.0m，亚黏土；2.0~1.0m，淤泥质黏土；10.0~ 13.5m，砂土；13.5~ 16.5m，淤泥；16.5~29.0m，强砂夹淤泥薄层；29.0m以下，砾砂 | 支承桩 |
| 9 | K21 +781 小桥桥台 | 14.0 | 20×42 | 1.0~1.5 | 5.2 | | | | 0 ~ 3.0m，亚黏土；3.0~ 9.3m，淤泥；9.3~ 13.8m，细砂 13.8 ~ 16.5m，粗砂；16.5~19.8m，黏土 | 支承桩 |
| 10 | K24 +157 小桥桥台 | 10.0 | 20×42 | 1.0~ 1.5 | 5.0 | 187 | 12 | 19 | 0 ~ 2.5m，亚黏土；2.5~6.1m，淤泥；6.1~ 10.0m，细砂；10.0 ~ 23.4m，亚黏土；23.4 ~ 25.0m，细砂 | 支承桩 |
| 11 | K26 +850 箱涵 | 10.5 | 7.2×42 | 1.2~1.6 | 2.9 | 101 | 8 | 23 | 0 ~ 1.5m，亚黏土；1.5~9.3m，粉砂质淤泥；9.3 ~ 14.5m，中砂；14.5 ~ 16.5m，淤泥；16.5~21.6m 细砂 | 支承桩 |
| 12 | K28 +065 箱涵 | 14.0 | 16.8×44.4 | 1.05~1.5 | 0.8 | 75 | 18 | 45 | 0 ~ 1.5m，亚黏土；1.5~4.0m，淤泥质黏土；4.0 ~ 5.7m，亚黏淤土；5.7~12.0m，淤泥质黏土；12.0 ~ 13.5m，亚黏土 | 支承桩 |
| 13 | K28 +959.4 九江涌大桥桥台 | 10.0 | 50×55.5 | 0.9~ 2.0 | 5.9 | 377 | 47 | 102 | 0 ~ 2.0m，亚黏土；2.0~9.8m，淤泥；9.8 ~ 16.4m 细中砂；16.4 ~ 22.5m，黏土；22.5 ~ 3.53m，淤泥质黏土；35.3 以下，粗砂 | 支承桩 |
| 14 | K29 +770 通道 | 18.0 | 21.6×45 | 1.35~1.5 | 1.3 | 237 | 66 | 110 | 0 ~ 3.0m，淤泥质黏土；3.0 ~ 6.6m，细砂；6.6~18.5m，淤泥；18.5 ~20.4m，淤泥质黏土；20.4~22.5m，细砂 | 悬浮桩 |

续上表

| 序号 | 地　点 | 桩长 | 处理范围 $L \times B$ （m） | 桩距 （m） | 填土高度（m） | 施工期间沉降（mm） | 一年工后沉降（mm） | 预估工后沉降（mm） | 地 质 概 况 | 备注 |
|---|---|---|---|---|---|---|---|---|---|---|
| 15 | K29 +771 通道 | 10.0 | 20×56 | 1.1～2.0 | 4.8 | 195 | 19 | 38 | 0～2.0m，亚黏土；2.0～9.0m，淤泥；9.0～13.5m，风化泥质页岩 | 支承桩 |

**沉降资料汇总表** 表13-13

| 板号 | 1 | | 2 | | 3 | | 4 | |
|---|---|---|---|---|---|---|---|---|
| 沉降量 | 最大沉降速率（mm/d） | 累计沉降量（mm） | 最大沉降速率（mm/d） | 累计沉降量（mm） | 最大沉降速率（mm/d） | 累计沉降量（mm） | 最大沉降速率（mm/d） | 累计沉降量（mm） |
| A | 2(09/12) | 20 | 5(1/12) | 48 | 6(29/11) | 46 | 4(08/12) | 35 |
| B | 2(18/12) | 13 | 4(03/12) | 24 | 7(08/12) | 40 | 3(29/11) | 20 |
| C | 4(06/12) | 22 | 8(30/11) | 52 | 5(06/12) | 35 | 3(06/12) | 23 |

注：观测截止日期为98/03/09。

**沉降速率统计表** 表13-14

| 沉降板 \ 时期 | | 填土过程 | | 预压1个月 | | 预压2个月 | | 预压3个月 | |
|---|---|---|---|---|---|---|---|---|---|
| | | 沉降量（mm） | 速率（mm/d） | 沉降量（mm） | 速率（mm/d） | 沉降量（mm） | 速率（mm/d） | 沉降量（mm） | 速率（mm/d） |
| A | 1 | 5 | 0.50 | 8 | 0.27 | 4 | 0.13 | 3 | 0.10 |
| | 2 | 32 | 1.33 | 10 | 0.33 | 3 | 0.10 | 3 | 0.10 |
| | 3 | 33 | 1.38 | 7 | 0.23 | 6 | 0.20 | 0 | 0.00 |
| | 4 | 24 | 1.20 | 7 | 0.23 | 4 | 0.13 | 0 | 0.00 |
| B | 1 | 3 | 0.50 | 6 | 0.20 | 3 | 0.10 | 1 | 0.03 |
| | 2 | 15 | 0.65 | 6 | 0.20 | 3 | 0.10 | 0 | 0.00 |
| | 3 | 33 | 1.43 | 4 | 0.13 | 3 | 0.10 | 0 | 0.00 |
| | 4 | 13 | 0.68 | 3 | 0.10 | 2 | 0.07 | 2 | 0.07 |
| C | 1 | 15 | 0.37 | 5 | 0.17 | 1 | 0.03 | 1 | 0.03 |
| | 2 | 48 | 1.17 | 3 | 0.10 | 1 | 0.03 | 0 | 0.00 |
| | 3 | 29 | 0.71 | 3 | 0.10 | 0 | 0.00 | 2 | 0.07 |
| | 4 | 18 | 0.45 | 3 | 0.10 | 1 | 0.03 | 1 | 0.03 |

# 第十四章　强夯加固地基大型试验实例

## 第一节　概　　述

强夯法是地基加固方法之一，它具有效果显著、造价低、施工简便等优点。因此，自1970年法国梅纳(L. Menard)首次应用于工程实践以来，迅速为地基工程界所重视，在水利、港口、化工、工民建、高速公路、机场、仓库等工程上都广泛采用强夯法来加固地基。后来强夯法又被用在水下地基加固，这是强夯法在一个新的领域中的应用。目前法国采用的夯锤最大重量达200t，落距20m，每击的夯击能量达40000kN · m。日本人还提出了三阶段夯击施工工艺。

我国于1978年在天津港首次使用强夯法加固软土地基，并取得了良好的效果。后来在全国各地的工程中得到推广，并根据我国的特点有所发展。用强夯法加固高填土、杂填土地基效果最好，其次是砂性土、湿陷性黄土和软黏土地基。

强夯法加固地基在国内外虽然发展很快，工程实践也较多，但对强夯法加固机理的研究甚少。可以想象到，一个几十吨重的大锤，从几十米高处落下，在这样大的冲击能量下，用什么样的仪器可以直接在土体内测定夯击下的应力应变状态，这是不太容易做到的。因此，自创始人梅纳提出估算加固深度的经验公式 $Z = \sqrt{MH}$ 以来，人们对该式虽然发生怀疑(实际上也确与工程实践不符)，但又无法从夯击中直接测定这些数据，提出的修正系数大多是间接测试加上分析推算而得，是一个变动范围很大的经验参数。

本章重点介绍长江河漫滩地淤泥质亚黏土地基上的一个强夯试验，这个大型试验是为扬子石化乙烯工程建造的16万平方米大型污水处理站地基加固提供数据。在试验中用了大量的仪器，直接埋设在夯坑底下的各个深度，测定夯击状态时的应力应变。用试验所测得的资料，论证了长江河漫滩软土地基经强夯加固的效果是显著的，满足设计和工程的要求。同时，得到的另一收获是，前述的梅纳公式需要重新评价。

## 第二节　长江下游河漫滩地软基强夯加固试验

### 一、试验区土质状况

试验区紧靠长江北岸，属长江河漫滩地，地势平坦低洼，汛期地下水位仅离地面80cm，旱季约为1.2~1.5m。该区土质较弱，17m深度范围内大致分三层：第一层亚黏土，层厚1.6~2.7m，呈软塑状；第二层为轻亚黏土，厚2.5m，呈流塑状态；第三层为厚达12m左右的淤泥质亚黏土夹薄层粉砂，呈流塑状态。土层主要物理力学性指标见表14-1。由表中可看出，土质属中、高压缩性软土，含水率高，土质软弱。

土地物理力学性指标 表 14-1

| 土的分类 | 土层厚（m） | 含水率（%） | 密度（t/m）$^3$ | 孔隙比 | 饱和度（%） | 液限（%） | 塑限（%） | 塑性指数 | 压缩系数（$cm^2$/kN） |
|---|---|---|---|---|---|---|---|---|---|
| 亚黏土 | 1.6 | 31.9 | 1.87 | 0.903 | 96.3 | 34.6 | 23.1 | 11.5 | 0.04 |
| 轻亚黏土 | 2.5 | 37.4 | 1.85 | 0.991 | 98.2 | 30.0 | 20.3 | 9.7 | 0.027 |
| 淤泥质亚黏土 | 3 | 41.6 | 1.76 | 1.196 | 95.0 | 35.7 | 22.5 | 13.2 | 0.081 |
| 淤泥质亚黏土 | 2 | 37.6 | 1.81 | 1.060 | 96.1 | 30.9 | 20.7 | 10.2 | 0.043 |
| 亚黏土 | 2 | 34.6 | 1.84 | 0.997 | 94.7 | 36.1 | 22.6 | 13.5 | 0.037 |
| 淤泥质亚黏土 | 2 | 36.7 | 1.83 | 1.024 | 97.1 | 30.9 | 20.7 | 10.2 | 0.052 |
| 轻亚黏土 | 2 | 32.8 | 1.84 | 0.956 | 93.0 | 29.3 | 20.1 | 9.2 | 0.044 |

强夯法加固地基在国内虽然有许多成功的经验，但用此法来加固这样软弱的黏性土地基是否有效，国内外学术界尚有争论。为此，在工程决定方案之前，先进行大型的可行性试验是完会必要的。试验区面积 25m×25m，夯距为 2.5m，呈正方形布置，共 121 个夯点（图 14-1）。

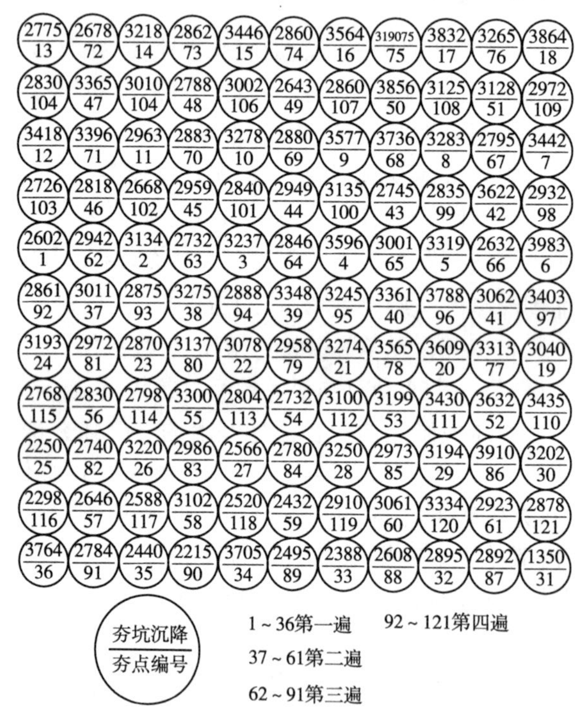


图 14-1 夯坑沉降（尺寸单位：mm）

## 二、夯击试验

1. 测试仪器

为测定在夯击过程中深层土性的变化，将仪器集中埋设在试验区内。有测定地基土的变形和应力两个方面的仪器。土的变形分为地表变形及深层变形。

（1）用水准仪测定夯区地表及夯坑沉降；

（2）用磁环式深层沉降仪测定 15m 深度内土的分层压缩；

(3)用测斜仪测定20m深度内土的侧向变形。

应力测定分动态及静态两类。动态有:

(1)振动加速度传感器测定夯击过程中地面及地下三个方面的加速度分布情况;

(2)动孔隙水压力仪测定动态孔隙水压力;

(3)动土压力传感器测定夯击瞬间所产生的动态土压力。

静态应力测试用钢弦式和双水管式两种仪器同时测定孔隙水压力。

2. 夯击机具

选用起吊能力为50t国产W2001型履带吊机。吊钩是专为本工程试验设计的南科院82-02自动复位式脱钩器,设计起重能力为20t。当夯锤到达预定高度时脱钩器能自动开启,锤体脱落后脱钩器在空中下降过程自动复位和锁定,故使用方便、工效较高。夯锤用15t、10t两种,锤体用混合型的水泥钢锤,锤形设计成圆柱形锥底锤。圆形锤施工方便,锤体底部是锥形,并设有6个直径为18cm的通气孔,使锤体在下落过程中能减少空气阻力和削弱夯坑内的气垫作用,还能减小拔锤吸力。

3. 确定最佳功能

开始夯击之前,先测定最佳夯击功能,在此功能时,土体竖向压缩最大,侧向移动最小。选择4个夯点进行4组最佳夯击功能试验,用15t锤落距分别为20m、16m、12m及10t锤20m落距等共4种。每夯一击后,测出夯坑体积及坑外隆起体积,则可得到有效夯实体积,其所占整个夯坑体积的百分数就是有效压缩率并绘制成图14-2。该图表明,15t锤落距16m及10t锤落距20m两种为好。当夯击功能为5000kN·m时,有效压缩率均大于0.55,当达到7500kN·m时有效压缩率为0.5,这时有效压缩率的变化已不大了。超过7500kN·m后,曲线开始回升,这是地基土因侧向变形的增大并开始破坏所致,因此确定7500kN·m为最佳夯击功能。为达到深层加固的效果,选用15t夯锤16m落距夯3击为本次试验的最佳方案。

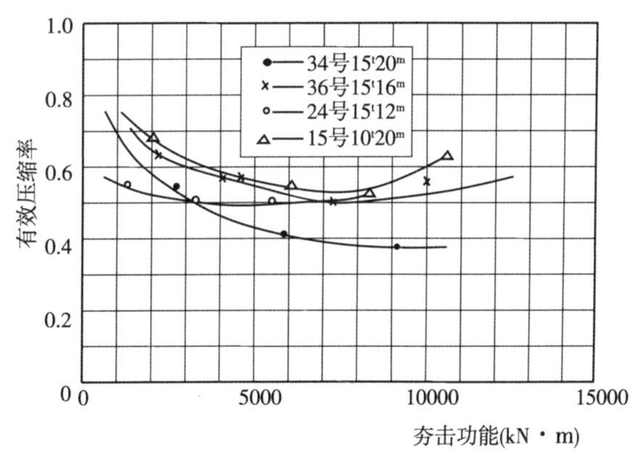


图14-2　最佳夯击功能试验

## 三、测试成果及分析

1. 夯区地面变形

地面变形分两步测定:首先测定夯点总的夯坑下沉量,这些数据已统计在图14-1内;第二步是测定夯区的地面变形,它是每夯一遍推平后在夯区内选择15~20个有代表性的点,进行水准测量,然后取其平均值代表夯区每遍下沉量(表14-2)。夯区的总下沉量均大于

60cm,从而满足了大于56cm的工程设计要求。

夯区每遍及满夯下沉量(cm)　　表14-2

| 夯　区 | 第一遍 | 第二遍 | 第三遍 | 第四遍 | 满　夯 | 总　计 |
|---|---|---|---|---|---|---|
| I | 36.9 | 7.0 | 3.2 | 10.8 | 5.9 | 63.8 |

2. 夯区的深层土变形

夯区深层土变形有两类:一类为深层土的侧向变形;另一类是夯点深层土的压缩变形。

122号及97号夯点的1击及2击的侧向深层土水平位移测试结果见图14-3。据图中各条曲线分析后的侧向位移见表14-3。从表中资料可以看出,在距夯点中心2.8m处,侧向水平位移影响深度达15~17m,在深度3m处发生的侧向位移值为最大。在水平向距夯点中心3.8~5.5m处,侧向位移影响深度仅8m,距夯点中心水平向6.5m时,侧向水平位移的影响深度只有5m,由此可见夯点间距以2.5~3m为佳。

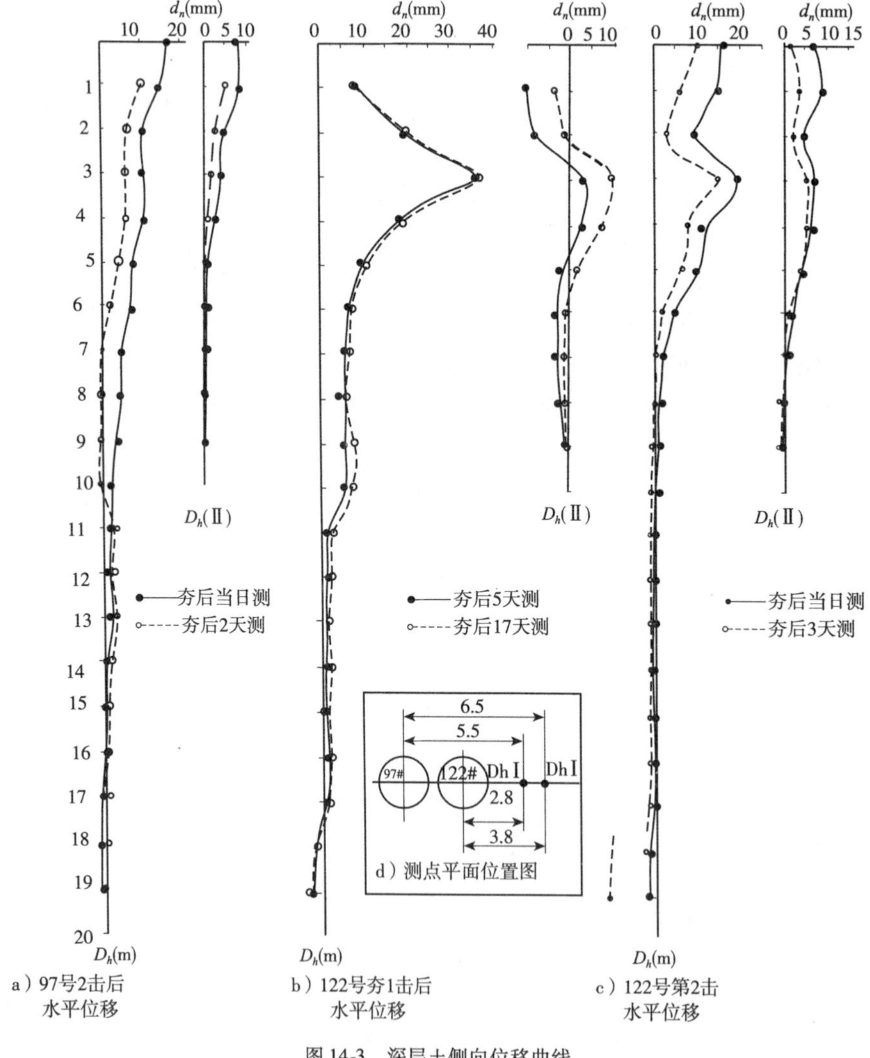


图14-3　深层土侧向位移曲线

深层土的侧向位移统计表 表 14-3

| 深度(m)<br>侧向位移(mm)<br>距夯点中心水距离(m) | 1 | 2 | 3 | 5 | 8 | 10 | 12 | 15 | 17 |
|---|---|---|---|---|---|---|---|---|---|
| 2.8 | 8 | 2 | 36 | 12 | 3 | 2 | 2 | 1 | 1 |
| 3.8 | — | 9 | 10 | 5 | 2 | 0 | 0 | 0 | 0 |
| 5.5 | — | 8 | 10 | 4 | 1 | 0 | 0 | 0 | 0 |
| 6.5 | — | 5 | 4 | 2 | 0 | 0 | 0 | 0 | 0 |

夯点深层土压缩变形是用磁环式分层标点测定。在28号及30号夯点中心、夯点外共埋设了6孔。28号夯点中心一孔埋深14m,30号夯点中心埋3孔,呈三角形布置,深度分别为6m、10m和14m。距30号夯点中心2m及3m处埋两个孔深10m。图14-4中曲线显示,30号夯坑实测的压密变形的影响深度为15.4m;28号夯坑的压密变形的影响深度为11.5m。由此可知,当夯击后压密变形的影响深度已满足工程要求10m深度内产生夯击效果的要求。

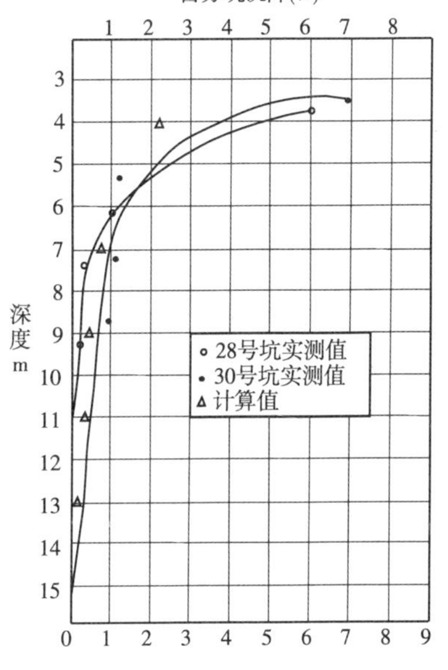

图 14-4 深层土压缩变形曲线

3. 夯区振动加速度与地基应力

(1)振动加速度。通过地面和深层设置的加速度仪,来测定各遍夯击过程中振动加速度在土地表面和土层内部的分布情况,其最大加速度为

$$\alpha_{max} = \alpha R - \beta$$

式中:$\alpha$——双对数坐标中的直线截距;

$\beta$——双对数坐标直线的斜率。

$\alpha$、$\beta$的各种深度的数值见表14-4。图14-5给出3.5m深度处的纵向最大加速度分布曲线。

振动加速度传递系数表 表 14-4

| 加速度方向<br>传递系数<br>深度(m)及参数 | | X | Y | Z |
|---|---|---|---|---|
| 地表 | $\alpha$ | 4500 | 9800 | 100000 |
| | $\beta$ | 2.71 | 2.59 | 3.06 |
| 2 | $\alpha$ | 67000 | 51000 | 105000 |
| | $\beta$ | 2.81 | 3.31 | 3.20 |
| 3.5 | $\alpha$ | 25500 | 3700 | 6300 |
| | $\beta$ | 2.62 | 2.2 | 2.14 |

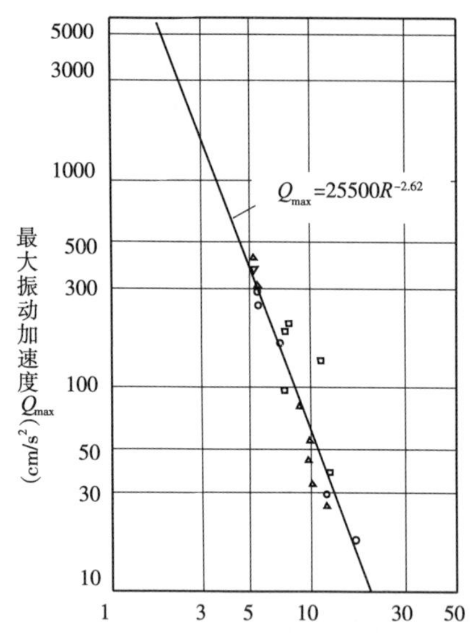


图 14-5 夯击过程中地基内振动加速度分布图

通过测定夯击时土体内振动加速度的传递规律，得出以下三点结论：a）最大振动加速度在数值上是纵向值与竖向值相近，但靠近夯锤的竖向占优势，远离夯锤的纵向占优势，横向最小；b）在夯锤下面 2m 附近处产生的最大加速度值为最大；c）在最大加速度下得到土体三个方向的强迫振动频率为 16.1Hz（$X$）、16.1Hz（$Y$）和 35.7Hz（$Z$）。

（2）动土压力。图 14-6 为夯击时地基内动土压力的实测记录，动土压力波呈三角形状态，由零点达到最大值后迅速下降，总的历时约 0.02s，然后经历 0.25s 即回复到起始零点。在 86 号夯点经 3 次夯击，分别测得动土压力：16.6、31.5 和 15.1N/cm$^2$。如果将 15t 重锤静置地面，在测点处的静态竖向应力为 12.4kPa，动土压力为静土压力的 12～15 倍，可见强夯产生的加固效果是明显的。

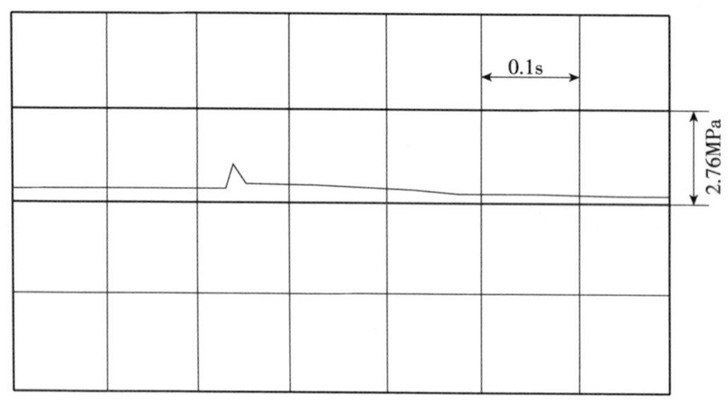


图 14-6 动土压力实测记录（86 号夯点）

（3）动孔隙水压力。在 98 号夯点，第一击实测动孔隙水压力记录见图 14-7。开始时出现小的负值，约经历 0.1s 即出现峰值，再经历 1.1s 即消散完毕。图 14-8 给出了深度 3.5m 处的最大动孔隙水压力曲线。实际测到深度 3.5m 处的动孔隙水压力比深度 2m 处的大，这与深层测向土的变形情况一致；第一击测得的动孔隙水压力大于其他，各击这也符合实际情况，因为起始状态的土比较松软。

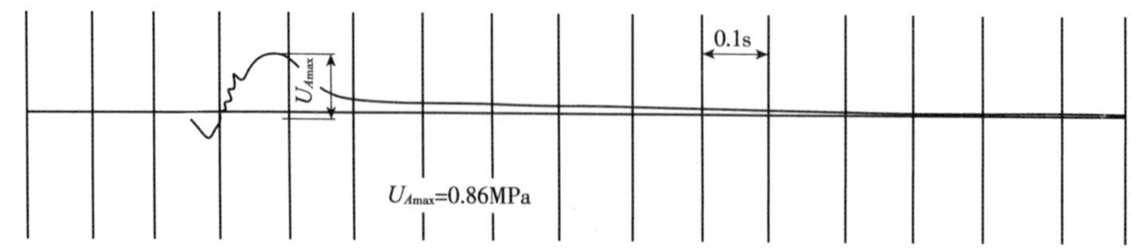


图 14-7 动孔隙水压力实测记录（98 号夯点）

(4)超孔隙水压力。钢弦式和水管式仪器测定的超孔隙水压力是一致的。现将水管式测定的资料分析如下：

①夯坑底下测得的超孔隙水压力以4m深处为最大，其峰值为32kN/m$^2$，拔锤时发生的最大负压值为17.2kN/m$^2$（图14-9）造成的压力差绝对值为49.2kN/m$^2$。锤底面积为4m$^2$，故拔锤时需克服的阻力为196kN，加上锤重力150kN，总的起吊力为346kN。施工时，吊机也显示出起重力为350kN，两者相符。这说明在软黏土地基上进行强夯时，一般吊机起重力不应小于锤重力的2.5倍。

②单点夯超孔隙水压力。将四遍夯击过程中实测的各种深度的孔隙水压力值绘制成不同深度的孔隙水压力沿径向分布图（图14-10），再绘出它们的上限曲线和下限曲线。下限曲线的物理意义是夯前地基中孔隙水压力已基本消散结束，即该曲线上的孔隙水压力不受以前夯击时剩余孔隙水压力的叠加影响，因此下限曲线就是单点夯的超孔隙水压力曲线。而上限曲线的物理意义正好和下限曲线相反，它受到前几次击夯的剩余孔隙水压力的最大叠加作用影响，因此上限曲线反映了群点夯的超孔隙水压力曲线。用下限曲线绘制出夯坑中单点夯引起的超孔隙水压力分布见图14-11，其中图14-11a)为超孔隙水压力分布，图14-11b)为单点超孔压比分布。超孔压比是指该点的超静孔隙水压力与该点上覆有效荷载之比。从图14-11中可以看出，单点夯引起的超孔隙水压力的范围很大，在深度方向12m，径向半径达30m。如果孔压比按常规土力学概念，以附加应力与自重力比达到0.2为其压缩层深度，那么这里强夯的有效加固深度可达11m。

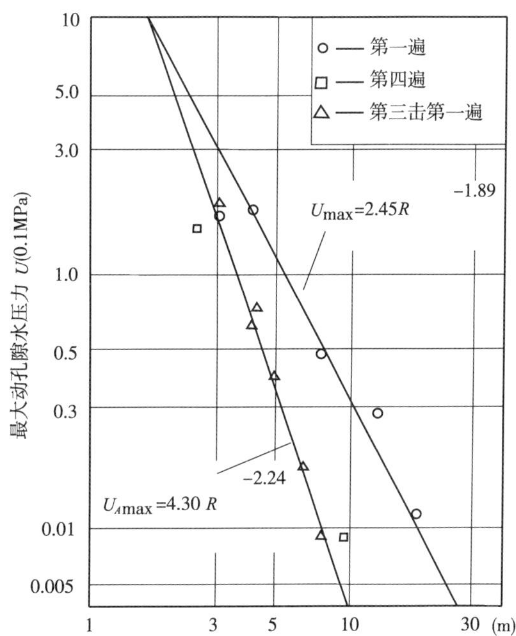


图14-8 最大动孔隙水压力与测点至夯点距离关系曲线

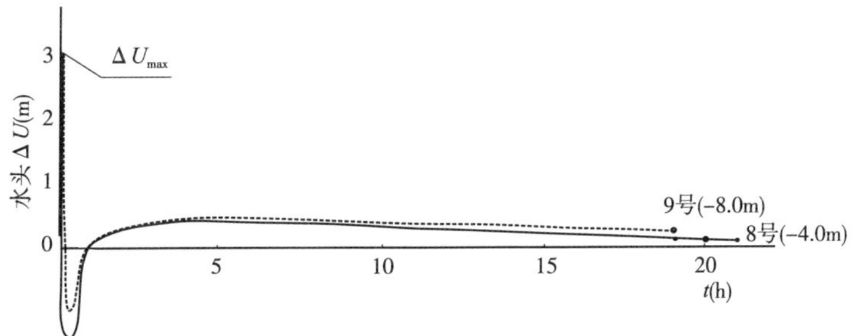


图14-9 6号夯坑下孔隙水压力实测值

③群点夯超孔隙水压力。由图14-10的上限曲线可以绘出地基中群点夯超孔隙水压力及相应的孔压比分布图（图14-12）。它的作用深度已超过15m，水平向影响已超出30m，依照前述的标准，其有效加图深度可达12m。

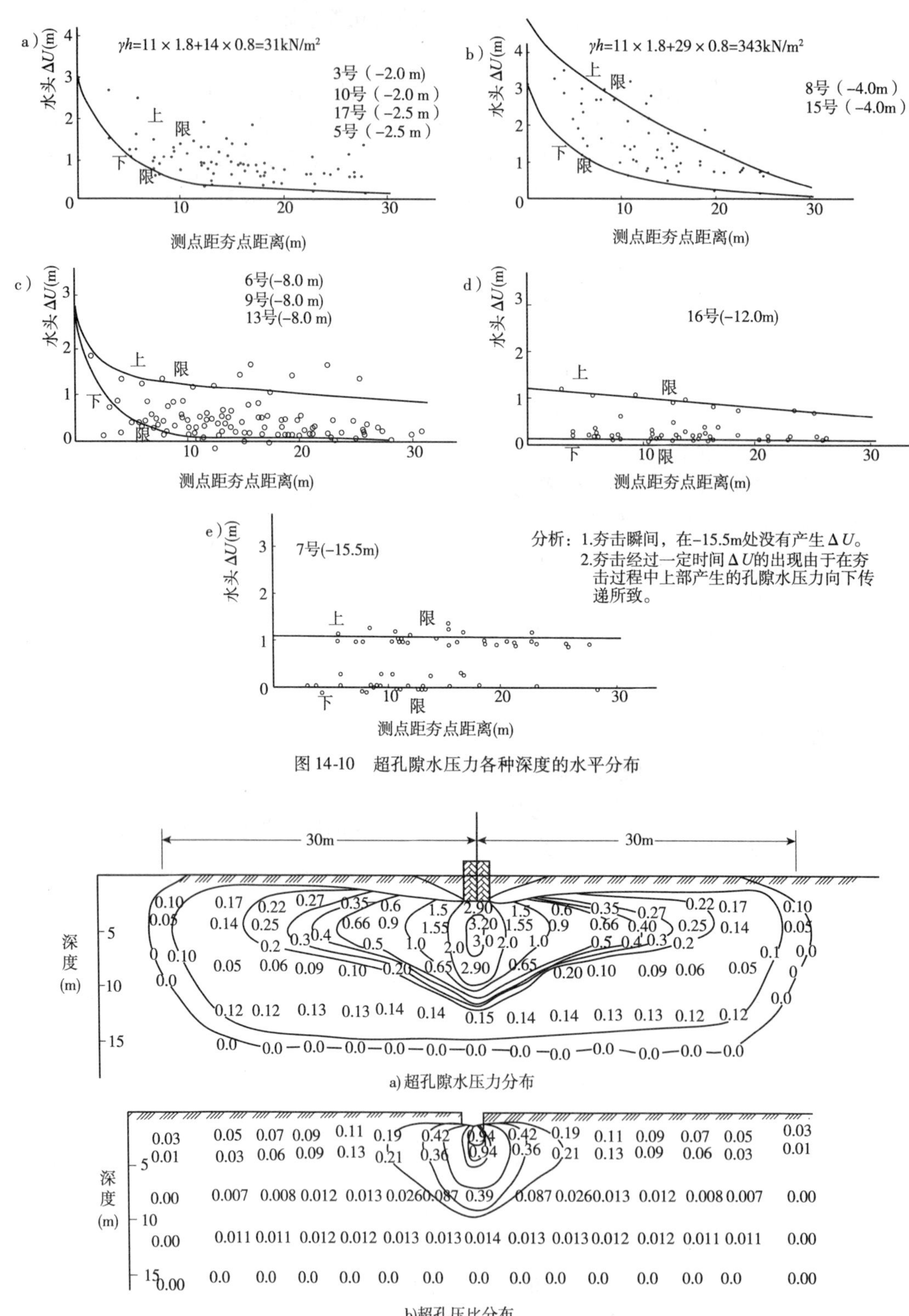


图 14-10　超孔隙水压力各种深度的水平分布



图 14-11　单点夯超孔隙水压力分布(单位:kN/m²)

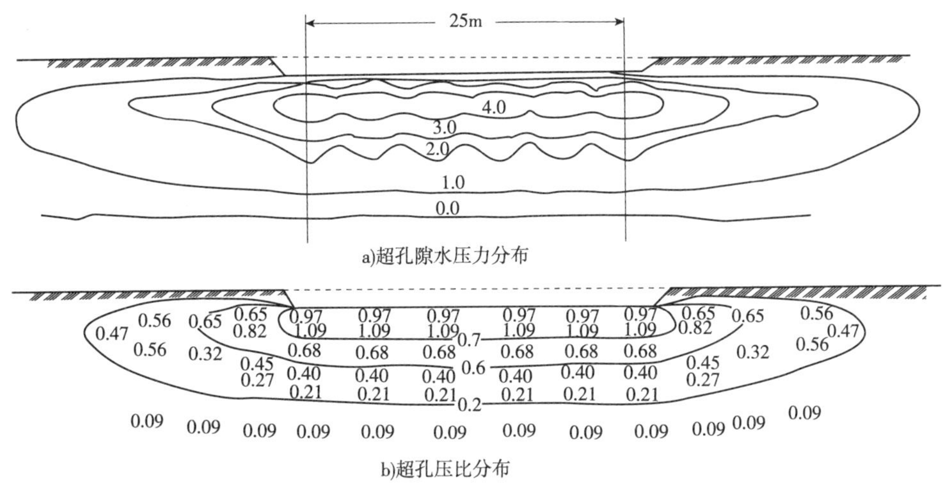


图 14-12　群点夯超孔隙水压力分布图(单位:10kN/m²)

## 四、夯后效果检验

夯后效果检验分两种方法进行:一种为大型荷载试验;另一种为勘探原位测试。

1. 大型荷载试验确定地基承载力

大型荷载试验所采用荷载板为 3m × 3m 的正方形板,测得的 $P-S$ 曲线如图 14-13,得到的承载力见表 14-5,这些数值均满足工程设计的要求。

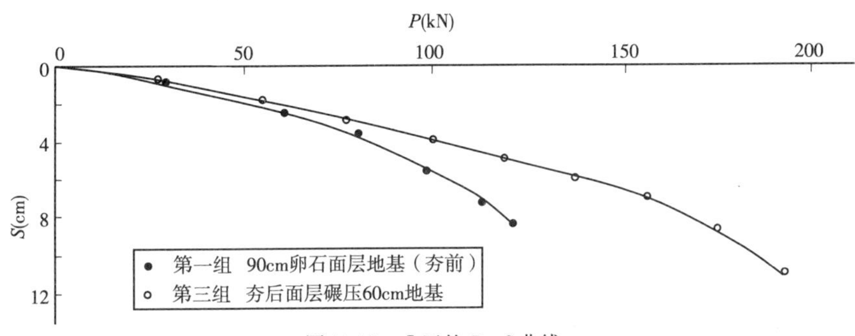


图 14-13　Ⅰ区的 $P-S$ 曲线

**土基承载力**(单位:kN/m²)　　表 14-5

| 夯　　区 | Ⅰ区 |
|---|---|
| 天然地基 | 70 |
| 夯　　后 | 156 |

2. 夯后勘探原位测定

夯前夯后分别在Ⅰ、Ⅱ区进行对比性勘探检验,包括取土在室内做物理力学常规试验、现场十字板剪切试验、标准贯入试验、静力触探及旁压试验,勘探深度在地面以下 10 ~ 15m。夯前夯后资料见表 14-6。表中的含水率由于取土时期不同,夯前在旱季进行,夯后在雨季进行,因此造成资料有差别。其余均反映出经过强夯后,土质在 10m 深度内都获得了较大的改善。此外,把夯前夯后的十字板剪力试验、标准贯入试验及静力触探试验分别沿深度绘成曲线如图 14-14a)、图 14-14b)、图 14-14c),就更反映出 10m

深度的土质经强夯后有明显改善。上层6m土的力学指标可以增长到2.5倍,下层4m也能增长到1.5倍。

**夯前夯后土的有关物理力学指标汇总表** 表14-6

| 土层名称 | 轻亚黏土 | | 亚黏土与粉砂互层 | |
|---|---|---|---|---|
| | 夯前 | 夯后 | 夯前 | 夯后 |
| 含水率(%) | 31.8<br>(2) | 30.7<br>(3) | 34.6<br>(10) | 35.2<br>(12) |
| 干容量(g/cm³) | 1.45<br>(2) | 1.46<br>(3) | 1.39<br>(10) | 1.36<br>(12) |
| 孔隙比 | 0.87<br>(2) | 0.86<br>(3) | 0.96<br>(10) | 1.01<br>(12) |
| 塑性指数(%) | 9.4<br>(2) | 9.4<br>(3) | 10.2<br>(10) | 10.4<br>(10) |
| 液性指数 | 1.22<br>(2) | 1.17<br>(3) | 1.37<br>(10) | 1.46<br>(12) |
| 压缩系数(0.1MPa) | 0.04 | 0.03<br>(3) | 0.046<br>(10) | 0.049<br>(11) |
| 黏聚力(0.1MPa) | 0<br>(2) | 0.08<br>(2) | 0.01<br>(10) | 0.08<br>(9) |
| 内摩擦角(°) | 31°51′ | 28°51′ | 23°25′ | 22°29′ |
| 十字板剪切强度(0.1MPa) | 0.464<br>(6) | 1.302<br>(6) | 0.700<br>(12) | 0.869<br>(13) |
| 标准贯入击数(击) | 1.5<br>(5) | 6.9<br>(8) | 2.2<br>(18) | 3.1<br>(13) |
| 比贯入阻力(0.1MPa) | 11.8 | 33.9 | 13.0 | 12.8 |
| 横压比例界限值 | 0.87<br>(4) | 2.06<br>(4) | 1.28<br>(16) | 1.68<br>(8) |

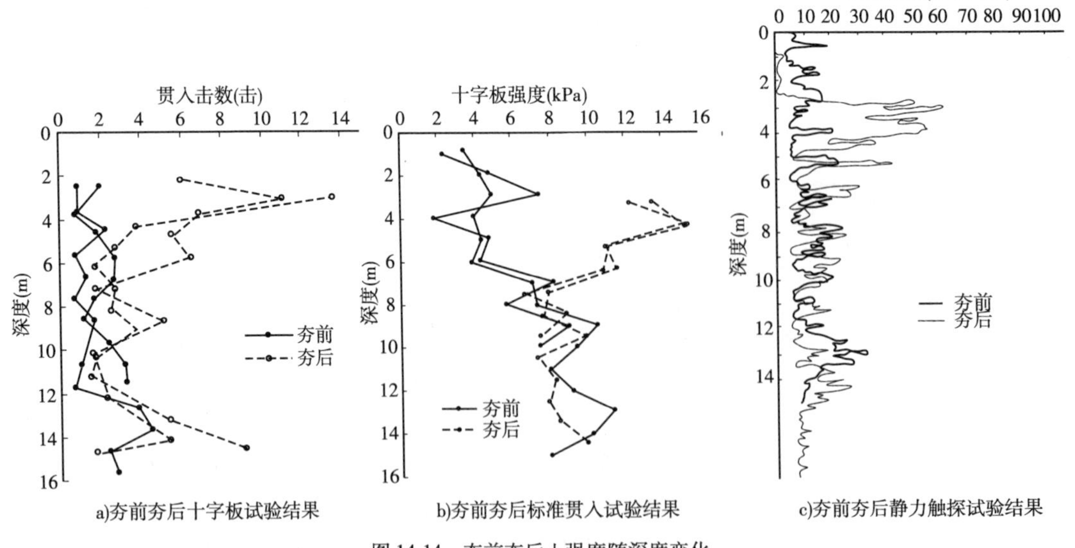


a)夯前夯后十字板试验结果　b)夯前夯后标准贯入试验结果　c)夯前夯后静力触探试验结果

图14-14 夯前夯后土强度随深度变化

## 第三节 关于强夯加固有效深度的讨论

从前述的实测资料可知，当锤重 15t 落距 16m 时，在地面以下 15m 深处都测到了孔隙水压力、侧向变形、垂直向变形。但从加固效果来分析，深度超过 13m 已无甚效果，侧向位移的影响深度也只达 12m；从孔隙水压力资料来分析，当超过 12m 深度时，起孔隙水压力增量已很小（小于最大值的 15%）；再从原位测试资料，实际的有效加固深度也只在 12m 上下。

按照梅纳公式计算加固深度应为 15.5m。这个数字只是反映影响深度，而不是有效加固深度。梅纳公式的主要缺点是，没有考虑土的基本性质和其他很多施工因素。

夯锤在夯击土体时能产生三种能量波，一种为压缩波，它穿行于水平向并不断地以增减孔隙水压力的方式摇撼土体骨架，直到使土骨架错位；其他两种波为剪切波和瑞利波，它们以较低速度穿行，使错了位的土颗粒重新排列成较为紧密的状态，加之上覆土柱重力使土体得到压密而加固。从这一分析原理可知，压缩波是起主要加固作用的能量波，而压缩波是以球面波状态进行传递，并与球半径成反比而衰减。当夯锤重力为 $M$、落距为 $H$、锤底面积为 $S$，则单位面积的夯击能量为 $MH/S$，它以压缩波方式传递，即 $N=MH/S(1+Z)$（式中 $Z$ 为深度）。用此式计算，当深为 12m 时，$N=53.1\mathrm{kN/m^2}$，如果以 $\eta=N/\gamma_z$，则在 12m 深度处 $\eta=0.23$，在 13m 处 $\eta=0.2$。假如把 $N$ 理解为类似于静力状态的附加应力，按一般情况，与 $N/\gamma_z$ 达到 0.2 时的相应深度则为压缩层的界限。可见，用这一概念来判断强夯的有效加固深度比梅纳公式更为合理。

## 第四节 结　　语

用一系列测试手段，对强夯过程中地基应力应变状态、夯后地基上原位测试所得到的力学指标以及大型荷载试验测定的加固后地基承载力的测试结果表明，无论是填土地基还是软黏土地基，只要正确运用强夯技术，地基所得到的加固效果比较明显。

按梅纳公式计算所得出的加固深度结果与实践不一致，这一点已为许多工程实践所证实。本试验工程提出的一种考虑因素较多的方法，有待进一步工程实践来检验。

大型工程项目在开工前做一个针对本工程地基加固试验是完全有必要的，扬子乙烯工程的强夯试验最终为本工程节省经费 1000 万元，并且在地基加固技术方面得到许多第一手资料，在力学夯击理论上也收获不少，可见是值得重视和推广的大型试验工作。

# 第十五章　工程事故及处治实例

笔者从事地基工程，接触了数个大小工程事故，这些事故多因设计者、施工者或管理人员对土的基本知识掌握欠缺，或不遵守土的基本性质所造成。本章从众多事故中摘录部分事件，供读者参阅和借鉴。

## 实例一：三水高能电池厂厂房滑坡事故

### 一、厂房破坏概况

广东省三水县电池厂位于县城西郊，三座厂房（气站、电站、水站）的位置都坐落在大棉涌冲沟的坡地顶地上。厂房地坪高程为6.5m，边坡坡率为1:1，边坡下方为台地，台地高程为3.5m，台地宽为20m，外面就是涌沟，涌沟底的高程约0.5m，涌沟宽度为50m，在台地与沟边之间修筑一座直立式挡土墙，墙高3m、宽1m，为浆砌块石体。

厂房建在坡顶上，距边缘5m，单层框架结构，采用钢筋混凝土桩基础，桩体用钻孔灌注桩，桩端支承在风化岩面。厂房建好后处于稳定状态，由于水利部门汛期前清沟疏导防洪，在大棉涌内挖泥清淤，造成地基下大量淤泥挤出，土体滑动，台地下陷2m多，挡墙向外滑移2～3m，并倾斜断裂。厂房整个底板脱落，个别桩体剪断，幸好采用灌注桩，并打入岩层，至使厂房没有倾倒，被四周桩体架空直立。很显然，产生这一大滑坡的原因，完全是由于坡脚下挖淤泥造成，使原有土坡失去平衡，产生土坡滑动。土坡滑动后的现场情况见图15-1、图15-2。滑坡示意图见图15-3、图15-4，可以看出建筑物原来处于临界状态，一旦沟内淤泥清除后，使淤泥土体失去平衡，立即发生挤淤滑坡。

图15-1　滑坡后厂房底板脱落，桩体露出

图15-2　滑坡后挡墙倾斜断裂冲沟内淤泥隆起，台地上滑动下陷

### 二、地质情况

地基土表层为填土，厚度约2m；下面为7～9m厚的淤泥，该淤泥处于饱和状态，其中含有大量树根等有机物质，还含有贝壳一类，有臭味，灰黑色，估计土的强度仅有5～7kPa；下卧层为较好的亚黏土。

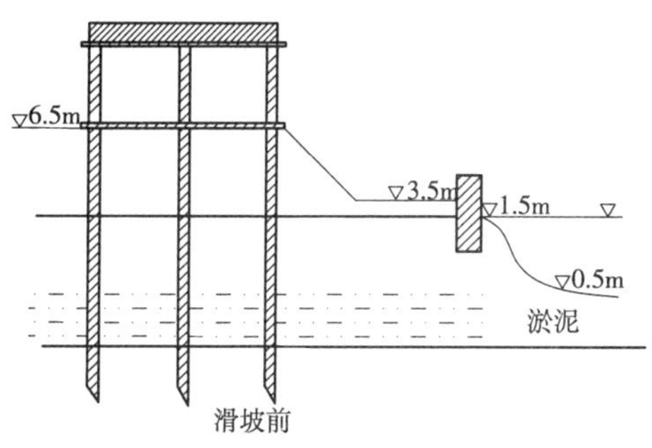


图 15-3　滑坡前示意图

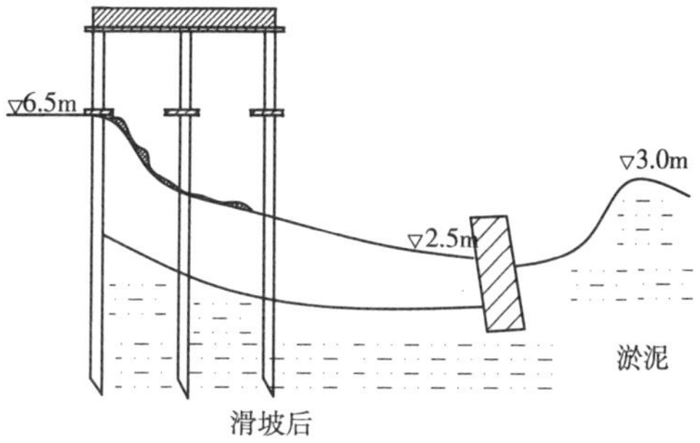

▽6.5m
▽3.0m
▽2.5m
淤泥
滑坡后

图 15-4　滑坡后示意图

## 三、加固措施及加固效果

1. 加固措施

显然,加固处理这一滑坡的主要对象是淤泥层加固。加固淤泥的方法有很多,但受施工条件限制,厂方又急于要求修复投产,工厂又是中外合资企业,产品外销,建厂费用为银行贷款,每月支付数十万元利息,受多个条件限制,为此决定采用密集型袋袋砂井,加上合理的填土。在处理技术方面要求达到如下 3 点:

(1)用加密型袋袋砂井堆载压缩排水,快速提高淤泥强度;

(2)用密集型袋袋砂井,在淤泥体中嵌固大量的竖向筋体后起到抗滑作用;

(3)从外坡抗滑弧体内先填土,逐步向内侧填土,以便达到保持填土期内滑动体处于平衡状态。

根据以上原则,设计采用 80cm 间距的正方形布置的袋装砂井,袋装砂井 $\phi = 70$mm,密集型砂井通过淤泥层,进入亚黏土约 3m 以上,故砂井一般长度在 11 ~ 12m。在 200m 长、30m 宽的范围内设置了约 1100 根袋装砂井,施工后立即填土。填土分 3 次进行,每次填厚 1. 0m,并用推土机碾压,台地高程填至 5. 5m 后修筑厂房,修复后如图 15-5 所示。

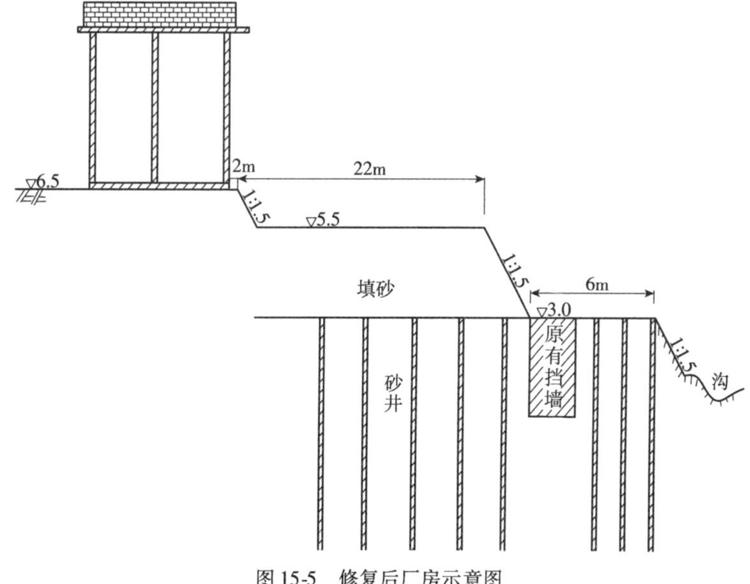


图 15-5　修复后厂房示意图

2. 加固效果

砂井施工结束后，按前述原则逐级填土。在填土过程中情况良好，修复后土体处于稳定状态。立即将厂房内底板修好，并安装机器，投入正常生产。然而，在修复过程中又经受了一次对竖向加筋的加固效果的考验。当初滑坡仅发生在两座厂房段（气站和电站），水站是由两只大型水罐组成，当时尚未堆土，日后堆土还会发生大滑坡。果然不出所料，在两端填土过程中又发生了比前期更大规模的滑坡，滑坡范围和深度也比以前大，滑出5m以上，下陷3m，挡土墙推移5m，地面上出现明显裂缝。但纵向滑弧进入加固区后逐渐收止，加固区两端各有一条纵向裂缝，而土体并未移动。这一情况明显证明袋装砂井除了提高土的强度之外，此时还发挥了阻止土体滑动的竖向加筋作用。这次滑动的示意图见图15-6。

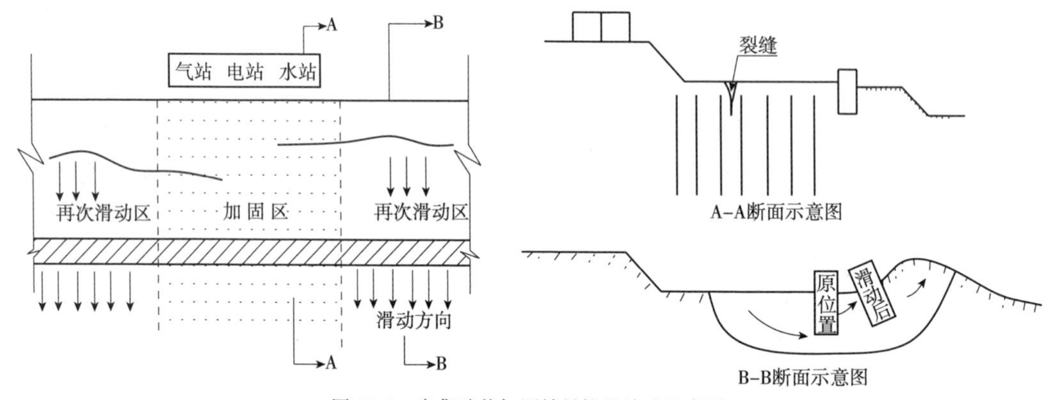


图15-6 密集砂井加固效果抗滑检验示意图

## 实例二：某住宅挖孔桩降水引起相邻建筑大范围沉降事故

### 一、工程概况

广州市泰康路与北京路交叉口处，距珠江边约80m，由皮革公司建造一栋9层楼房，设计采用框架结构钢筋混凝土桩基础。由于设计者对土质了解不透，在决定采用桩基时错误地选用了目前常用的挖孔桩。挖孔桩是采用人工挖孔至岩基，然后浇筑钢筋混凝土。这种桩的优点是可以有效地控制挖孔深度，较好地控制桩身质量。但目前国内挖孔都用人工，这就不能在水下施工，必须在挖孔时用大能量水泵抽水。沿海城市地下水位较浅，有时往往与江河贯通，当遇砂层时大量抽水会造成地面下陷，孔壁坍塌，邻近建筑被损坏，有时还会造成伤人事故。本工程不算很大，建筑底面约38m×12m，布置37根直径1.2m的挖孔桩。由于施工时大量抽取地下水，砂层中细颗粒土被抽取，造成周围地面下陷，邻近建筑物被破坏，幸好及时发现，立即停止施工，采取抢救措施，未能造成伤人事故。

### 二、地质情况

（1）第一层为杂填土，由砖、瓦、木块、贝壳、碎石一类组成，厚度为3m左右。

（2）第二层为淤泥质亚黏土，层厚3.8m，$w=54.6\%$，$w_L=44\%$，$I_L=1.71$，$I_P=15$，$e=$

1.57，压缩系数 $\alpha_{1-2}=0.0108cm^2/N$、$E_s=200kPa$，$[R]=60kPa$，属高压缩性土。

(3)第三层为厚度达5.25～6.6m的中细砂层，呈灰黑色，本层砂性分选较好，透水性好，属广州市区沿珠江两岸的典型透水砂层，与江水连通。

(4)第四层为褐红色轻亚黏土，层厚5～7m，含中粗砂。

(5)最后一层为砂岩，紫红色。

主要土层指标列入表15-1中，地下水位埋深0.8m，并受珠江潮位影响。

土质试验指标　　表15-1

| 层次 | $w$ (%) | $\Delta s$ | $\gamma$ ($g/cm^3$) | $e$ | $I_P$ (%) | $I_L$ (%) | $[R]$ (kPa) | $\alpha_{1-2}$ | $E_s$ (kPa) | $c$ (kPa) | $\phi$ (°) | $N_{63.5}$ | $[R]$ (kPa) | 土名 |
|---|---|---|---|---|---|---|---|---|---|---|---|---|---|---|
| 2-1 | 54.6 | 2.61 | 1.57 | 1.57 | 15 | 1.71 | 60 | 0.108 | 20 | 1 | 4.2 | | | 淤泥质黏土 |
| 2-2 | 14.7 | 2.70 | 2.10 | 0.47 | 10.5 | 0.16 | 420 | 0.016 | 91 | 35 | 29.7 | 43 | 660 | 亚黏土 |
| 3 | 49.1 | 2.63 | 1.72 | 1.28 | 1.1 | 2.99 | 70 | 0.067 | 32 | 11 | 27.5 | 9 | 100 | 中细砂 |

## 三、施工时发生事故情况

挖孔桩施工工艺是每挖1.5m深度左右后，用混凝土护圈衬砌，逐段往下开挖，逐段衬砌，直至设计要求的岩基(图15-7)。本工程共有27根挖孔桩，桩直径为1.2m，同时全面施工，当掘进到地下水位后开始抽水施工，在进入砂层后进水量大于排水量，给施工带来很大困难。此时只有加大抽水量，才能疏干施工。结果在大量抽水过程中，砂层中的细颗粒土被抽吸出来，造成孔内发生大量涌土。一般孔内涌土约2m多厚，一天后邻近居民发现房屋变形和倾斜，地面开裂，立即停止抽水，停工检查，结果如下：

图15-7 挖孔桩施工情况

(1)紧靠西邻的一栋五层楼房，向沿街(向北)方向倾斜29cm，墙面开裂，横梁拉断，造成危房，见图15-8、图15-9。

(2)北边马路(泰康路)沥青路面开裂，裂缝约10cm，地面下陷，见图15-10、图15-11。

(3)南边一排平房，梁、墙全部发生开裂。

## 四、事故发生的原因及处理措施

事故发生的原因是大量抽水使第三层中细砂土层中的大量细颗粒土被抽吸出来，由此造成该土层失稳，发生涌土，这是发生这次地面下陷的主要原因。

由于地下水位被降低，使第一、二层土的自重增加，促使第三层土加速涌土、坍塌，这是发生这次事故的次要原因。

由上述事故原因分析，提醒设计者在这样土层中采用挖孔桩是错误的，因此造成了工程失误。

在事故发生后立即采取如下措施：

(1)立即将27个挖孔内回填土料，防止进一步发生地面下陷；

(2)危房内搬出人员,将危房进行支撑,便于继续施工;

(3)改变桩基施工方法,改用钻孔灌注桩,桩位不变。

图 15-8 房内墙壁开裂

图 15-9 危房向右倾斜 29cm

图 15-10 地面开裂

图 15-11 马路出现裂缝

## 五、结论

挖孔桩基础是一项较易直观控制质量的较好的桩基础,因此为部分设计人员所欢迎。但必须指出:在选用挖孔桩时务必注意土质状况,类似于前述土质时不适宜选用挖孔桩基础;同时还需注意施工安全,类似的工程事故时有发生,需引起设计者注意。

# 实例三:中山镀锡板厂基坑开挖滑移事故

## 一、概况

该厂在软土地基上建造一座仓库,仓库跨度24m,长度194m,高16m,采用桩基础,框架结构。在仓库建造后需在库房内开挖一基坑,基坑宽8m,长42.3m,深4.9m,坑边距库房柱基4m。坑壁长度方向打4组钢筋混凝土桩,桩间用工字钢梁护衬挡土,在开挖施工中发生淤泥侧向移动、底部隆起、护衬梁挤弯,发展至仓库柱基倾斜,8号柱体最大倾斜达19cm,造成工程事故。

## 二、地质情况

此处地基自地表开始大致可分为5层土,分别叙述如下:

(1)素填土。在原有0.8m的耕植土上填有厚度2.5~3.0m的素填土,该填土由中粗砂组成,呈松散到中密状态,为近期填筑。

(2)淤泥。厚度一般为13~15m,在中间夹有1m厚的由细砂组成的薄层砂土。该土层的土质极软,含水率最高达106%,一般也在55%~88%之间,塑性指数27.4,孔隙比2.89,压缩系数为0.34,压缩模量仅0.88MPa,固结快剪指标为$c=6\text{kPa}$,$\phi=3°25'$。这个土样埋深为6.6m,可见这层土质极软,基坑开挖时仅用一般护衬必定会造成土的侧向移动,应该是预料中的事情。

(3)第三层为中砂层,厚度2m,稍密状态。

(4)第四层为亚黏土,厚度3m,含水率27.32%,压缩系数0.03,压缩模量为5.4MPa,固结指标$c=13\text{kPa}$,$\phi=30°45'$。

(5)第五层轻亚黏土,厚度变化较大,从0~23m。本层土砂性粉性较重,SPT达8~20击,中等压缩性。以下为风化岩层。

## 三、事故情况及示意图

事故的仓库平面图见图15-12,基坑靠近库房一侧,仅距墙边4m,基坑支撑设4个点,跨度达10m,支点间仅用工字梁支撑,显然也考虑欠妥,开挖时对流动状态软土未进行处理,致使侧向土体大量移动,基坑隆起,距基坑4m处的桩基侧移,柱体侧斜达19cm之多,见图15-13。

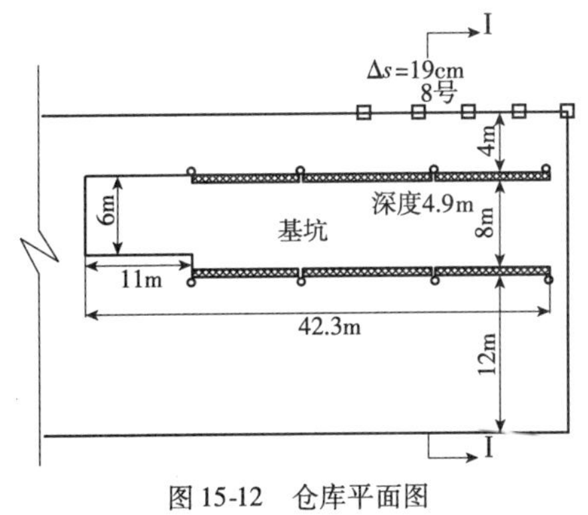


图15-12　仓库平面图

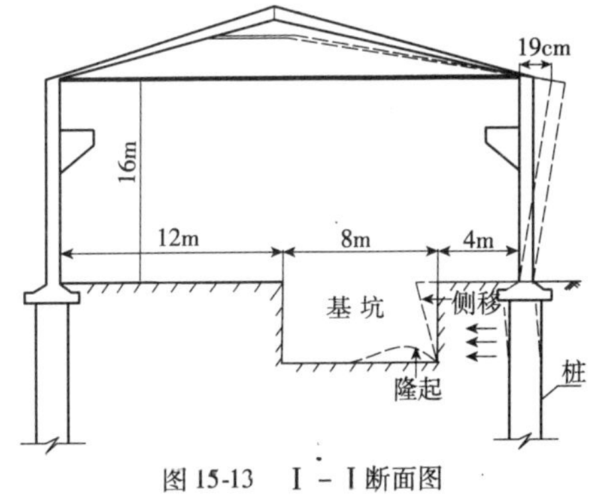


图15-13　I－I断面图

当基坑挖深至2m开始侧向位移，至3.5m时发生事故。后在墙后打4根桩，内部用工字梁支撑，勉强施工，以后再会发生什么事尚难预料。至于库房桩基如何处理，尚未定论。原设计曾用连续墙支护，墙深30m，墙厚80cm，可惜被否决了。

## 实例四：三水市河口水泥厂码头滑坡事故

### 一、概况

位于广东省三水市北江边河口地区的水泥厂工作码头，其后方在原有软基上建造了一座9m高的浆砌块石挡墙，挡墙长约50m，墙下有一段建造在淤泥地基上，淤泥厚度约10m，土质软弱，建挡墙时地基未作处理，墙建成后回填亚黏土。当时墙体表面看来尚稳定，实际已处在极限状态，当某日下一场暴雨后，挡墙发生滑动，滑动端约15～20m长，发生在铅孔ZK7、ZK8附近，见图15-14Ⅲ—Ⅲ'断面图。滑动后墙体下沉2m多，墙身后倾，墙面开裂，由于墙下淤泥向河心移动，致使码头失稳，向河心滑出，码头桩体断裂，造成工程事故。

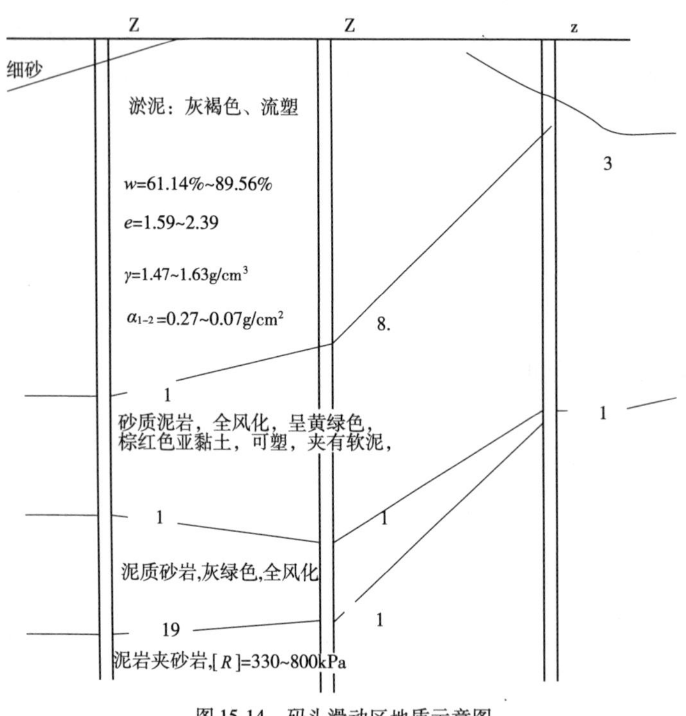


图15-14　码头滑动区地质示意图

### 二、土质情况

在工程平面示意图中（图15-15），取Ⅲ—Ⅲ'断面，包括ZK7、ZK8、ZK9三孔土质剖面的土质分布情况如下：

（1）表层填土。厚度约1～0.75m，为棕黄色亚黏土，表面为细砂。

（2）淤泥。灰黑色、含有腐木、树枝等腐殖质，嗅味，流塑状，含水率高达89.56%，压缩系数0.27，天然重度仅14.7kN/m$^3$，孔隙比2.39，为高压缩性淤泥，土质强度很低，快剪指标$c$=10kPa，$\phi$=5°，[$R$]=30～40kPa。

(3)第三层为砂质泥岩全风化,呈黄绿色、棕红色亚黏土,厚度4.5m,可塑状,但中间夹有一层软泥夹层,厚度0.5m,呈流塑状,$c=5\sim17\text{kPa}$,$\phi=4.5°$。

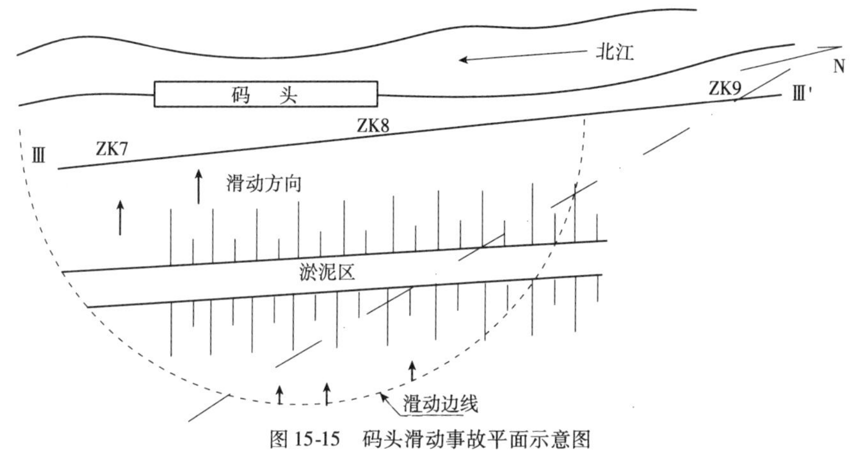

图15-15 码头滑动事故平面示意图

(4)泥质砂岩,灰绿色,全风化,呈轻亚黏土状,厚度4m,硬塑,$[R]=320\text{kPa}$。

(5)泥质夹砂岩,$[R]=330\sim800\text{kPa}$。

### 三、工程事故及处理

该工程的码头后方挡墙高达9m,其中有一段正好坐落在软弱淤泥地基上,地基未作任何处理就开始施工(图15-16)。施工挡墙后已出现极限状态,估计在填土时已出现局部地区沉降,但未能引起注意。当时墙后填土松散,未经压实,故当时尚未发生大的滑动。在施工尚未结束时,遇到一场暴雨,填土吸足水量,重度剧增,造成挡墙滑动,下沉达2m以上,墙身倾倒,墙体开裂。此外,带来的严重后果是前方码头被推移,向河心滑移,码头桩体被剪断,造成严重的工程事故。

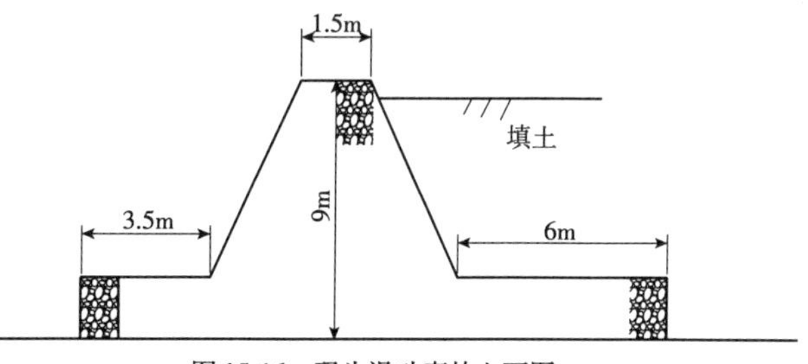

图15-16 码头滑动事故立面图

该工程在设计时未作稳定分析,对淤泥未作任何处理,是造成事故的直接原因。

现今工程善后处理采用钢筋混凝土桩体,桩顶设置钢筋混凝土板,架空结构,以减轻对淤泥的挤压荷载。这一方法在技术上是可靠的,但工程造价较贵,如能采用软基加固技术,例如换土、挤密砂桩、振动置换法等,将会节省1/2~1/3的造价。

## 实例五:舟山定海北马寺小安塘海堤滑坡事故

### 一、概况

小安塘海堤位于浙江舟山定海县北马寺,堤长约800m,于1960年初修筑至堤身高3m时发生坍塌,随后堤身残留土石料堆留该处,促使地基得到预压固结,强度增长。后来,在原基础上开始修筑,原以为地基强度已增长到足以承受设计堤身高5.5m,不料当堤身堆高到

4m 左右，开始堵口后，堤长约 100m 段沿外坡发生滑坡，见图 15-17、图 15-18。当即进行滑动带的探测，在地基内用十字板剪力仪探测到地基内滑动带的强度变化，发现在堤身与反压护道地基下 5m 深度内地基强度有所增长，故滑动面追向深处。地基承载力也相应有所增高，故堤身可堆筑至 4m 高，但地基强度增长还不足以承载超过 4m 高度堤身，故当超过这一高度时便发生滑坡，失去稳定。发生滑动后，经探测，地基滑动带土体强度明显降低。此外，又在邻近第一次滑动带处发生第二次滑动，滑动段堤身长 120m，滑动时堤身高度也为 4m 左右。可见这一高度是这种状态的极限高度。自此以后，采用加长加高的反压护道，才使堤身堆筑到设计高度 5.5m。

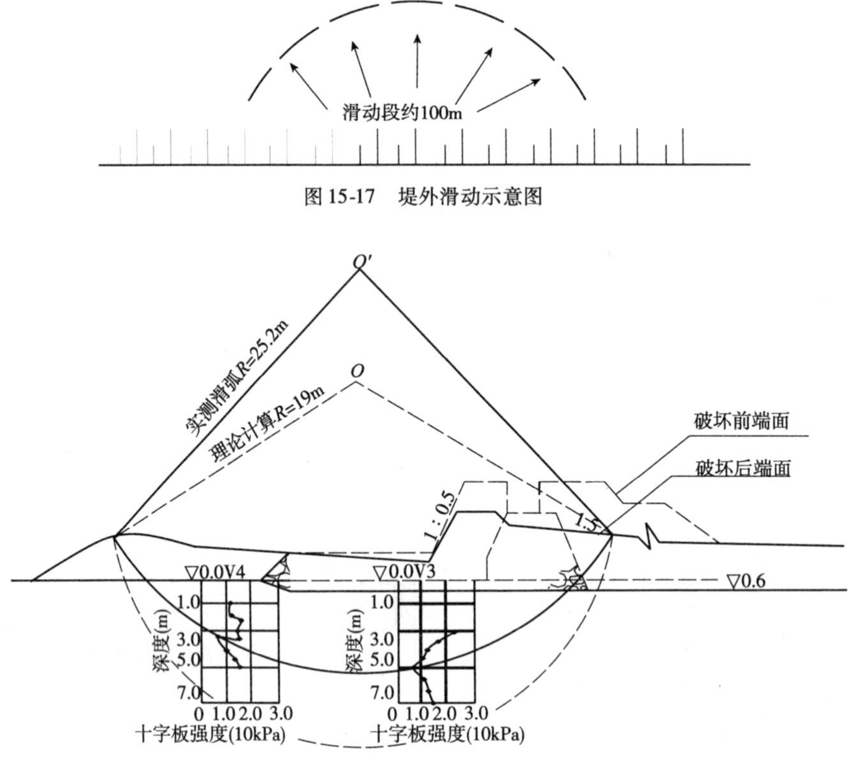


图 15-17　堤外滑动示意图

图 15-18　浙江舟山定海县小安塘海堤滑动断面

## 二、地质情况

小安塘位于舟山本岛北部的北马寺，与大成塘相邻，坡面坡度约 1∶1000，高程 6.34m。平均潮位 10.3m，最大潮差 4.8m，故堤身设计高度一般采用 5.5～6.0m，其中考虑堤身水深 3m，波浪超高 2.5m。

土质自地面起，可以划分为两层：

(1)第一层厚度约 2m，为灰褐色淤泥，土质具粉性，含水率平均值 47.4%，湿密度 1.76g/cm$^3$，土层中夹有贝壳、有机质一类。

(2)第二层自地面下 2m 起，厚度至少在 15m 以上，这层土为灰色高压缩性淤泥，含有一定粉性。在埋深 17.4m 以下才出现含粉砂较重的土质。本层土含水率平均为 51.1%，最高达 60%，湿密度 1.73g/cm$^3$，含有贝壳和有机质。

以上二层土的物理性质指标统计于表 15-2。

土　质　指　标　　　　表 15-2

| 土层名称 | 厚度 (m) | 天然密度 ($g/cm^3$) | 天然含水率 (%) | 孔隙比 | 液限 (%) | 塑限 (%) | 压缩系数 ($cm^2/N$) | 颗粒组成(%) 0.5~0.05 (mm) | 0.05~0.005 (mm) | <0.005 (mm) | 渗透系数 (cm/s) |
|---|---|---|---|---|---|---|---|---|---|---|---|
| 灰褐色淤泥 | 2.0 | 1.76 | 47.4 | 1.27 | 36.5 | 21.0 | 0.008 | 4 | 62 | 34 | — |
| 灰色淤泥 | 15.0 | 1.73 | 51.1 | 1.38 | 40.2 | 21.2 | 0.0086 | 6.5 | 57.8 | 35.7 | $1.5\times10^{-6}$ |

## 三、滑坡事故及分析意见

小安塘海堤堤身断面及堤身体材料容重测定汇总入表 15-3。

小安塘海堤的堤身尺寸及材料表　　　　表 15-3

| 滑动次数 | 地面 | 堤身 外坡（石方） | 堤身 内队（土方） | 反压护道(m) 宽度 | 反压护道(m) 堆高 | 反压护道(m) 地面沉降 | 块石密度 ($t/m^3$) | 杂土密度 ($t/m^3$) | 地基土密度 ($t/m^3$) |
|---|---|---|---|---|---|---|---|---|---|
| 1 | 6.34 | 1:0.5<br>堆高 4.36m | 1:22<br>堆高 4.26m | 10.3 | 0.96 | 040 | 2.03 | 1.76 | 1.76 |
| 2 | 6.30 | 1:0.5<br>堆高 4.50m | 1:3.0<br>堆高 4.20m | 7.9 | 1.10 | 0.40 | 2.03 | 1.76 | 1.76 |

由表 15-3 的资料，用轻便型十字板剪切仪在现场实测地基土的强度，绘制成强度沿深度变化为一条直线，其截距 $\tau_0$ 与斜率 $k$ 如下：

堤身与护道下　$\tau_0=9.4\text{kPa}, k=0.82\text{kN/m}^3$；

护道以外　$\tau_0=5\text{kPa}, k=1.52\text{kN/m}^3$。

用 $\phi=0$ 的圆弧稳定分析算得第一次滑动时安全系数 $K=1.15$，第二次滑动时 $K=1.10$。用实测滑动面位置计算第一次的 $K$ 值为 1.24。

经上述稳定分析，强度采用实测的现场十字板强度，各种堆筑料的重度均采用实测值，但分析结果在滑动时的安全系数均大于 1。可见，除稳定分析之外，现场实测强度是否偏大，这是造成稳定失去控制的原因。为此，用轻便型十字板，采用相同的测试方法，测定在快速堆载下软土地基强度降低的情况。为了弄清这一问题，专门在堤身附近做了快速堆载测定的试验。试验分两组：一组堆载较小，测得地面下 2~3.5m 间强度最大降低为 1kPa；第二组是利用堆载较大的滑动段，滑动后立即测定强度，此时在地面下 5~8m 范围内强度降低 1~2kPa。可见快速堆载造成地基土强度降低，是海堤失稳的主要原因。当时一次堆土超过 70cm 厚。小安塘第一次滑动后，除加长反压护道外，还采取两项措施：①堆载速率控制在每次不超过 40cm；②用边桩位移进行控制，每天坡脚下地面日位移量不超过 5mm。开始按此要求施工，比较顺利。后来又突破这两项要求，当堆载超过 50cm 时，边桩日位移量也超过 5mm，此时立即发生了第二次滑动，滑动情况与第一次相同，范围比第一次更大，长度达到 120m 左右。以后严格控制上述两项措施，安全完成施工，运行正常。

# 实例六：江宁天然气公司1万立方米气罐倾斜事故

## 一、概况

南京市江宁县天然气公司建造了一只一万立方米的低压湿式螺旋储氧罐，地基土质比较软弱。在罐体建造完成后进行充水预压，由于充水时加水速率过猛，致使加载过程中沉降速率过快，原计划分8级加水，但加至第7级时已出现罐体基础最大差异沉降达108mm，超过设计规定的罐直径（26.4m）的3‰（79.2mm）。为此，停止充水，进行罐体纠正处理后再充水预压。

## 二、土质

气罐场地平坦，土质软弱，土层分布如下：

（1）第一层为黏土层，面层有0.5m耕植土，该土层厚2~2.7m，$w=30.2\%$，$e=0.84$，$\gamma=1.93\mathrm{g/cm^3}$，$\alpha_{1-2}=0.0036\mathrm{cm^2/N}$，$E_s=5.7\mathrm{MPa}$，$c=45\mathrm{kPa}$，$\phi=7°$，$[R]=130\mathrm{kPa}$；

（2）第二层灰褐色轻亚黏土，层厚0.7~1.3m，$w=30.2\%$，$e=0.84$，$\gamma=1.93\mathrm{g/cm^3}$，$\alpha_{1-2}=0.0036\mathrm{cm^2/N}$，$E_s=5.7\mathrm{MPa}$，$c=45\mathrm{kPa}$，$\phi=24°$，$[R]=130\mathrm{kPa}$；

（3）第三层青灰色淤泥亚黏土，层厚5.1~7.0m，$w=40.3\%$，$e=1.16$，$\gamma=1.97\mathrm{g/cm^3}$，$\alpha_{1-2}=0.0059\mathrm{cm^2/N}$，$E_s=4.7\mathrm{MPa}$，$c=26\mathrm{kPa}$，$\phi=1°$，$[R]=80\mathrm{kPa}$；

（4）第四层灰褐色轻亚黏土，流塑状，层厚10.3m，$w=33\%$，$e=0.89$，$\gamma=1.98\mathrm{g/cm^3}$，$\alpha_{1-2}=0.0035\mathrm{cm^2/N}$，$E_s=5.3\mathrm{MPa}$，$c=6\mathrm{kPa}$，$\phi=20°$，$[R]=90\mathrm{kPa}$。

从以上土质资料可以看出，土层虽软，但厚度均匀，因此钻探建议可采用充水预压加固地基，但必须按沉降速率控制加载，避免发生过高的沉降速率而造成建筑物倾斜。

## 三、充水速率过快而造成气罐倾斜事故

设计对气罐充水预压提出要求如下：

（1）在充水预压时，基础最大倾斜率不得大于3‰；

（2）充水分12次，前4次每次加水高度为气罐高度的1/8，后8次每次为气罐高的1/16；

（3）每次加水时间不得小于8h；

（4）每次加水停放16h，然后再加下一次；

（5）每次加水后的24h内沉降量应小于5~10mm，如超越该值，则停止加水，待小于该值后继续充水。

建设单位在充水过程中改变了此计划，将充水次数平均分为8级，每级充水高度为1.05m，约在4~6h将水充完，第二天进行下一级充水。每天一级，在充到第7级时，罐体由东北向西南方向严重倾斜，西南方向的6号线沉降点最大沉降达159mm，东北向的2号点仅下降51mm，差异沉降达108mm，大大超过规定的79.2mm差异沉降值。立即停止加水，进行处理。

这次事故原因是由于充水速率太快，当充水在前4级时沉降速率较慢，第4级为3.4mm/d，第5级已达18.9mm/d，第6级为27.9mm/d，第7级为35mm/d，可以看出沉降速

率越来越快,按设计规定超过 10mm/d 就应停止充水,进行现测和分析,但未引起充水者重视。

此外,土质虽比较均匀,但高度 1.6m 的环梁内充填碎石和中粗砂未能安设计要求做得均匀和碾压密实,这也是造成这次事故的原因之一。

### 四、用振动水冲法扰动地基土进行纠偏处理

纠偏分如下几步进行:

(1)埋设监测仪器:①利用原有罐体四周 9 个沉降标点;②在 2 号与 6 号对称标点处设置两孔深层土侧向位移孔;③在深层侧向位移孔附近设置孔隙水压力测头,每孔 4 只,共计 8 只;④在 2 号与 6 号标点处设地面位移桩两排(图 15-19)。

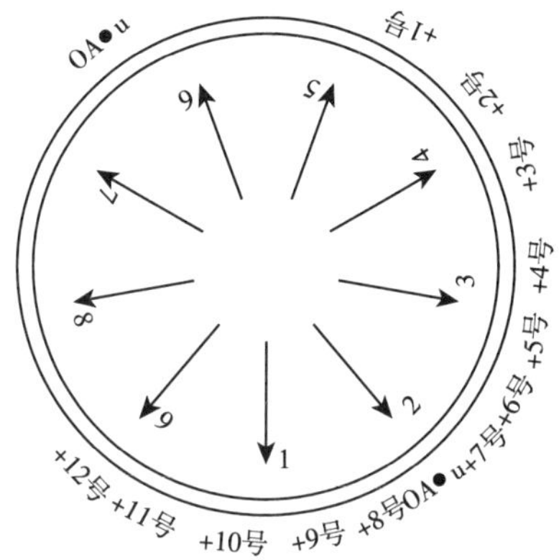


罐壁沉降标点 1~9 + 振冲扰动孔 1号~12号

深层土测斜孔 (A) $A_1$~$A_2$ 孔隙水压力仪 $u_1$-$u_8$

图 15-19 气具观测点布置图

(2)设计 12 个振冲扰动孔,每孔的孔隙弧长为 3.6m,孔深为 4 ~ 10m 不等,每孔距环梁外缘为 50cm。

(3)纠偏过程是边进行振冲扰动,边冲水加压,使罐体纠偏。施工分两个阶段,第一阶段为:施工振冲孔 4 ~ 12 号,然后充水从 1 ~ 8 级,此时沉降最大为 1 号 2 号标点,分别为 48mm 和 41mm,最小为 4 号特点,沉降 25mm,最大差异沉降为 23mm。可以看出纠偏已经按设计控制要求出现,沉降趋势已朝着原来沉降较少的方向发展。为加速这个趋势,进行了第二阶段纠偏,在防水至第 6 级时,同时进行 1 ~ 3 号振冲扰动孔施工,并再次逐级充水,由此引起的 1 号标点沉降达到 69mm,2 号标点为 60mm,4 号点仅 47mm,6 号点 52mm,最大纠偏沉降达 24mm。两个阶段的纠偏沉降统计入表 15-4 和图 15-20中。

**两个振冲纠偏阶段纠偏情况统计表** 表 15-4

| 沉 降 标 点 | 1 | 2 | 3 | 4 | 5 | 6 | 7 | 8 | 9 | 最大差异沉降 |
|---|---|---|---|---|---|---|---|---|---|---|
| 第一阶段振冲扰动 4 ~ 12 号,充水 1 ~ 8 级 | 48(mm) | 41 | 27 | 25 | 28 | 38 | 40 | 36 | 41 | 23 |
| 第二阶段振冲扰动 1 ~ 3 号,充水 6 ~ 8 级 | 69(mm) | 60 | 47 | 45 | 52 | 54 | 54 | 49 | 53 | 24 |

由表 15-4 中可知,纠偏已达到 47mm。此时,罐体差异沉降已控制在 61mm,小于设计要求的 79. 2mm,建设单位为按预定计划投产使用,停止纠偏,现已投入正常使用。

此外,在整个纠偏过程中,8 只孔隙水压力测头所测到的孔隙水压力增长不大,两孔深层土侧向位移计也反映正常,为此确保罐体充水正常进行,纠偏成功。

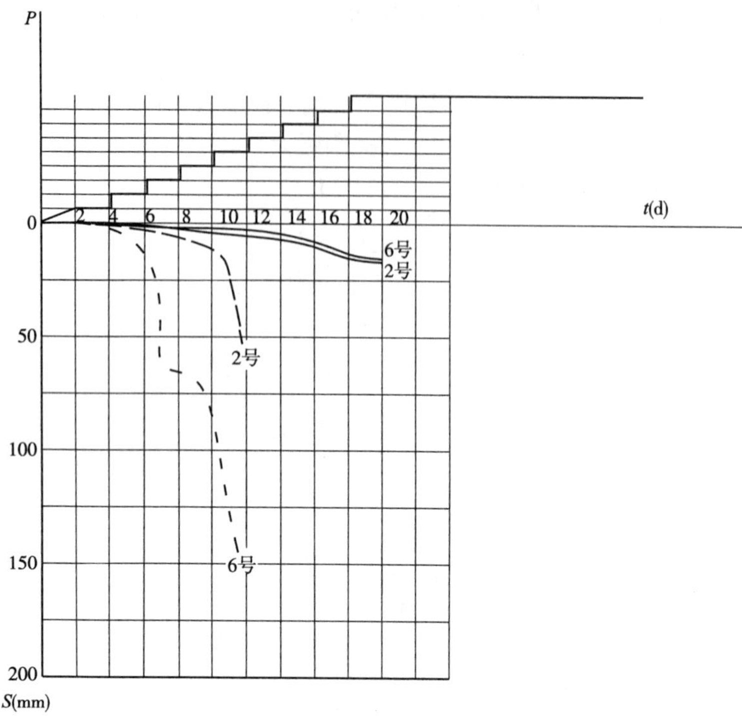


图 15-20　最大的前期沉降和纠偏沉降

# 参考文献


[1] 曾昭礼．我国振冲地基应用回顾．复合地基理论与实践．浙江大学出版社,1996,P24 ~ 28

[2] 刘允召,沙炳春,华国荣,王盛源．地基处理技术之一．强力夯实法与振动水冲法．冶金工业出版社,1986.

[3] 王盛源,方永凯,郑培成,孙述祖．振动水冲法的原理和工程应用．南京水利科学研究院,1984.

[4] 王盛源,关锦荷,王保田．大粒径碎石桩现场大型综合试验．岩土工程学报,1997,Vol. 19,No. 6,P43 ~ 48

[5] 郑培成．振动水冲法在浙江炼油厂软基处理中的应用．南京水利科学研究院报告,1979.

[6] Brauns, J. Die Anfangstraglast ron Schotteraulen im bindigen Untergrund. Die Bautechnik, 1978. 263 ~ 278

[7] 王盛源,关锦荷．复合地基的承载力和沉降分析．复合地基理论与实践．浙江大学出版杜,1996,P29 ~ 33

[8] 郑培成．振动水冲法施工技术．南京水利科学研究院报告,1983.

[9] Abosbi, H. , lchimot, E. , Hara, K. and Emoki, M, The Composer; a method tO improve Characteristics of soft clays by inclusion of large diameter Sand Columns. Collogue internation Surie Renforeement dessols, ENPC – LCPC, Paris, 1979, 211-216

[10] Priebe, H. Abschatzung des scherwiderstandes eines durch stopfverdichtun8 Verbesserten Baugrun、des. Die Bautechnik, (55), 1978, 8, 281-284

[11] 王盛源,关锦荷,肖峰．京珠高速公路广珠段灵山软基试验工程总结报告．广东省航务工程总公司,1997.

[12] 沈锦儒．用振密影响园研究桩位布置对振冲加固影响．复合地基理论与实践．浙江大学出版社,1996. P332 ~ 338

[13] 曾国熙等．地基处理手册．中国建筑工业出版社,1998. 8.

[14] 叶书麟,韩杰,叶 guanbao. 地基处理与托换技术,中国建筑工业出版社,1997. 5.

[15] 闪黎,陆英超,钱敏等．粉喷桩复合地基水平荷载原型试验研究．水利水电技术,Vol. 29,No. 5,1998. 5.

[16] 王盛源,关锦荷,蒋雪琴．珠江三角洲高含水量软基水泥粉搅拌桩加固技术．水利水电技术,V01. 29,No. 5,1998. 5.

[17] 王仁兴．高速公路桥涵路基连接处地基不均匀沉降的技术处理方案研究．第三届地基处理学术讨论会文集,1992. 6.

[18] 曹晓峰等．深层搅拌桩复合地基在佛开高速公路中的应用研究 . 1997. 12.

# 后　记

书有两种，一种称为著书，另一种叫做编书，本书属前一种，是笔者多年岩土工程实践之总结。经验本身是带有偏见的，为一家之说，因此，希望读者能在阅读后提出自己的观点、意见，再通过实践、对照，又产生新的想法，创造新的理论和技术，可以达到发展这门学科和技术的目的。

实践所得到的经验，一定要有理论的指导，才能在一定范围内有普遍性。有些实践者只对经验感兴趣，忽视理论，这只能算是一个辛勤的"耕耘者"，所得到的经验也是局限的。一个优秀的工程师一定是有实践、有理论者。

近年，我国被称为"世界工厂"，而这些"工厂"许多是建在我国东南沿海的软土地基上，这就为我国软土力学和软基处理技术的发展创造了良好的条件。至今已经可以达到总结提高发展的阶段，本书作为这一方面的一本小册子，希望能起到抛砖引玉的作用。

航盛岩土公司成立于 1992 年，当时是为满足广东地区软基上快速建造高速公路的技术需要而成立的，如今已有整 20 年，已经从服务于高速公路的发展到服务于铁路、桥梁、港口、航道的岩土公司，前后共几代人辛勤奋斗在工地，大小试验工程和事故处理已做过近百项，积累了丰富的经验。岩土公司已经成为一个既有理论又有实践经验、拥有整套现场监测设备和室内仪器的近百名技术人员的公司。本书是岩土公司成员工作总结的一部分，谨以此书献给岩土公司成立 20 周年。

作　者

二〇一二年三月